KB175625

내 안의 우주

미생물과의 공존

내 안의 우주

미생물과의 공존

초판 1쇄 인쇄 2017년 11월 10일
초판 2쇄 발행 2019년 2월 15일

지은이 | 김혜성
그린이 | 김한조
펴낸이 | 김태화
펴낸곳 | 파라사이언스
기획편집 | 전지영
디자인 | 김현제

등록번호 | 제313-2004-000003호 등록일자 | 2004년 1월 7일
주소 | 서울특별시 마포구 와우산로29가길 83 (서교동)
전화 | 02) 322-5353 팩스 | 070) 4103-5353

ISBN 979-11-88509-06-5 (03470)

*값은 표지 뒷면에 있습니다.
*파라사이언스는 파라북스의 과학 분야 전문 브랜드입니다.

내 안의 우주

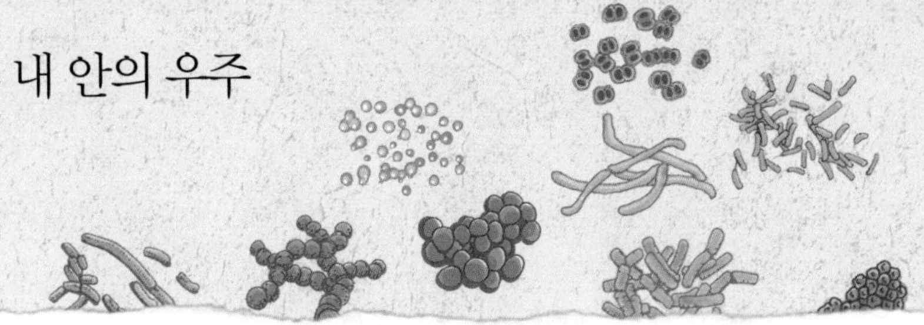

미생물과의 공존

김혜성 지음

파라사이언스

추천의 말

김병용 박사 (천랩 생물정보연구소장)

근대 과학이 시작된 이후로 요즘처럼 미생물이 많은 사람들의 관심과 사랑을 받았던 시기가 있었을까. 매일매일 미생물의 기능과 역할에 대한 연구 논문이 쏟아져 나오고, 기존에 알지 못했던 새로운 미생물들이 속속들이 밝혀지고 있다. 미생물이 없을 거라고 믿었던 특수 환경이나 동식물, 인간의 몸 안에서도 미생물이 살아 움직이고 있음이 증명되고 있다. 단순히 존재하는 것을 넘어서, 지구의 생태계를 좌우하며, 동물, 식물, 인체의 건강에 필수적인 역할을 하고 있다.

오랜 세월 동안 인간은 무지로 인해서 미생물의 존재를 몰랐고, 근대에 이르러 실체를 파악하고 질병을 일으키는 나쁜 존재로서만 주로 인식해 왔다. 일부의 미생물이 발효 식품을 만들고 술을 만들고 의약품을 만들어서 쓸모 있는 녀석으로 알려지면서 그나마 관심을 받기는 했지만 그뿐이었다. 눈에 보이지 않은 미미한 생명체 정도로 생각했던 미생물이 실제로는 매우 심오하고 거대한 생명체라는 사실은 최근에서야 알게 되었다.

우리 주위의 환경에 수많은 미생물이 존재하지만, 실제로 실험실에서 연구자들이 배양을 통해 볼 수 있는 미생물은 1%도 채 안 된다고 하니,

전체 미생물의 종류와 양은 가늠조차 할 수 없다. 지구상 모든 생명체는 미생물과 적절한 공생을 통해서만 건강하게 살아갈 수 있다. 인간도 몸의 세포 수보다 훨씬 많은 미생물들과 적절한 균형을 이루며 공존하고 있다. 이들 몸속 미생물은 정신작용까지 영향을 주고 있으니, 사실상의 주인 역할을 한다고 해도 과언이 아니다. 따라서 건강한 삶을 위해서는 미생물을 이해하고 활용하는 공부가 누구에게나 필요한 일이다.

그렇다면 우리 몸의 각 부위에는 어떤 미생물이 있는가? 이들 미생물은 자기들끼리 어떻게 소통하며 살아가는가? 만약 나쁜 미생물이 우리 몸 안으로 들어와서 질병을 일으킨다면 약을 먹는 것이 최선책인가? 앞으로 우리는 몸속 미생물과 더불어 건강하게 살아가려면 무엇을 해야 할 것인가?

쉽지 않은 질문들에 대해 이 책은 명쾌하게 대답한다. 연구에만 몰두하는 과학자의 딱딱한 언어가 아닌, 동네치과 주치의 선생님의 친근한 언어로 편하게 다가온다. 그러면서도 전문 의학서적과 견주어도 손색이 없을 정도로 방대하고 깊이 있는 최근의 연구내용까지 담아내고 있다. 나는 책을 읽는 동안 미생물 세상의 탐험가가 되어 마치 우주 여행을 하는 기분을 느꼈다. 또한 내 몸속 미생물과의 공존 연습을 꾸준히 실천하는 통생명체로 살아가야겠다는 더 큰 다짐을 하게 되었다.

기존의 많은 미생물 책들과 달리 우리 몸속 미생물에 집중하고 있는 이 책은 일반 독자들에게 훌륭한 건강생활 지침서가 될 것이다. 그리고 미생물을 공부하는 학생들과 연구자들, 의사들에게도 과거와 현재, 미래를 연결해주는 깊은 혜안과 통찰력을 줄 것으로 확신한다.

머리말

나와 내 몸 미생물

"나는 털 없는 원숭이일 뿐만 아니라
덩치 큰 쥐이고,
걸어 다니는 국화이고,
뭉쳐진 세균이다."

치과의사인 나도 실은 이가 별로 좋지 않아 임플란트를 4개나 했다. 누가 이유를 물으면 어렸을 적 시골에서 태어나, 이를 제대로 닦아야 한다는 것을 배우지 못했다고 에두른다. 초등학교 3학년 때 서울로 올라온 이후 첫 구강검사를 받았던 장면이 흐릿하게 기억난다. 흰 가운을 입은 검사원이 아이의 입을 들여다보고는 기구를 검붉은 소독약이 담긴 컵에 넣어 한번 휘둘러 씻고 다시 다음 아이들을 보기를 계속했다. 내 차례가 되었는데 입 벌리기가 싫어서 힘을 주었다. 누구에게도 얘기하지는 않았지만, 이가 자주 아팠으니 상태가 좋지 않을 것이라고 짐작했던 것이다. 억지로 입을 벌리게 해서 대충 훑어본 검사원이 쯧쯧 하며 혀를 찼다.

그후 나름대로는 칫솔질을 한다고 했지만 한번 망가진 이는 나아지지 않고 나를 괴롭혔다. 고등학교 때는 어금니 하나를 빼야 했고, 대학 때는 이미 개업을 했거나 공중보건의로 간 선배들에게 자주 신세를 졌다. 그렇게 치료에 치료를 거듭했으나 40대 들어서 더 이상 손을 댈 수 없는 지경이 되어 하는 수 없이 긴 시간에 걸쳐 임플란트를 했다. 임플란트라는 현대 과학의 열매 덕에 틀니를 피하게 되어 감사할 따름이다. 어찌되었든 요즘은 각별히 구강 관리에 신경을 쓴다. 어디를 가든 치실을 잊지 않고 챙기고, 물을 쏘아 이 사이를 씻어내는 구강 세척기를 병원과 집에 준비해 두고 사용한다. 또 괜찮은 칫솔과 치약을 골라 정성껏 이를 닦는다. 더 이상 이가 나빠지지 않고 잘 먹고 잘 싸는 중년으로 살았으면 하는 바람이다.

어렸을 적부터 내 이를 썩게 하고 치료를 해도 자꾸 문제가 되풀이된 이유는 입안에 세균이 많기 때문이다. 세균을 포함한 미생물이라 해도 좋다(미생물과 세균의 차이는 26쪽 참고). 충치뿐만 아니라 입속에서 일어나는 많은 일이 미생물 때문에 일어난다. 아침에 일어날 때 느끼는 텁텁함은 간밤에 입속의 미생물들이 만든 가스 때문이다. 무탄스라는 세균은 충치를 만드는 주범이고, 잇몸 안이나 임플란트 주위에 자리를 잡은 진지발리스라는 세균은 잇몸병을 만든다. 따라서 칫솔질이나 치실, 물 세정과 같은 일상의 구강관리는 궁극적으로는 음식물 찌꺼기나 침 속의 영양소를 에너지 삼아 살아가는 미생물을 향한 행위다. 스케일링을 비롯한 여러 치과시술 역시 마찬가지다.

구강관리만이 아니다. 매일 하는 샤워나 손 씻기는 물론이고, 방을 깨끗이 청소하는 것, 쓰레기를 치우는 것, 먹고 난 음식을 냉장고에 넣는 것 등 우리가 일상에서 하는 많은 일이 미생물을 향한 행위이다. 우리가 사는 도시를 만들거나 유지하기 위해 하는 많은 일도 미생물을 향해 이루어진다. 상수도와 하수도를 따로 만들고, 공항에서 검역검사를 하는 것도 모두 미생물을 향한 행위이다. 겉보기에는 땀이나 때를 씻어내고 환경을 깨끗이 하는 것이지만, 결국은 눈에 보이지 않는 미생물의 수를 줄이는 행위인 것이다. 개인의 위생과 공중보건은 인류 역사상 처음으로 인간의 평균수명이 100세를 바라보는 데 가장 크게 기여했다.

미생물은 우리 몸을 아프게 하는 가장 큰 이유이기도 하다. 감기나 비염, 폐렴 같은 호흡기 질환이나, 잇몸병, 장염, 대장암 같은 소화기 질환의 가장 큰 요인은 미생물이다. 바이러스는 시시때때로 감기를 일으키고 피곤할 때 입술을 부르트게 하며 간염이나 자궁경부암을 가져온다. 세균은 폐렴과 설사를 일으키며 충치와 잇몸병을 만든다. 역사적으로 보아도 미생물은 천연두나 흑사병 같은 전염병을 불러와 인류를 위험에 빠지게 했다. 수많은 사람들을 죽음으로 몰아간 전염병들을 예방하기 위해 현대의 대부분 나라에서는 백신을 미리 맞으라고 권장한다.

하지만 미생물이 늘 문제만 일으키는 것은 아니다. 식품 오염원으로 가장 먼저 지목받는 대장균은 우리 몸에 꼭 필요한 비타민을 만들어 우리 장 세포에 선사한다. 장 세균은 우리가 어제 먹은 음식을 잘 가공해 오늘 아침 쾌변을 보게 하는 도우미들이고, 장 세포들의 면역력을 키우고 교육시키는 선생님이며, 병을 일으키는 다른 세균들이 못 살게 견제하는 지킴이들이기도 하다. 꼭 이렇게 구체적인 기능을 이야기하지 않더라도, 이들은 우리가 지구를 터전으로 살아가듯이 그냥 우리 몸을 우주로 삼아 살아가는 생명체일 뿐이다. 2003년 발표된 인간 게놈 프로젝트를 계기로 급격히 발달한 유전자 분석기법을 미생물학에 이용하면서, 우리 몸에는 구강이나 장뿐만 아니라 무균의 공간으로 여겼던 폐, 혈관, 심지어 뇌에도 미생물들이 상주할 수 있다는 연구들이 속속 발표되고 있다. 미생물은 우리 몸과 떼려야 뗄 수 없는 우리 몸의 일부라는 것이다.

이런 면에서 미생물 공부는 질병의 원인을 아는 것이기도 하지만, 우리 인간을 포함한 생명 전체를 알아가는 과정이기도 하다. 시간적으로나 공간적으로나 지구상에서 가장 많은 영역을 차지하는 미생물에 대한 이해 없이 생명을 알 수 없기 때문이다.

나는 미생물 공부를 하면서 한 사람의 지식인으로서 또 치과의사라는 직업인으로서 이전까지 미생물에 대한 시각이 상당히 편향되었음을 깨달았다. 미생물 하면 질병부터 떠올렸고 감염이 생기면 미생물을 박멸하기 위해 항생제부터 찾았던 것은, 내 편견을 그대로 드러내는 행동이었다. 나는 미생물이 이 자연에 나와 함께 존재하는 생명들임을 간과하고 적대시하며 항생제를 남용한 의료인 중 한 사람이었던 것이다. 미생물 공부는 그동안 간과한 것들을 일깨워 주었을 뿐만 아니라, 동일한 질병에 대해서도 다른 시각을 갖게 해주었고, 미생물은 박멸이 아닌 적절한 관리와 공존이 중요하다는 것을 깨닫게 했다. 이를 통해 나는 진료방식이나 약 처방, 병원의 운영방식을 지속적으로 수정하고 있다.

미생물 공부는 또 내 몸을 제대로 이해하는 공부이기도 하다. 내 몸속 미생물을 모르고 나를 안다고 할 수 없기 때문이다. 우리 몸속에는 우리를 이루는 30조 개의 세포보다 더 많은 미생물이 살고, 우리 유전자보다 1,000배가 넘는 미생물 유전자가 있다. 내 몸속에 사는 미생물을 공부하는 것은 미생물까지 포함한 보다 포괄적인 '나'를 느끼게 하고, 보다 긴 생명의 흐름에서 내 몸과 건강을 생각하게 한다. 내 몸에 문제가 생긴다면 그것은 미생물 때문일 수도 있지만, 보다 근본적으로는 미생물과 평화로운 공존을 하지 못하는 내 몸에 혹은 나의 면역력에 문제가 생긴 까닭인 경우가 더 많다. 질병에 대해서도 마냥 미생물 탓만 해서 약을 찾을 것이 아니라, 평소에 미생물과 공존하는 내 몸의 관리가 중요하다는 것이다.

나아가 미생물 공부는 태초의 생명에서 나를 잇는 진화의 긴 시간을 음미하게 해준다. 미생물과의 공존은 우리가 상상하는 것보다 우리 몸 더 깊은 곳에서도 이루어진다. 우리 몸을 이루는 근간인 우리 몸 세포, 세포에서도 가장 안쪽인 핵 안에 꽁꽁 밀봉되어 있는 유전자, DNA에까지 미생물이 들어와 있는 것이다. 진화론에 의하면, 인간 유전자의 8%는 바이러스에서 옮겨온 것이고, 37%는 세균에서 온 것이다. 태초의 생명인 미생물이 진화와 진화를 거듭해 '나'라는 생명체까지 오는 동안, 셀 수 없는 유전자 전달과 돌연변이, 그리고 상호 영향이 있었을 것이다. 태초 생명체의 유전자와 기나긴 진화의 흔적과 힘이 우리 몸 깊숙한 곳까지 들어와 공존하고 있는 것이다. 그리고 이 공존은 '나'라는 생명체를 이루고, 나와 내 몸속 미생물의 평화를 가능케 한다. 19세기 중반 다윈의 시대에는 "인간이 털 없는 원숭이냐"며 놀랐다지만, 우리가 살아가는 이 시대에는 인간이 원숭이일 뿐만 아니라 다른 모든 동물과 식물은 물론 미생물과도 생명의 원리를 공유한다는 것을 전혀 놀라지 않고 받아들인다. 나는 털 없는 원숭이일 뿐만 아니라 덩치 큰 쥐이고, 걸어 다니는 국화이고, 뭉쳐진 세균이다.

이 책은 21세기 들어 새롭게 파악되고 있는 인간 몸 미생물에 대한 전반적인 스케치다. 그간 진행된 생명과학의 혁명적 변화를 목도한 소감과, 그 변화가 나를 포함한 생명 전체에 미칠 영향에 대해서도 서술했다. 그래서 이 책은 처음부터 모두 읽어갈 필요는 없다. 특히 우리 몸 미생물을 전반적으로 스케치한 부분(1장)은 건너뛰거나 마지막에 읽어도 된다. 바라건데, 이 책이 우리 몸과 미생물의 관계를 바라보는 보다 긴 안목과 생명친화적인 시선에 보탬이 되기를 희망한다.

나에겐 그랬다. 미생물 공부는 수직적 시간(진화)과 수평적 공간(생태계)이 기가 막히게 교차하는 지점인 '지금 여기'에 있는 '나'라는 생명의 위대한 우연을 느끼게 해주었다.

들꽃, 엘레지

– 블레이크, 영국 시인

한알의 모래에서 세상을 보고

한송이 들꽃에서 하늘을 보라

네 손바닥에 무한을 쥐고

한순간 속에서 영원을 담아보아라.

차례

2장. 미생물이 사는 모습

3장. 우리 몸과 미생물의 전쟁과 평화

4장. 미생물과의 공존을 위하여

서장

우리 몸속 미생물, 어떻게 접근할까

이 장은 미생물 입장에서 우리 몸을 보는 새로운 시선을 제공한다. 미생물 입장에서 보면, 피부는 물론 호흡을 하는 코나 폐의 기도, 음식을 먹는 입이나 장 모두 외부이다. 모두 미생물이 별다른 방해 없이 곧바로 도달할 수 있는 곳이다. 우리 몸을 터전 삼아 살고 있는 무수히 많은 미생물을 관찰하고 정체를 밝혀온 역사와 방법에 대해서도 소개한다. 마지막으로 우리 몸에 사는 미생물 전체에 대한 스케치와 대표적인 세균들을 모았다. 우리 몸 세포와 진균, 세균, 바이러스 등의 크기도 비교해 두었다. 과학, 특히 생명과학에서는 여러 실체들에 대한 크기 개념이 중요하기 때문이다.

이 장을 통해 21세기 들어 미생물에 대한 인식과 태도가 극적으로 바뀌고 있다는 것을, 또 바뀌어야 한다는 것을 느끼면 좋겠다.

1 미생물이 보는 우리 몸의 안과 밖

우리는 왜 아프고, 왜 병에 걸릴까? 이 물음에 대한 답을 수치로 보여주는 자료가 있다. 우리가 병원을 찾는 이유를 조사해 순위를 매긴 건강보험진료통계이다(표 1). 2016년 입원 환자를 기준으로 볼 때, 1위와 2위는 장염과 폐렴이다. 외래를 기준으로 보면, 기관지염이 첫번째 이유였고 두번째 이유는 잇몸병이었다. 편도염, 상기도감염, 충치, 위염과 십이지장염 등이 그 뒤를 잇는다. 이 통계자료에는 감기나 배탈, 설사, 또 이가 아파 병원을 찾는 우리의 일상이 고스란히 담겨 있다.

주목할 점은 이들이 모두 코 혹은 입부터 시작하는 호흡기와 소화기의 '감염(infection)'에서 비롯된 질병이라는 것이다. 감염이란 병적 미생물이 우리 몸을 침범해 그 수를 대폭 늘리는 것을 말한다. 이에 대응해 우리 몸이 보이는 현상 혹은 대처하는 반응을 '염증(inflammation)'이라고 한다. 결국 이들 질병은 모두 미생물에 의한 것들이다. 물론 고혈압

〈표 1〉 **2016 다빈도 상병 현황** (자료: 건강보험 진료 통계)

구분	순위	명칭
입원	1	감염성 및 상세불명 기원의 기타 위장염 및 결장염
	2	상세불명 병원체의 폐렴
	3	기타 추간판 장애
	4	노년 백내장
	5	치핵 및 항문 주위 정맥혈전증
	6	기타 척추병증
	7	무릎관절증
	8	급성 기관지염
	9	어깨병변
	10	뇌경색증
외래	1	급성 기관지염
	2	치은염 및 치주질환
	3	혈관운동성 및 알러지성 비염
	4	급성 편도염
	5	다발성 및 상세불명 부위의 급성 상기도감염
	6	치아우식
	7	본태성(원발성) 고혈압
	8	위염 및 십이지장염
	9	등통증
	10	급성 인두염

이나 당뇨 같은 만성질환이나 암과 선천병 같은 질병들이 우리를 괴롭히고 또 사고가 나서 병원을 찾기도 하지만, 우리가 겪는 가장 흔한 질병의 원인은 '미생물에 의한 감염'이다.

여기서 의문이 생긴다. 왜 우리 몸에서 특별히 코에서 폐에 이르는 호흡기와 입에서 장에 이르는 소화기에 이렇게 자주 염증이 생기는 것일까?

우리 몸을 거대한 행성이라고 가정하고 탐험한다고 생각해보자. 손

끝에서 시작해 앞으로 나가다 보면 둔탁한 언덕처럼 솟아오른 어깨가 나오고, 가파르고 긴 목을 오르면 머잖아 얼굴에 이를 것이다. 여기에서 탐험가는 거대한 동굴과 만난다. 입일 수도 있고 콧구멍일 수도 있는 이 동굴은 축축하지만 따뜻하다. 겁 없는 탐험가라면 별다른 장애 없이 동굴 속으로 진입할 것이다. 그렇게 입이나 코에서 시작한 긴 동굴 속을 계속 걸어 들어가 구석구석을 여행한 다음, 탐험가는 다시 동굴 밖으로 나온다. 처음 들어간 입구로 되돌아 나올 수도 있지만 다른 출구를 찾을 수도 있다. 여기에서 생각해보자. 이 탐험가가 여행한 곳은 우리 몸이라는 행성의 내부일까? 아니면 외부일까?

피부는 분명 우리 몸의 외부이다. 몸을 감싸서 바깥세계로부터 지키는 피부는 지구의 지각처럼 하나의 벽을 형성해 '나'라는 정체성을 만든다. 피부가 벗겨지고 피부 안쪽의 조직이 노출되면, 그래서 피가 나면, 우리 몸의 내부는 바깥세계로 노출된다. 바깥세계와 직접 만나는 피부에 미생물이 서식하는 것은 당연하다. 여러 종류의 세균들과 진균(곰팡이), 바이러스 등 이루 헤아릴 수 없이 많은 미생물들이 피부에 붙어, 혹시 피부가 벗겨지면 그 속을 파고들려고 호시탐탐 기회를 엿본다. 다행인 점은 피부가 상피와 각질층이라는 두터운 방어막을 치고 있어서 상처가 생기더라도 몸 깊숙한 곳까지 미생물이 침범하는 경우는 상대적으로 많지 않다는 것이다.

그럼 코는 어떨까? 겉보기에 코는 외부로 노출된 곳도 있지만 저 안쪽은 잘 보이지 않아 몸의 내부로 생각하기 쉽다. 다시 행성을 여행하다 동굴을 만난 탐험가를 떠올려보자. 미생물은 겁 없는 탐험가와 다를 바 없다. 미생물의 입장에서 보면, 코 역시 안쪽이든 바깥쪽이든 거침없이 드나들 수 있는 공간인 것은 마찬가지다. 게다가 우리의 탐험가와 달리 미생물은 공기에 섞여서도 콧속으로 들어간다. 우리가 들이마시는 공기에 섞여 아무런 방해 없이 바로 콧속으로 들어가는 것이다. 코뿐만 아니라 더 안쪽도 마찬가지다. 미생물은 들숨을 따라 상기도(위쪽 기도)나 폐 속의 하기도까지 도달한다. 안으로 들어가면 거꾸로 세워놓은 나무처럼 가지에 가지를 치는 기관지가 펼쳐진다. 표면적이 70m^{2}에 이르는 기관지에도 미생물은 다다른다. 감기로 알려진 상기도감염이나 폐렴이 감염질환으로 흔한 이유가 바로 여기에 있다. 이들 조직이 미생물이 직접 도달하는 우리 몸의 외부이기 때문이다.

이런 관점으로 보자면 입 역시 당연히 외부다. 입속은 우리가 먹는 음식이나 물, 호흡에 의해서 늘 미생물에 노출된다. 입에서 더 안쪽으로 들어가서 만나는 식도, 위, 소장, 대장 역시 마찬가지다. 입부터 항문으로 이어지는 소화관으로 들어간 음식물도 아직 우리 몸의 내부로 흡수되기 전이다. 그래서 배탈이 나거나 술을 많이 마시면 먹었던 음식을 토해내기도 하고, 치과에서 진료받는 과정에서 기구를 삼키는 일이 생기면 내시경으로 다시 꺼내기도 한다. 소화관을 기준으로 보면, 우리 몸은 입부터 항문까지 가운데가 뻥 뚫린 튜브라고 해도 틀리지 않다. 튜브의 바깥 면인 피부는 물론이고, 안쪽 면인 소화관의 표면 역시 미생물에게는 쉽게 다다를 수 있는 탐험의 대상이다. 물론 위장에 강산(strong acid)의 호수가 해자처럼 버티고 있기는 하지만 말이다.

그래서 바깥의 공기나 음식물 또는 미생물과 직접적으로 접촉하는 구

인체 외부와 내부를 단순화한 그림

우리 몸을 외부와 내부로 단순하게 구분하여 재구성하면 튜브와 같은 모양이 된다. 몸 전체를 관통하는 소화관이 있고, 부분적으로 관통하는 호흡기와 요로가 있다. 이들은 모두 바깥세계에 노출되어 있어서 피부나 점막으로 덮여 있다.

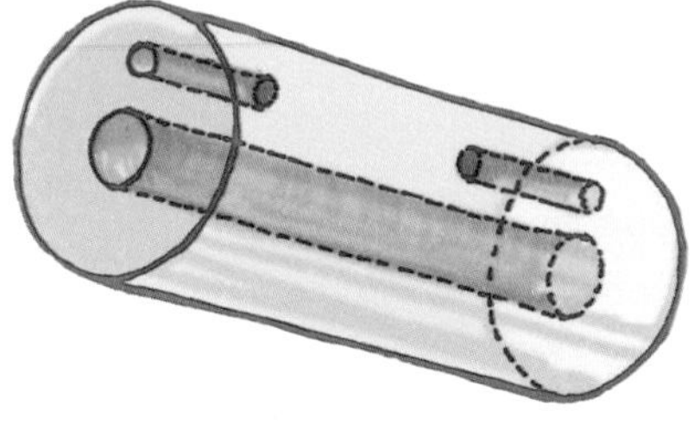

강이나 기도, 소화관의 표면(점막)은 기본적으로 피부와 비슷하다. 모두 바깥에서 오는 미생물로부터 우리 몸을 지키는 것이다. 생명유지를 위해서는 반드시 숨을 쉬고 먹어야 하는데, 그 과정에서 산소와 에너지원뿐만 아니라 수많은 미생물들도 딸려 들어오기 때문에 만들어낸 우리 몸의 방어막이다. 바깥세계와 다이나믹한 소통을 하며 거대 다세포 생물이 되어가는 과정에서 우리 인류를 포함한 여러 동물들이 만들어낸 진화의 산물이기도 하다. 그래서 소화관이나 호흡기는 늘 미생물의 침투에 시달리고 쉽사리 탈이 난다. 이것이 우리가 호흡기와 소화기의 질병 때문에 병원을 가장 많이 찾게 되는 원인이다.

바깥세계의 위험에 노출된 부분이 이렇게 많고 미생물이 호시탐탐 우리 몸 내부로 침투할 기회를 노리고 있다면, 우리 몸은 어떻게 스스로를 보호할까? 우리 몸의 방어 시스템은 놀랍도록 치밀하다. 대략 5단계로 방어한다.

첫째, 세포 간의 결합이다(1장 1. 참고). 세포들이 서로 단단히 결합하여 우리 몸 내부를 바깥세계와 단절하고 스스로를 보호하는 것이다. 피부든 점막이든 세포들의 긴밀한 결합으로 세포층을 이루고, 세포층들도 서로 긴밀하게 결합되어 있다. 특히 더 직접적으로 바깥세계에 노출되는 피부는 각질층을 두텁게 해서 한 겹 더 보호막을 친다.

둘째, 단단한 세포 간의 결합 위에 항균물질을 코팅한다. 구강 점막은 타액으로, 장이나 기도의 점막은 '뮤신'이라는 점액으로 코팅되어 있고, 이들 점액에는 다양한 항균 물질이 포함되어 있다. 예를 들어, 침에는 라이소자임(lysozyme)이나 면역글로불린 같은 성분들이 있어 외부 미생물을 방어한다. 예전에는 아이에게 상처가 생기면 엄마가 상처 부위를 핥아주기도 했는데, 충분히 일리 있는 행위였던 것이다.

셋째, 공존하는 세균들을 키운다. 공기와 음식을 통해 기도와 폐, 구강과 위와 장으로 들어온 미생물들 중 일부는 그냥 지나가 버리기도 하고 일부는 우리 몸의 면역기능에 의해 퇴치되기도 하지만, 일부는 아예 그곳에 눌러 산다. 이들을 상주(常住) 미생물(normal microflora)이라고 부른다. 이들은 터줏대감처럼 한자리를 차지하고 앉아 다른 병적 세균들이 점막에 들러붙지 못하도록 텃세를 부리기도 하고 독성물질을 만들어 병적 세균을 죽이기도 한다. 대표적인 예가, 여성의 질에 상주하는 젖산간균(*Lactobacillus*)이다. 유산균의 일종인 젖산간균은 여성의 질에 압도적으로 많이 사는 세균 종(species)인데, 이들은 외부 미생물들이 여성의 질에 침범하는 것을 막는다. 그러다 간혹 유산균의 지배가 훼손되면 세균성 질염 등 염증이 진행된다.

넷째, 점막의 표면 바로 밑에 수많은 수비병들을 대기시켜 놓는다. 가장 많은 미생물이 오가는 장 주위에는 대식세포를 포함한 수많은 면역세포들이 대기하다가 미생물이 침범해 들어오면 즉각 퇴치에 나선다. 피부나 구강 점막 역시 마찬가지다.

다섯째, 수비병력이 상주하는 지역 정찰대까지 조직해 놓는다. 문제가 생기면 파견되는 병력도 필요하지만, 상주하는 병력이 있어야 정찰과 방어가 원활하게 이루어진다. 이 역할을 맡은 것이 점막 림프조직이라고도 하고 말트(MALT, Mucosa associated Lymphoid Tissue)라고도 부르는 조직이다. 말트(MALT)는 점막을 뚫고 들어온 미생물이 혈관을 통해 전신을 돌기 전에 미리 차단함으로써, 감염이 온몸으로 확산되는 것을 막는다. 감기가 심해지기 전에 따끔따끔한 편도선이 대표적인 말트다. 편도선이 붓는 것은 구강에서 더 안쪽으로 들어오려는 미생물을 그곳에서 열심히 방어하고 있다는 신호다.

그렇다면 우리 몸의 외부와 내부의 경계는 어디일까? 미생물이 우리 몸 내부로 들어가기 위해 공략해야 하는 곳, 반대로 우리 몸이 방어 시스템을 총동원해 보호해야 하는 곳은 바로 혈관이다. 호흡기로 보자면, 들이마신 공기가 폐 세포 사이사이에 뻗어 있는 모세혈관에 의해 흡수되어 온몸으로 순환되기 시작할 때 마침내 내부로 들어온 것이다. 또 소화관으로 보면, 우리가 먹고 마신 음식이 분해되어 소장이나 대장 주위

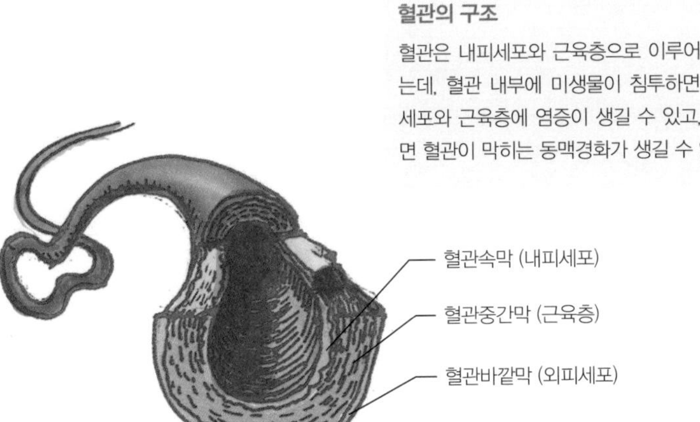

혈관의 구조

혈관은 내피세포와 근육층으로 이루어져 있는데, 혈관 내부에 미생물이 침투하면 내피세포와 근육층에 염증이 생길 수 있고, 그러면 혈관이 막히는 동맥경화가 생길 수 있다.

에 돌고 있는 혈관에 흡수되어 순환을 시작할 때, 마침내 우리 몸의 내부로 들어온 것이 된다. 혈관으로 들어온 후에야 도달할 수 있는 간, 심장, 신장과 같은 기관은 확실한 내부다.

혈관은 우리 몸의 외부와 내부를 가르는 경계이지만 위치가 그렇다는 것은 아니다. 혈관은 피부나 점막 안쪽에서 보호를 받고 있다. 때문에 외부 미생물에 쉽게 노출되지 않는다. 또 혈관 스스로도 내피세포로 이루어진 세포층으로 스스로를 보호한다. 그렇다고 혈관이 미생물에 노출되는 일이 없다는 것은 아니다. 오히려 생각보다 쉽게 노출된다. 피부에 상처가 나거나 칫솔질을 할 때 피가 나면, 이미 혈관이 외부 미생물에 노출되었다는 것을 의미한다. 실제로 잇몸질환이 있는 사람의 경우, 치과에서의 간단한 처치나 스케일링은 물론 일상적인 칫솔질만으로도 혈관이 손상을 입고 미생물이 침투할 수 있다. 뿐만 아니라 혈관의 내피세포에도 혈관을 돌던 미생물이 침투해서 염증이 생기고, 심한 경우 혈관 자체가 막힐 수도 있다. 우리 몸의 외피(피부나 점막)에 염증이 생기는 것과 같은 이치다. 다행히 면역세포가 있어 이런 일은 흔히 일어나지는 않으며, 대부분은 일시적으로 생겼다가 사라진다. 다만 어떤 이유에서든 면역력이 약해져 면역세포들의 기능이 떨어져 있다면, 상황은 달라진다. 미생물이 몸 곳곳에 퍼져 우리 몸의 장기들이 제 기능을 하지 못하게 되어 사망에까지 이르는 패혈증(sepsis)에 빠질 수도 있다.

다시 행성 탐험가와 같은 미생물의 입장이 되어 보자. 이 탐험가는 겁이 없고 우리 몸 더 깊숙한 곳으로 들어갈 기회를 호시탐탐 노린다. 상처 난 곳을 발견한다면, 이 탐험가는 우리 몸 내부로 들어갈 더 없이 좋은 기회를 찾은 것이다. 혈관은 우리 몸 전체에 퍼져 있으니 일단 혈관을 타면 어디든 갈 수 있다. 물론 면역기능이 제대로 작동한다면 이 탐험가는 그리 멀리 가지는 못한다. 그래서 우리 몸에서 가장 깊숙한 곳까지 이르는 일은 결코 만만치 않다. 여기에는 다른 조직과는 다른 특별한 보호막이 장벽처럼 버티고 있기 때문이다.

우리 몸의 가장 깊숙한 곳은 어디일까? 바로 뇌이다. 그리고 뇌를 보호하는 특별한 보호막은 혈액뇌장벽(Blood-Brain-Barrier, BBB)이라고 부른다. 이것은 뇌로 들어가는 뇌혈관 주위를 촘촘히 막아서고 있다. 혈관 침투에 성공해 뇌혈관까지 온 미생물이 있다 하더라도 이 장벽을 뚫기는 어렵다. 우리 몸의 컨트롤타워인 뇌를 보호하기 위해 이런 장치가 있다는 것이 여간 든든하지 않다. 하지만 혈액뇌장벽이 늘 온전히 작동하는 것은 아니다. 1장에서 자세히 알아보겠지만, 이 장벽 역시 미생물에 의해 뚫릴 수 있고, 그래서 뇌 역시 미생물의 침투에서 완전히 자유롭지는 못하다. 우리 몸 그 어느 곳도 미생물이 미치지 못하는 곳은 없다.

우리 몸을 이렇게 내부와 외부로 나누어 보면, 왜 소화기나 호흡기에 질병이 잘 생기는지 쉽게 이해된다. 겉보기에도 명백히 인체 외부인 피부는 물론, 내부라고 생각하기 쉬운 소화기와 호흡기 역시 미생물이 수시로 드나들며 심지어 온갖 미생물들이 모여 산다. 요로생식기(urogenital system) 역시 마찬가지다. 이들은 모두 인체와 미생물의 접촉이 일상적으로 일어나는 일선의 공간이다.

우리가 지구를 터전으로 살아가듯이, 미생물도 우리 몸을 터전 삼아 살아간다. 이들은 우리 몸에 꼭 필요한 녀석들이기도 하고, 심지어 오랫동안 함께 진화해온 우리 몸의 일부이기도 하다. 물론 그 가운데에는 호시탐탐 우리 몸을 공격하려는 사나운 녀석도 있고, 평소 온순하게 살아가다가 사나운 녀석들에 휩쓸려 우리 몸을 공격하는 녀석도 있다. 이들을 탐색해 보는 것이 이 책의 목적이다.

2 우리 몸속 미생물 어떻게 파악할까?

미생물(微生物, microorganism)은 말 그대로 '아주 작은 생물체'라는 뜻으로, 인간의 눈으로 관찰되지 않은 모든 생물들을 지칭한다. 구체적으로는 원생생물(protist), 곰팡이(진균), 세균, 고세균, 심지어 바이러스까지 포괄한다. 하지만 미생물이라는 말로 뭉뚱그려 부르는 이 생물들은 인간의 눈에 관찰되지 않을 만큼 작다는 것만 빼면 같은 점이 거의 없다. 크기도 다르고 생물학적 성격도 아주 다르다. 심지어 바이러스는 이것들을 생물로 여겨야 할지 말아야 할지를 두고 논쟁이 늘 따라다닐 만큼 성격이 다르다.

이 책에서는 미생물 중에서 주로 '세균(bacteria)'을 다룬다. 세균은 전체 생명의 영역 중 가장 많은 부분을 차지하고, 우리 몸의 건강과 관련해서도 가장 많이 밝혀진 영역이기 때문이다. 우리 몸에 사는 바이러스나 진균에 대해서는 따로 간단히 설명하겠다(1장 9와 10).

우리 몸에 사는 미생물의 전모(全貌)를 파악하고 서술하는 것은 매우 어려운 일이다. 일단, 전문 연구자들조차도 이름을 모두 기억하는 것이 불가능할 만큼 많은 미생물들이 우리 몸에 살고 있다. 우리 몸에 사는 미생물 가운데 세균만 해도 39조 개로 추정된다. 너무 많아 셀 수는 없고 추정할 뿐이다. 인체는 대략 30조의 세포로 이루어져 있는데, 우리 몸에 사는 미생물은 우리 몸 세포보다 더 많다. 유전자 단위로 보아도 인체 유전자는 20,000~25,000개 정도인데, 인체에 사는 미생물의 유전자는 이것보다 1,000배나 더 많은 것으로 알려져 있다.[1]

숫자만 많은 것이 아니다. 종류도 다양하다. 수가 39조 개이니 그 안에 얼마나 다양한 미생물이 존재하겠는가. 또 인간이 스스로의 이해를 위해 나누어 놓은 '종류'라는 것이 다양한 미생물을 분류해 담는 그릇으

세균에 붙은 바이러스

세균에 붙은 바이러스가 마치 행성에 착륙한 우주선처럼 보인다. 보통 세균은 1mm의 1/1000인 마이크론(micron) 단위의 크기인데, 바이러스는 마이크론의 1/1000인 나노(nano) 단위의 크기이다. 둘 다 미생물이라고 불리지만, 세균과 바이러스는 크기부터 이처럼 큰 차이가 날 뿐만 아니라, 생물학적 구조 자체도 완전히 다르다.

로 적당한지도 의심스럽다. 경계를 넘나드는 미생물이 무수히 많기 때문이다. 우리는 생명체를 '계 · 문 · 강 · 목 · 과 · 속 · 종'■이라는 위계와 경계를 만들어 파악한다. 하지만 생명은 인간의 이해를 위해 존재하는 것이 아니다. 그런 위계나 경계를 무시하는 예는 얼마든지 발견되고, 그것이 오히려 자연스럽다고 할 수 있다. 특히 미생물은 그 정도가 심하다. 이처럼 수도 많고 종류도 다양하며, '종류'의 경계를 넘나드는 것도 미생물을 이해하고 서술하는 것을 어렵게 만든다.

게다가 미생물은 빠르게 변한다. 예를 들어, 장에서 흔히 볼 수 있는 대장균(*E. coli*)은 20분마다 한번씩 분열한다. 20분마다 세대가 달라지는 것이다. 이때 DNA 복제가 일어나고, 이론적으로 보면 그때마다 돌연변이가 일어날 수 있다. 인간의 한 세대를 30년으로 하면, 인간의 30년이 대장균에게는 20분인 셈이다. 하루에 10번을 분열한다고 치더라도 1년이면 3,650번 분열한다. 이는 인간에게는 10만 년(3650세대×30년)이 넘어서는 세월이 필요한 일이다. 현생 인류가 속한 호모 사피엔스가 시작되었다고 추정되는 시기는 약 10~20만 년 전인데, 이것이 대장균에게는 1년마다 반복되니 그 종의 변화가 클 수밖에 없다.

■ **계 · 문 · 강 · 목 · 과 · 속 · 종**

계통분류법에 의한 분류 단위들이다. 계통분류법은 18세기 스웨덴의 생물학자 린네가 정리한 생물분류학(Taxanomy)에 의한 계통적 기준에 따른 것으로, 큰 분류에서 작은 분류로 나누어가는 방식이다.

이것이 다가 아니다. 세균이 가진 능력을 보면, 영화 '엑스맨' 시리즈에 등장하는 돌연변이의 능력은 아이들 장난 수준이다. 끊임없이 바이러스의 침투를 받는 세균은, 경계해야 하는 부분을 기억하기 위해 바이러스의 유전자 자체를 자신의 유전자 안에 집어넣는다. 유전자가 변하는 것이다. 또 세균들은 실시간으로 유전자를 교환하기도 한다(2장 2. 참고). 항생제라는 치명적인 환경에서 살아남은 세균들은, 그렇게 생존하는 동안 획득하고 보존한 항생제 내성 유전자를 이웃 세균들에게 나누어 준다. 식량이 극도로 결핍된 환경에 사는 미생물들은 제한된 식량에서 최대로 영양분을 뽑아내는 유전자를 서로 나누어 갖는다. 반대의 경우도 있다. 인간의 장처럼 식량이 비교적 풍부한 환경에 사는 세균들은 불필요한 유전자를 퇴화시켜 유전자의 크기를 줄인다. 작지만 영리하고 임기응변에 강한 것이 바로 세균이다.

이런 특성 때문에 세균을 분류할 때에는 경계를 느슨하게 적용한다. 우리 인간의 경우 서로 99.9%의 유전자가 같고, 인간과 생쥐의 유전적 동일성은 99%이다. 결국 인간과 생쥐를 구분하는 유전자의 경계는 아주 미세한 범위에서 결정되는 것이다. 그러나 세균의 경우, '16s rRNA 유전자'라는 유전자의 특정 부분이 97%만 같더라도 같은 종으로 인정한다.[2] 같은 종이라도 유전자의 동일성이 떨어지는 것이다. 사정이 이러니 우리 몸에 사는 미생물의 전모를 파악하는 것은 결코 만만찮은 일이다. 만약 지금 누군가의 몸에 어떤 미생물들이 살고 있는지 밝혀냈다 하더라도, 그것은 빠르게 변화하는 전체 미생물 군집의 한 순간을 포착한 스냅사진에 불과하다.

미생물의 전모를 파악하는 데 과학의 한계 역시 분명하다. 미생물의 종을 파악하고 이름을 붙이려면 배양을 해야 한다. 최소한 현미경으로 볼 수 있을 만큼 만들어야 하기 때문이다. 그런데 아직도 많은 종의 미생물들이 배양이 불가능하다. 예를 들어, 구강에 사는 미생물은 700여 종이라고 파악되지만, 그 중 32% 정도는 아직도 배양이 불가능하다.[3]

우리 몸은 늘 바깥세계에 노출되어 있고 우리 몸에는 늘 미생물들이 살아간다. 최근에 점점 더 확실히 밝혀지고 있는 것처럼, 미생물은 질병을 일으키기도 하지만 오랫동안 우리 몸과 공존하면서 함께 진화해 왔다. 그래서 우리 몸속 미생물에 대해 아는 것은 실은 우리 자신에 대해 아는 것이다. 내 몸의 일부인 미생물을 모르고는 내 몸을 안다고 할 수 없다. 그럼 이제 어떻게 할 것인가? 매우 중요하지만 매우 어렵기도 하다면, 우리 몸속 미생물의 전체적인 모습을 어떻게 묘사할 수 있을까? 이를 위해 몇 가지 원칙을 정했다.

일단, 한계를 인정하자. 미생물에 대한 인류의 지식, 과학의 성과가 여전히 불완전하다는 것을 먼저 인정해야 한다. 당연히 이 책의 묘사, 이 책을 쓰고 있는 내 지식 역시 불완전하다.

둘째, 문(phylum) 단위에서 주로 생각해 보자는 것이다. 계·문·강·목·과·속·종으로 분류하는 분류법에서 종 수준까지 가면 대상이 너무 많아지지만, 문 수준으로 보면 좀 낫다. 문 수준으로만 볼 때 큰 분류로 뭉뚱그려지는 한계가 있더라도, 이 책의 목적은 우리 몸에 사는 미생물의 전체 그림을 스케치하고 미생물에 대한 우리의 관점을 바꿔 보는 것이기에 이 정도로 만족하자는 것이다. 더 자세한 서술들은 나보다 훨씬 전문적인 연구자들의 몫으로 남겨둔다.

우리 몸을 구성하는 세균을 문 수준으로 살펴보면, 2개의 문이 80% 이상을 차지하고 여기에 다시 2개를 더해 4개의 문이 거의 대부분을 포함한다. 나중에 자세히 이야기하겠지만, 80%를 차지하는 두 개의 문은 후벽균(***F**irmicutes*), 의간균류(***B**acteroidetes*)이고, 다른 2개의 문은 방선균(**A**ctinobacteria)와 프로테오박테리아(***P**roteobacteria*)이다. 여기에 더해 많은 수가 분포하지는 않지만 여러 질병과 연관이 있는 푸소박테리아(***F**usobacteria*)도 가끔 등장할 것이다. 결국 이 책에서는 주로 이 5개의 문을 다룰 것이고, 5개의 문을 약어로 각각 F, B, A, P, Fu ■로 줄여 표기하려 한다. 긴 이름을 읽는 피로감도 줄이자는 취지다.

셋째, 속(genus) 수준으로 가더라도 20개 정도로 제한해서 다룰 것이다. 이 20개는 2012년 발표된 인간미생물프로젝트(human microbiome project, HMP)에서 인체 각 부위에 많다고 분류한 것들 10개에, 여러 연구에서 많이 등장하는 것들을 더해서 정리한 것이다. 그래서 이 책에서

■ **문 단위의 세균 약어**

F 후벽균

B 의간균류

A 방선균

P 프로테오박테리아

Fu 푸소박테리아

는 가능한 20개의 속으로 제한해 서술할 것이고, 부득이한 경우 몇몇 속이나 종(species)을 추가로 거론할 것이다.

이런 정도로 원칙을 정해 두면, 개략적이나마 우리 몸속 미생물의 전체적인 모습을 살펴볼 수 있을 것이다. 물론 미생물에 대한 연구는 지금 이 순간에도 전 세계 곳곳에서 활발하게 진행되고 있고 나날이 새로운 지식이 발표되므로, 지속적인 업그레이드가 필요한 작업임은 분명하다. 하지만 그럼에도 이 작업은 상당한 의미가 있다. 앞에서도 밝혔듯이 미생물은 우리 건강과 질병에 가장 중요한 부분을 차지하고 있기 때문이다.

21세기 미생물학의 변화와 인간 미생물 프로젝트

21세기 미생물학의 변화

미생물이 처음으로 인간의 시야에 포착된 것은 1670년대였다. 네덜란드 상인으로 무역을 해서 돈을 많이 벌었다는 레이우엔훅은 당시 많은 사람들과 마찬가지로 과학에 관심이 많았고, 취미 삼아 현미경도 제작했다고 한다. 레이우엔훅이 만든 현미경은 엄지손가락만한 크기의 금속 프레임에 렌즈를 두 개 겹쳐서 배율을 높인 것으로 지금 관점에서 보면 현미경이라고 하기도 어려운 모양이지만, 이것만으로도 1/100~1/1000mm 정도의 크기인 미생물과 세포를 관찰하기에는 충분했다. 레이우엔훅은 나뭇잎의 세포와 자신의 대변, 치아의 플라크, 효모, 심지어 자신

레이우엔훅의 현미경

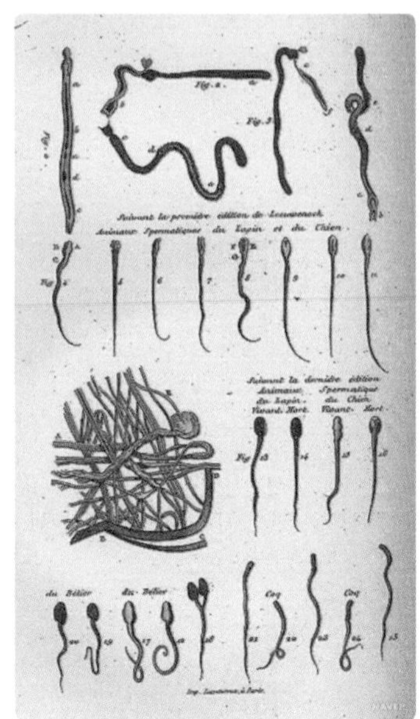

레이우엔훅과 그가 그렸다는 그림

의 정자까지 관찰해 그림을 그렸고, 빗방울 속에서 발견한 "극미동물(極微動物, animalcule)"을 그린 그림과 함께 영국 왕립학회에 보냈다고 한다.

레이우엔훅이 왕립학회에 보낸 '극미동물' 그림은 상당한 논란을 불러일으켰지만, 그후 한참 동안 이 작은 동물은 그저 호기심의 대상일 뿐이었다. 그것이 와인이나 빵의 발효, 치즈와 요구르트를 만드는 주역이라는 것, 또는 질병의 원인이라는 것은 레이우엔훅의 첫 관찰 이후 200년이나 더 지난 후에야 밝혀진다. 흔히 '미생물학의 황금시대'라고 부르는 19세기 후반의 일이다. 미생물학의 아버지라고 할 수 있는 파스퇴르와 코흐가 와인의 발효가 그냥 공기 중에 있는 어떤 것이 아니라 포도 표면에 살고 있는 효모에 의한 것이고, 콜레라나 탄저병 같은 질병이 공기 중의 나쁜 기운이 아닌 세균 때문임을 밝힌 것이다. 레이우엔훅에 의해 처음 포착된 '극미동물'이 우리 음식이나 질병과 연결되는 '미생물'로 전환되는 순간이었다.

사람들은 환호했다. 당시 과학자들과 의사들은 처음에는 코흐와 파스퇴르의 연결을 의심했지만, 곧 미생물이 어떻게 질병을 일으키는지 알고 싶어 했고 구체적인 기전을 밝히기 위해 연구를 시작했다. 세균이 곧 질병의 원인이라는 세균감염설(the germ theory of diseases)은 이내 정설로 확고히 자리 잡는다. 지금은 비타민 결핍이 원인이라고 밝혀진 각기병 같은 것도 1900년대 초반만 해도 미생물 때문이라고 주장하는 의사들이 많았다는데, 그만큼 세균감염설은 당시 과학자들이나 의사들에게 매혹적이었다.

세균감염설은 20세기에 많은 백신과 항생제 개발의 기초가 되어 인류를 감염질환에서 지켜내는 데 지대한 공헌을 했다. 하지만 결정적인 오해를 만들어 내기도 했다. '세균'이라고 하면 곧바로 질병을 떠올리게 만든 것이다. 실제 미생물은 38억 년 전 지구에서 생명이 탄생한 이래로 우리 행성과 우리 몸 곳곳에 존재하는 생명체이고, 질병을 일으키는 소수를 제외하면 우리 몸에도 필요하고 유익한 생명체라는 점이 간과된 것이다.

그러다 21세기 들어 급격히 발달하고 있는 유전자 분석기법을 기반으로 한 미생물학은, 미생물에 관한 지식과 관점에 근본적인 변화를 불러

일으키고 있다. 미생물도 인간처럼 유전자를 가지는데, DNA나 RNA로 미생물의 정체를 밝히려는 시도는 20세기 말부터 이미 진행되었고, 이를 통해 우리는 이 세계에 존재하는 미생물이 얼마나 많은지, 또 얼마나 다양한지 새롭게 알아가는 중이다.

코흐와 파스퇴르가 시작한 미생물학에서 주로 사용한 방법은 배양(culture)이었다. 배양이란 한마디로 키우는 것이다. 예컨대, 치아의 플라그를 긁어 영양소를 담은 접시에 넣으면, 플라그 속의 미생물 무리가 점점 자란다. 당연한 일이겠지만, 이런 방법으로 키울 수 있는 미생물은 제한적일 수밖에 없다. 인간이 넣어준 탄수화물이 영양소가 되기보다는 독이 되는 미생물도 있을 수 있고, 공기에 노출되면 바로 죽어버리는 혐기성 세균도 많을 것이다. 켄 닐슨(Ken Nealson)이라는 학자는 배양되는 미생물은 1% 미만이고 나머지는 배양이 불가능하다고 주장하기도 했다.[1] 이런 주장에 의하면, 내가 학교에 다니던 1980년대의 미생물학은 1%를 100%라고 생각하며 학생들을 가르친 것이다.

유전자를 분석하는 기술은 미생물학에 근본적 변화를 가져왔다. 유전자 분석의 가장 큰 문제는 엄청난 양의 정보를 처리하는 속도였는데, 최근 급속도로 발전한 기술이 이 문제를 해결해 주었다. 빨라진 유전자 분석 속도로 엄청난 수의 미생물을 분석하는 것까지 가능해졌고, 그 결과는 인류에게 커다란 충격을 주고 있다. 레이우엔훅이 처음 미생물을 발견한 1670년대와 코흐나 파스퇴르가 미생물을 질병과 연결한 1880년대 이후, 미생물학은 최대의 변화를 겪고 있는 것이다.

미생물 연구에 발전을 가져온 또 다른 기반은, 다름 아닌 무균 쥐이다. 무균 쥐는 말 그대로 균이 없는 쥐를 말하는데, 균을 완전히 제거했거나 연구자가 이미 파악한 것 외에 다른 균이 없다는 뜻이다. 무균 쥐를 보통의 쥐와 비교해, 면역세포가 어떤 차이를 보이는지 장염이 일어나면 사망률이 어떻게 다른지 등등을 알게 해준다. 쥐는 우리 인간과 DNA가 비슷하여 이런 실험에 자주 등장한다.

비슷하다고는 하나 인간과 종이 다른 쥐를 대상으로 한 실험을 인간에게 곧바로 적용하는 것은 당연히 한계를 지닌다. 하지만 근본적인 한계는 따로 있다. 무균이라는 것이 애초에 현실에서는 존재할 수 없다는 것이다. 이것은 마치 경제학에서 '합리적인 인간'을 기본 전제로 이론을 정립하는 것과 같다. 인간은 늘 합리적인 선택을 할 것이라는 가정에서 비롯된 경제학적 예측은 사회경제적 흐름에 의미 있는 통찰을 제공하긴 하지만, 이를 기반으로 한 경제이론은 현실에서 오류와 허점을 많이 보이는 것도 사실이다. 무균 쥐 실험 역시 마찬가지다. 무균 환경을 모델로 한 세균의 역할에 대한 연구 역시 많은 통찰을 제공해 주기는 하지만, 오류와 허점이 있을 수 있다는 것을 염두에 두어야 한다. 생명의 현실에서는 이런 무균 환경은 불가능하기 때문이다.

인간 미생물 프로젝트

21세기 벽두에 시작된 '인간 미생물 프로젝트(Human microbiome project, HMP)'는 19세기 후반부터 타오르기 시작해 지속적으로 이어져

온 미생물학의 불꽃에 기름을 부은 프로젝트였다. 인간 미생물 프로젝트는 미국 국립보건원과 미국 정부가 매년 1억 달러 정도를 투자해 인체 미생물을 밝히는 작업이다.[2] 2008년부터 시작되어 2012년에 중간 보고서가 나왔고, 2017년 현재도 진행 중이다. 2012년 발표된 보고서는 중간 보고서이기는 하지만 역사적 문서로 남을 것이다.

인간 미생물 프로젝트는 2008년에 시작되었지만, 인체에 살고 있는 미생물에 대한 관심은 그 전부터 점차 증가하고 있었다. 2003년 결과를 발표한 인간 게놈 프로젝트(Human genome project)를 진행하면서 눈부시게 발전한 유전자 분석기술을 미생물 연구에 적용할 길이 열린 것이다.

유전자 분석기술을 이용한 연구 가운데 대표적인 것은 2006년 턴보(Turnbaugh)가 유명한 학술지 〈네이쳐(Nature)〉에 발표한 논문이다. 내용을 간단히 요약하면, 비만인 쥐에서 채취한 장 미생물을 무균 쥐에 주입했더니 살이 찌고, 마른 쥐에서 채취한 장 미생물을 무균 쥐에 주입하니 마른 쥐가 되었다는 것이다(그림 1). 이것은 장 미생물이 비만 정도를 좌우할 수 있다는 것을 의미한다. 또 뚱뚱한 쥐에 사는 미생물들은 같은 음식에서 더 많은 에너지를 흡수해 숙주에 제공한다는 뜻이다. 이는 누가 보아도 장 미생물과 숙주의 상호작용이 잘 드러난 결과가 아닐 수 없다. 연구자들은 물론 일반인들에게도 놀라운 결과였다. 그래서인지 이 연구는 지금도 장 미생물 연구에서 가장 많이 거론된다.

턴보의 연구 이후 미국 국립보건원은 연구자들을 모았다. 그리고 300명의 연구대상을 무작위로 선발해 몸 곳곳에서 한 사람당 남성은 15군

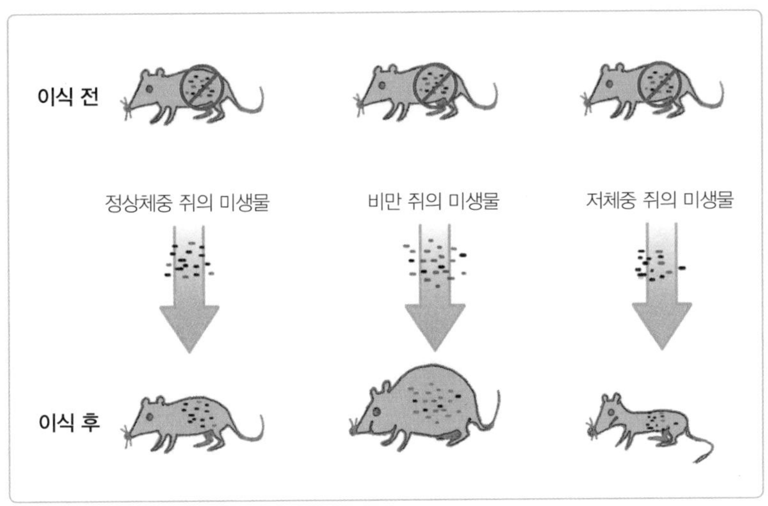

〈그림 1〉 2006년에 발표된 턴보의 연구를 보여주는 그림

뚱뚱한 쥐의 장 미생물을 주입한 쥐는 뚱뚱해지고(중간), 마른 쥐의 미생물을 주입한 쥐는 말랐다는 연구결과는 미생물의 종류에 따라 비만 정도가 결정된다는 것을 보여준다.

데, 여성은 질 3군데를 포함해 18군데에서 미생물을 채취해, 모두 4,788개의 샘플을 조사했다. 2012년에 발표된 인간 미생물 프로젝트 보고서는 그 결과를 밝힌 것이다. 개요를 요약하면 다음과 같다.[3]

1. 미생물은 우리 몸 어디서나 살고 종류도 다양하다. 심지어 정상적인 상태에서는 일어나지 않다가 환경이 바뀌면 일어나는 기회감염성 감염을 일으킨다고 알려진 세균들도 많이 산다. 건강한 사람도 마찬가지다. 그만큼 우리 몸은 세균과 함께 살아가는 것이다.

2. 우리 몸속 미생물의 종류는 몸 부위마다 차이가 많이 난다. 미생물

입장에서 보자면, 인체 각 부위가 독특한 환경인 셈이다. 그 독특한 환경을 발판 삼아 미생물의 생태계가 만들어지고, 그 안에서 서로 다른 세균 종들이 살아간다.

3. 우리 몸 각 부위는 두세 개의 우점종(dominant species)을 갖는다. 동물들이 지구 표면에서 저마다 적절한 환경에서 살아가듯, 세균들도 우리 몸에서 저마다 적절한 환경에 모여 사는 것이다. 예를 들어, 구강이라면 사슬알균(*Streptococcus*) 속이 많이 살고, 피부에는 포도상구균(*Staphylococcus*) 속이 많이 산다.

■ 중복성

이것을 중복성(redundancy)이라고 한다.[4] 중복성이란 각 부위에 사는 미생물의 종류는 다르더라도 모든 부위에서 이루어지는 단백질의 생산이나 에너지 대사와 같은 전체적인 기능은 비슷하다는 것을 의미한다. 달리 말해, 각각 다른 미생물 군집이 각기 다른 인체 부위에서 하는 역할은 비슷하다는 것이다. 이 개념은 생태학에서 유래했다. 한 생태계가 유지되려면 그 안에 여러 종들이 보존되는 다양성(bio-diversity)이 중요하기는 하지만, 한 종의 역할을 다른 종이 대신하기도 한다는 것이다. 중복성이 있기에 어떤 이유로든 생태계가 훼손당해도 다시 원상 복구되는 탄력성(resilience)을 가질 수 있다.[5] 우리 몸속 미생물 역시 이런 중복성을 통해, 항생제를 포함한 환경 변화에도 다시 생태계를 탄력적으로 복구하는 힘을 준비했다. 이 세균이 없으면 저 세균이 그 기능을 하는 방식으로 서로 대신해 주면서 인체의 상태를 유지한다는 것이다.

4. 각 부위에서 살아가는 미생물의 종류는 다르지만 전체적으로 보면 비슷한 기능을 한다. ■

인간 미생물 프로젝트는 인간과 미생물의 관계에 또 하나의 획을 긋는 작업이다. 앞에서도 말했듯, 1670년대 레이우엔훅의 현미경에 미생물이 처음 포착되고 1880년대에 코흐와 파스퇴르에 의해 미생물과 인간의 질병이 연결된 이래로, 최대의 변화가 진행중인 셈이다. 인간 미생물 프로젝트는 미생물이 인간의 몸 어디에서나 늘 살고 있고, 나아가 우리 몸의 건강유지를 위해서 필수적이며 우리 몸과 함께 진화하고 있다는 발상의 전환을 제공한다. 또 그동안 원인을 몰랐던 장염이나 당뇨, 심혈관질환과 같은 여러 질병의 원인이 실은 미생물일 수 있음을 짐작케 한다. 2014년부터 시작된 2단계 인간 미생물 프로젝트(iHMP; intergrative HMP)가 만성질환과 미생물의 연관을 구체적으로 밝혀낼 수 있을지 주목된다.

■ **한눈에 보는 우리 몸속 세균**

우리 몸속 미생물은 어떤 일을 할까?[1]

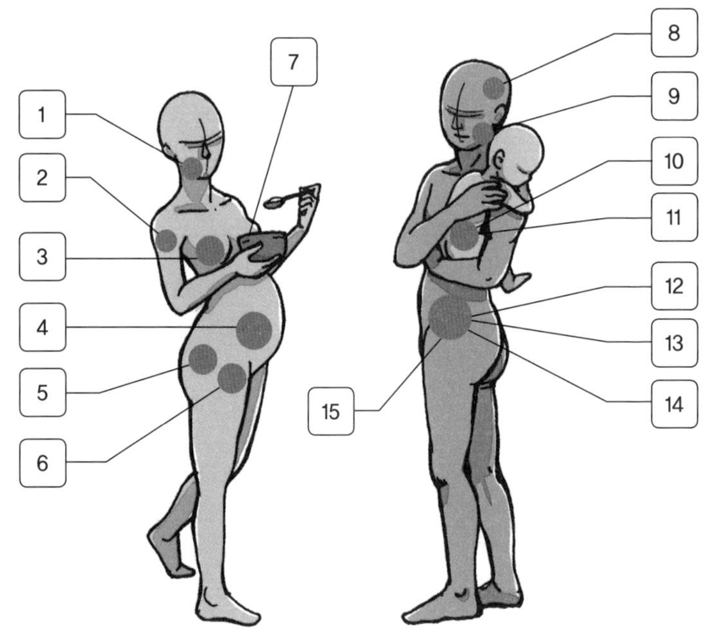

1. 입속은 수많은 병적 세균들과 기회가 생기면 감염을 일으키는 기회감염성 세균들의 저장고다.
2. 피부 미생물은 모기를 부르고 말라리아처럼 곤충이 매개되는 질병과 연관이 있다.
3. 모유에 들어 있는 미생물은 아이의 모유 섭취를 돕고, 모유 속의 올리고당은 아이의 장에 사는 비피도박테리움과 같은 유익한 장 미생물의 성장을 돕는다.

4. 태반 미생물은 입속 미생물을 닮았다. 입속이나 질에 사는 미생물의 불균형은 조산이나 사산을 일으키는 위험 요소가 되기도 한다.
5. 우리 몸속 미생물은 훨씬 더 많이, 더 빠르게 수평적 유전자 교환을 한다. 그래서 구강과 장에서는 항생제 내성 유전자가 빠르게 확산되어 항생제를 무력화시킨다.
6. 질 미생물의 생태적 안정성은 성병이나 질염의 가능성을 낮춘다.
7. 발효음식은 유익한 미생물의 공급처 역할을 한다.
8. 장 미생물은 신경전달 물질을 만들어 뇌에 작용함으로써, 스트레스나 우울증, 걱정, 기분에까지 영향을 미친다.
9. 입속 바이오필름(플라그) 안의 미생물들은 끊임없는 영향을 주고받는다. 미생물과 숙주도 지속적인 상호작용을 하며 공진화(共進化)한다.
10. 아이의 장 미생물은 출생 후 초기 면역 발달에 매우 중요하다.
11. 아이 몸의 미생물은 태아 때 엄마에게서 전달받거나 생후에 엄마의 모유나 여러 환경에서 유입되어 정착한다.
12. 도시화된 사회와 전통 사회에 사는 사람들의 장 미생물은 차이가 난다. 도시에 사는 사람들의 경우, 장 미생물의 다양성이 떨어져서 특정 종이 없는 경우가 많다.
13. 장 미생물은 식이섬유를 소화해 부티릭산(낙산)과 같은 단쇄지방산을 만들어 지방세포가 에너지원으로 쓰이게 한다.
14. 장 미생물은 비타민 B와 K를 합성하고, 외부에서 들어오는 약이나 독성물질을 분해하기도 하며, 콜레스테롤이나 담즙산의 대사에 중요한 역할을 한다.
15. 우리 몸속 미생물을 통해 우리 인류의 진화 과정을 추적해볼 수도 있다.

우리 몸에 사는 대표적인 세균들

우리 몸에 사는 대표적인 세균 (5문)

문 (Phylum)	약어	특징 (Characteristics)
후벽균 *Frimicutes*	F	▪ 우리 몸에 가장 많이 살며, 특히 장과 구강에 많다. ▪ 두터운 세포벽을 가져 후벽(厚壁)이라는 이름이 붙었고, 공모양(coccus)이 많다. ▪ 그람 양성
의간균 *Bacteroidetes*	B	▪ 내장과 피부, 구강에 많이 산다. ▪ 막대모양이어서 이름에 밧줄 간(桿) 자를 쓴다. ▪ 그람 음성
방선균 *Actinobacteria*	A	▪ 피부에 많다. ▪ 곰팡이와 비슷하게 여러 방향으로 가지를 뻗어 방선(放線)이라는 이름이 붙었다. ▪ 그람 양성
프로테오박테리아 *Proteobacteria*	P	▪ 혈관과 태반에서 발견된다. ▪ 다양한 모양이어서 바다의 신 프로테우스에서 이름을 따왔다. ▪ 그람 음성
푸소박테리아 *Fusobacteria*	Fu	▪ 주로 구강에 서식하고, 대장암과 조산에 관여한다. ▪ 막대모양 ▪ 그람 음성

* 그람 양성과 음성에 대한 설명은 75쪽 참고

인체 각 부위별 미생물 군집 유형 (주요 4문으로 분류)

부위	유형
1. 피부	AFPB
2. 구강	FABP
3. 장	FBPA
4. 코와 부비동	FAPB
5. 폐	BFPA
6. 여성의 질과 태반	PAFB
7. 심혈관	PABF
8. 뇌	—

* 많은 순으로 나열했다.

우리 몸에 사는 대표적인 세균 (5문 20속)

문 (Phylum)	속 (genus)		상주세균이며 감염 관련 종 (species)
후벽균 Frimicutes	1	사슬알균 *Streptococcus*	▪ 충치균(*S. mutans*), ▪ 폐렴사슬알균(*S. pneumonia*)
	2	포도상구균 *Staphylococcus*	▪ 황색포도상구균(*S. aureus*) ▪ 표피포도상구균(*S. epidermis*)
	3	루미노코쿠스 *Ruminococcus*	▪ 브로미(*R. bromii*); 대장에서 식이섬유 분해
	4	젖산간균 *Lactobacillus*	▪ 크리스파투스(*L. crispatus*); 여성 질에 상주
	5	베일로넬라 *Veilonella*	▪ 아티피칼(*V. atypical*); 구강 바이오필름 형성
	6	장내구균 *Enterococcus*	▪ 패칼리스(*E. faecalis*); 장에 주로 서식
의간균 Bacteroidetes	7	박테로이데스 *Bacteroides*	▪ 후라길리스(*B. fragilis*); 장염
	8	프레보텔라 *Prevotella*	▪ 인테르메디나(*P. intermedia*); 잇몸병
	9	포르피로모너스 *Porphyromonas*	▪ 진지발리스(*P. gingivalis*); 잇몸병
방선균 Actinobacteria	10	프로피오니박테리움 *Propionibacterium*	▪ 여드름균(*P. acne*)
	11	코리네박테리움 *Corynebacterium*	▪ 디프테리아(*C. diphtheria*)
	12	방선균 *Actinomyces*	▪ 이스라엘리(*A. israelii*); 화농성 감염

문 (Phylum)	속 (genus)		상주세균이며 감염 관련 종 (species)
프로테오박테리아 *Proteobacteria*	13	모락셀라 *Moraxella*	▪ 카타랄리스(*M. catarrhalis*); 호흡기나 중이염
	14	헤모필루스 *Haemophilus*	▪ 인플루엔자 (*H. influenza*); 폐렴, 중이염, 인플루엔자균으로 생각되어 이름 붙였으나, 건강인의 인후부에도 존재한다.
	15	아시네토박터 *Acinetobacter*	▪ 바우마니 (*A. Baumanni*); 혈액감염
	16	나이세리아 *Neisseria*	▪ 임질구균 (*N. gonorrhoeae*)
	17	대장균 *Escherichia*	▪ 대장균(*E. coli*); 대부분은 상주, 간혹 식중독
	18	슈도모나스 *Pseudomonas*	▪ 녹농균(*P. aeruginosa*); 패혈증을 포함한 난치성 감염
	19	살모넬라 *Salmonella*	▪ 타이피뮤리움(*S. typhimurium*); 장에 서식, 대량 서식시 식중독
푸소박테리아 *Fusobacteria*	20	푸소박테리움 *Fusobacteria*	▪ 뉴클레아툼(*F. nucleatum*); 잇몸병, 대장암, 조산, 산모 태반에서 발견

우리 몸에 사는 대표적인 세균 (20속)

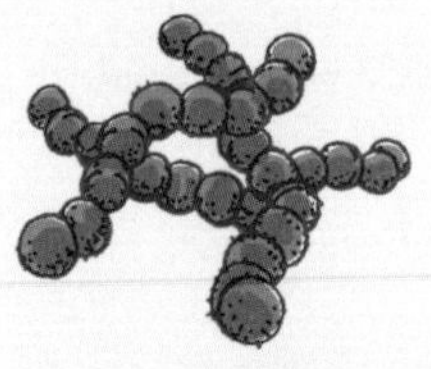

1. 사슬알균 *Streptococcus*

공모양의 균이 사슬처럼 모여 산다고 해서 붙은 이름이다.
구강이나 호흡기에 많이 서식한다.

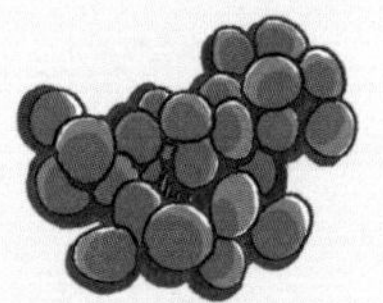

2. 포도상구균 *Staphylococcus*

포도송이처럼 모여사는 공모양의 균이다.
피부에 많이 서식한다.

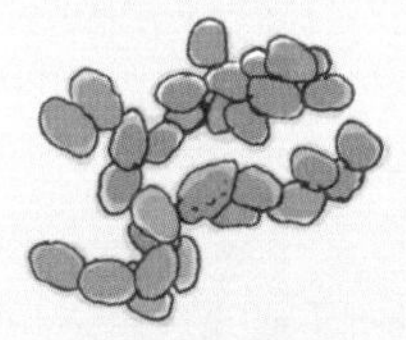

3. 루미노코쿠스 *Ruminococcus*

장에서 저항성 전분(resistant starch)을 분해하는 데
핵심 역할을 한다.[1]

4. 젖산간균 *Lactobacillus*

유산간균이라고도 하며, 프로바이오틱스로 많이 사용된다.
대장에 서식하면서 식이섬유를 분해해 장 면역에 유익한 단쇄지방산 등을 만든다. 여성의 질에 우점종으로 서식하며 다른 병인성 세균들이 못살게 한다.

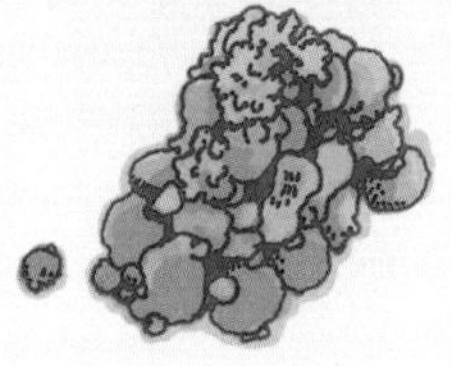

5. 베일로넬라 *Veilonella*

장이나 구강점막의 상주세균이다.
골수염이나 심내막염에서 발견되기도 한다.

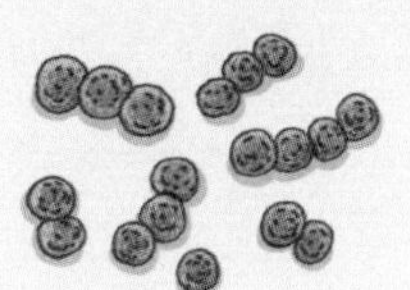

6. 장내구균 *Enterococcus*

두 개가 쌍으로 있거나 짧은 사슬모양으로 모여 산다.
젖산간균처럼 유산을 만들기도 하여 유산균의 일종이기도 하지만, 기회감염을 일으키기도 한다.

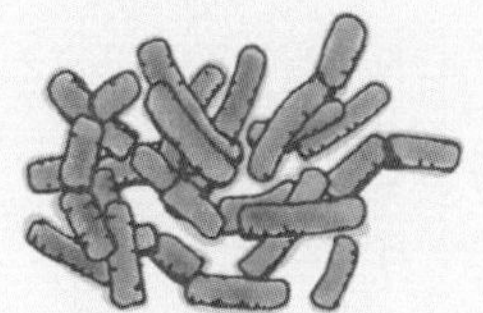

7. 박테로이데스 *Bacterioides*

포유류의 점막에 가장 많은 서식한다.

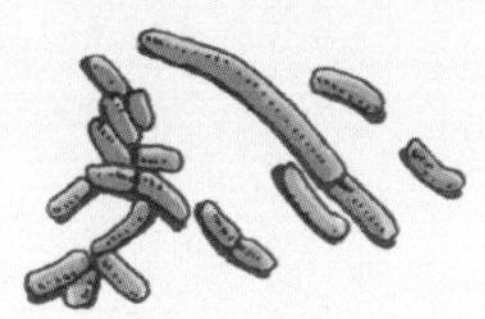

8. 프레보텔라 *Prevotalla*

구강과 여성의 질, 소화관에 서식한다.

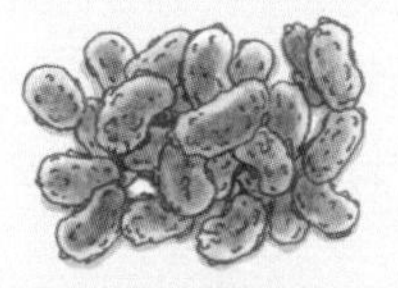

9. 포르피로모너스 *Porphyromonas*

짧은 막대모양으로, 돌기가 있는 것이 특징이다.
타액과 플라그에 서식한다.
치주질환 핵심세균인 진지발리스(*P. gingivalis*)가 여기에 속한다.

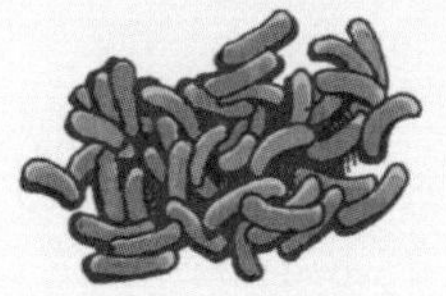

10. 프로피오니박테리움 *Propriobacterium*

피부, 그 중에서도 땀샘이나 피지샘에 서식한다.
여드름균(*P. acne*)이 여기에 속한다.

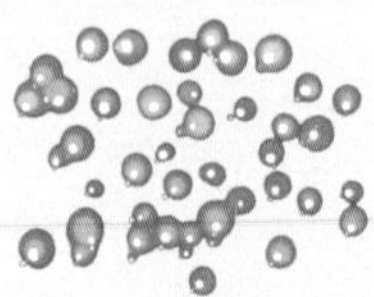

11. 코리네박테리움 *Corynebacterium*

곤봉처럼 생긴(club-shaped) 세균(박테리아)이라는 뜻이다.
피부에 많이 서식한다.

12. 방선균 *Actinomyces*

곰팡이처럼 뻗어나가는 실모양으로 군집한다.
땅에 많이 살고, 동물, 사람에게도 많이 서식한다.

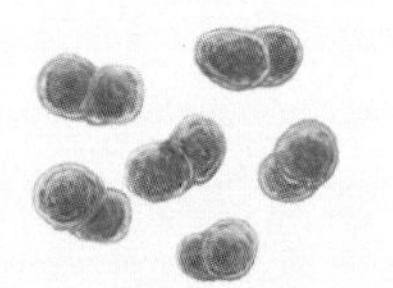

13. 모락셀라 *Moraxella*

보통 공모양이 쌍을 이루거나 짧은 막대모양으로 모여 산다.
폐렴이나 중이염, 상악동염 등에 기회가 생기면 관여한다.

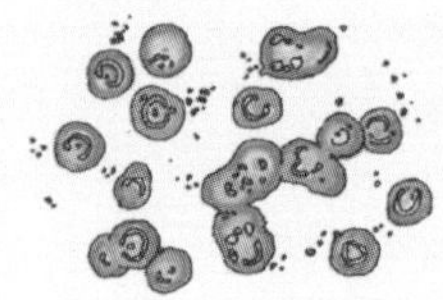

14. 헤모필루스 *Haemophilus*

공모양, 막대모양 등 여러 모양을 띤다.
패혈증을 일으키는 인플루엔자(*H. influenza*)처럼 병인성 세균도 있지만, 대부분은 상주세균이다.

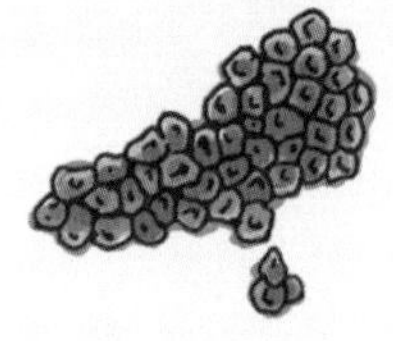

15. 아시네토박터 *Acinetobacter*

흙속에 사는 중요한 미생물로, 병원에서 면역이 약해진 사람들을 감염시켜 패혈증에 이르게 하는 바우마니(*A. baumanni*)가 여기에 속한다.

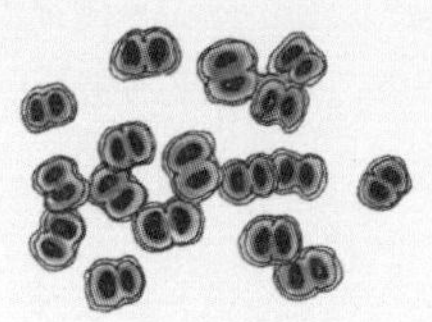

16. 나이세리아 *Neisessria*

인체 점막에 상주하는 세균이다.
뇌수막염구균(*N. meningitis*)과 임질균(*N. gonorrhoeae*)이 여기에 속한다.

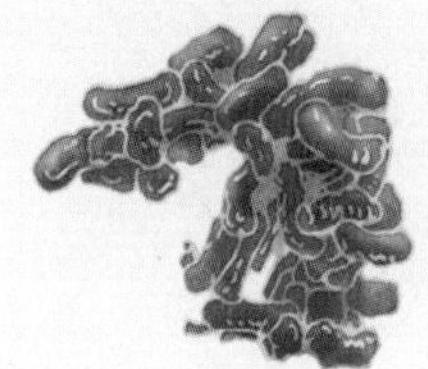

17. 대장균 *Escherichia*

포유류의 점막에 가장 많은 서식한다.

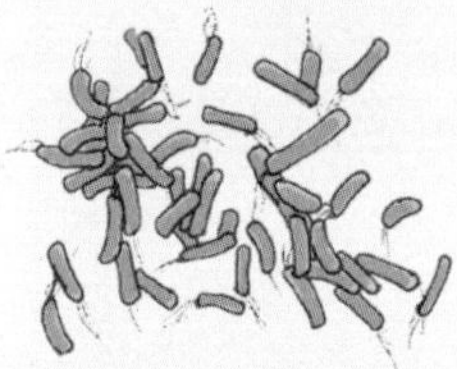

18. 슈도모나스 *Pseudomonas*

물이나 식물에 광범하게 서식한다.
바이오필름을 만들고, 항생제에 저항성을 나타내기도 한다.

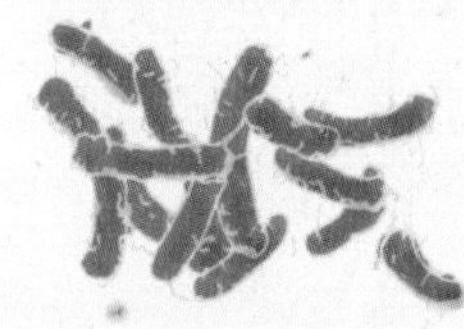

19. 살모넬라 *Salmonella*

소화관에 서식한다.

20. 푸소박테리움 *Fusobacterium*

기도와 구강점막 등에 서식한다.

크기 비교 – 진핵세포, 진균(효모), 세균, 바이러스

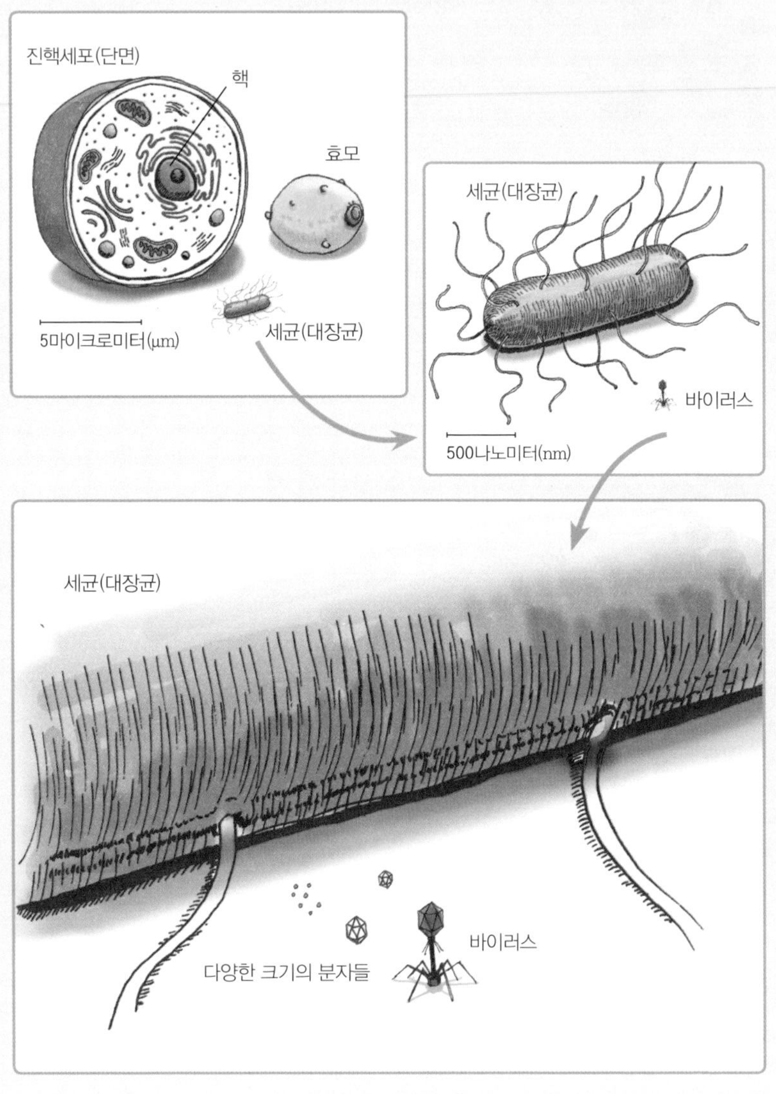

1장

우리 몸에 사는 미생물

이 장에서는 21세기 생명과학이 새롭게 밝혀내고 있는 엄청난 규모의 우리 몸 미생물에 대한 증거들을 정리해, 우리 몸에 사는 미생물의 전체적인 모습을 그려볼 것이다. 우선 우리 몸의 가장 바깥인 피부에서 시작해, 입에서 장에 이르는 소화기, 코에서 폐에 이르는 호흡기에 살고 있는 세균들을 각각 서술했다. 여기에는 내 대변과 타액과 코에서 채취한 샘플에서 밝혀낸 세균들의 종류도 포함되어 있다. 또 과학자들과 의사들마저 놀라게 한 태반에 사는 세균들과, 우리 몸 내부로 들어가는 입구인 혈관과 몸의 가장 안쪽이라 할 수 있는 뇌에서 발견되는 세균들의 흔적도 그려져 있다. 세균과 함께 미생물로 연구되는 바이러스와 진균에 대한 자료들도 따로 모았다.

우리 몸에서 미생물로부터 자유로운 곳은 거의 없다. 현재 진행형인 미생물 지식의 혁명과 반전을 즐겨보길 바란다.

1 우리 몸의 가장 바깥, 피부 미생물

피부 미생물 - AFPB 유형

피부에는 다양한 문제들이 생길 수 있다. 여드름은 청소년기에 누구에게나 고민거리였을 것이다. 최근 들어 아토피는 점점 많아지고 한의학에서 마른버짐이라고 부르는 건선도 자주 보는 피부 질병이다. 피부에 이처럼 크고 작은 문제가 생기는 것은 미생물에 늘 노출되어 있으니 당연한 일이다.

몸을 감싸고 있는 피부와 구강 · 장 · 기도 등을 덮고 있는 점막은 복주머니의 겉감과 안감에 비유할 수 있다. 보통 복주머니는 안감에 비해 겉감이 더 화려하지만, 기본적으로 같은 천을 사용한다. 다양한 물건들을 보관하는 주머니 안 역시 겉과 마찬가지로 튼튼해야 하기 때문이다. 그래서 화려함을 제외하면, 복주머니의 안과 겉을 구분하는 것은 무의미하다. 피부와 점막 역시 마찬가지다. 호흡기나 소화기관을 덮고 있는 점막 역시 바깥 세계와 끊임없이 접촉한다는 점에서 피부와 크게 다르지 않다. 기본 구조 역시 같다(그림 1, 2). 피부를 바깥쪽 점막이라 하거나 점막을 안쪽 피부라 해도 틀리지 않다.

물론 피부와 점막이 다른 점은 있다. 가장 크게 다른 점은, 피부는 가장 바깥에 두터운 각질층이 있다는 것이다. 각질층은 점막에 비해 피부가 바깥에 좀 더 직접적으로 노출되기 때문에 만들어지는데, 결과적으로 피부로 침투하는 미생물들을 일차적으로 방어하는 역할을 한다. 산행을 하다 보면 나뭇가지나 바위에 긁히는 일이 잦다. 이때 각질층이 벗겨지면 물이 닿을 때 아프고 가끔 덧나기도 하는데, 이럴 때마다 각질층이 내 몸을 보호하는 데 얼마나 중요한지 느끼게 된다. 각질층은 안쪽 세포들이 계속 바깥으로 밀려나오면서 형성되고 시간이 지나면 떨어져 나간다. 비듬이나 목욕할 때 밀어내는 때가 각질층에서 떨어져 나가는 세포들이다.

각질층이 방어를 맡고 있기는 하지만, 피부는 늘 미생물에 노출되어 있다. 미생물의 입장에서 보면 면적이 대략 2m^2 정도되는 인간의 피부는 인간에게 지구의 지표면과 같은 넓이다. 그야말로 광활한 서식처인 셈이다. 지금 이 순간 책을 펼치는 당신의 손에도 셀 수 없이 많은 미생물이 붙어 있을 것이다. 어젯밤 덮고 잔 이불에서 옮겨온 진균(곰팡이)들도 있을 것이고, 입고 있는 옷이나 핸드폰이나 컴퓨터 자판에서 옮겨온 세균들도 있을 것이다. 다양한 미생물이 우리 피부에 살고 있고, 역설적이게도 건강한 사람의 피부에는 다양한 미생물이 서식해야 한다.

다양한 생명이 살아야 건강한 생태계인 것처럼 건강한 사람의 피부에는 다양한 세균과 진균이 살고, 또 서식하는 종이 다양할수록 건강하다.

피부의 바깥 층인 각질층과 상피층에만 미생물이 사는 것은 아니다. 상피층 안쪽의 진피층에서도 세균의 DNA가 검출된다. 심지어 진피층보다 더 안쪽의 지방조직이 있는 피하층에서도 세균이 검출된다.[1] 얼마 전까지만 해도 대부분의 과학자들이나 의사들은 진피층이나 피하지방

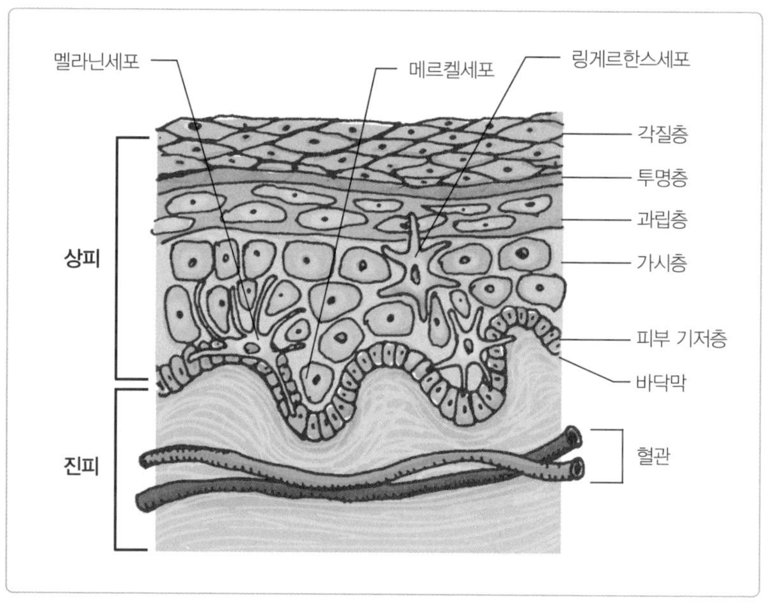

〈그림 1〉 피부의 구조

피부의 가장 바깥쪽에 상피(epithelium, epidermis)가 있고, 안쪽에 진피층(dermis)이 있다. 〈그림 2〉에서 보듯 점막에서는 진피층을 고유층(Lamina propria)이라고 부르기도 한다. 진피층이나 고유층은 피부나 점막에 볼륨과 탄력을 주고 그 안에 모낭이나 피지샘(피부), 혹은 침샘이나 점액샘(점막) 등을 담고 있다. 그리고 진피나 고유층 더 안쪽에는 피하지방, 근육, 뼈가 자리한다.

층에는 세균이 살지 않을 것이라고 생각했지만, 여기도 미생물로부터 자유롭지 않은 것이다. 피부에서조차 미생물에 대한 지식의 반전이 일어나고 있다. 이른바 학문적 혁명이 진행중인 셈이다.[2]

피부에 다양한 미생물이 사는 것은 어쩌면 당연하다. 우리 피부는 미생물에게 다양한 환경을 제공하기 때문이다. 발가락 사이나 팔꿈치 안쪽 접히는 부분은 습기가 많다. 이에 비해 팔꿈치 바깥쪽은 건조한다.

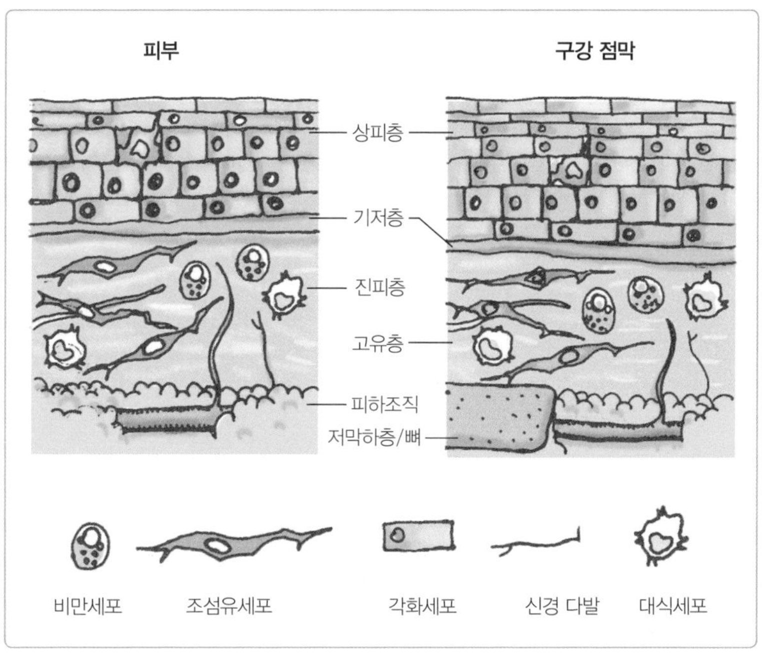

〈그림 2〉 피부와 점막의 비교

피부와 점막은 다르지 않다. 호흡기나 소화기관을 덮고 있는 점막 역시 바깥 세계와 끊임없이 접촉한다는 점에서 피부와 크게 다르지 않다. 기본 구조 역시 같다.

피부 조직 사이사이에서 지방을 분비하는 피지샘이나, 털을 품어서 자라게 하는 모낭도 특유의 환경을 제공한다. 산성도, 온도, 습윤도, 피지샘의 분포 정도, 형태 등이 제각각 다르고, 그에 따라 미생물에게 다른 환경이 된다. 환경이 다르면 세균의 종류도 달라진다.

또 세균의 종류는 피부 환경 외에도 다양한 요인에 영향을 받는다. 우리가 살아가는 환경이나 생활 습관도 중요한 요인이 된다. 사는 환경이나 청결 습관에 따라, 심지어 사용하는 청결제의 종류에 따라서도 세균의 종류가 다르다. 나이나 건강 상태, 면역반응 역시 영향을 미친다. 아토피나 건선, 여드름과 같은 피부질환들이 있는 곳과 건강한 곳에 사는 세균이 다른 것은 당연하다. 이 모든 조건이 개인마다 차이가 크다.

우리 피부에 사는 세균들을 '문' 수준으로 구분할 때 AFPB 유형이다. 피부에 사는 전체 세균 중 방선균(A)에 속하는 것들이 약 52% 정도를 차지한다.[3] '속' 수준으로 보면, 방선균에 속하는 프로피오니박테리움과 코리네박테라움이 가장 많이 살고 있다. 이 세균들은 두피나 얼굴처럼 지방을 분비하는 피지샘이 많은 곳에서 산다. 또 후벽균(F)에 속하는 포도상구균도 피부 곳곳에 서식한다.

프로피오니박테리움

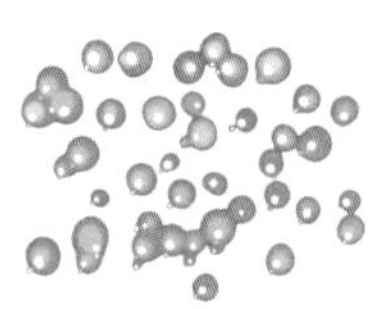
코리네박테리움

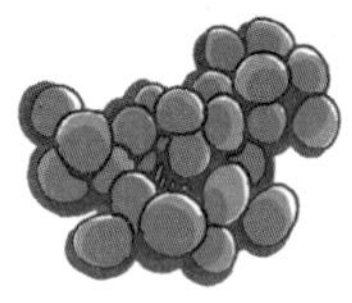
포도상구균

〈표 1〉 피부에 많이 사는 세균,[4] AFPB 유형

문	속
방선균 (A) 51.8%	프로피오니박테리움 23% 코리네박테리움 22.8%
후벽균 (F) 24.4%	포도상구균 16.2%
프로테오박테리아 (P) 16.5%	—
의간균류 (B) 6.3%	—

피부 미생물과 피부 질환

청소년기에는 여드름이 여간 성가신 문제가 아니다. 나 역시 고등학교 때 여드름이 온 얼굴을 덮어서 힘들었던 기억이 있다. 여드름은 피지샘이 막히거나 피지샘에서 지방이 너무 많이 분비되면, 그 안에 살던 프로피오니박테리움의 수가 대폭 늘면서 감염을 일으킨 것이다. 프로피오니박테리움은 보통 모낭이나 피지샘에 사는 대표적인 상주세균으로, 정상적인 상태에서도 많이 산다. 심지어 평소에는 항균물질을 분비해 다른 세균이 피부에 달라붙지 못하도록 막기도 한다. 그러다가 피지샘이 발달하는 사춘기로 접어들면, 환경에 변화가 생기면서 세균들 사이의 균형이 깨지고 피부감염이 일어나는 것이다. 그래서 여드름을 만드는 세균 종(species)을 특별히 여드름균(*P. acne*)이라고 부른다. 여드름균은 프로피오니박테리움 속에 속하는 종이다.

간혹 피부에 상처가 생겼을 때 잘 아물지 않고 고름이 생기는 경우도 원리는 같다. 이때 관여하는 세균 가운데 대표적인 예는 후벽균(F)문에 속하는 표피포도상구균(*S. epidermidis*)인데, 이것 역시 원래 피부(epidermis)에 많이 사는 것으로 수가 증가하면 염증을 일으킨다. 잇몸(gingiva)에 많이 산다고 해서 진지발리스(*P. gingivalis*)라고 이름 붙이는 것과 같은 이치다.

표피포도상구균은 피부에만 머물지 않는다. 인공관절이나 심장에 넣는 가는 관(카테터) 주위에 바이오필름(2장 1. 참고)을 형성하는 주범이기도 하다. 심지어 인공관절 감염에서 검출된 세균의 77%가 표피포도상구균이었다. 표피포도상구균은 의료용 기구에 의한 감염에 가장 큰 역할을 하는 기회감염성 병원균인 것이다.[5]

황색포도상구균도 상처를 덧나게 하는 세균이다. 이것은 피부에 사는 세균 가운데 가장 많이 알려진 것으로, 표피포도상구균과 더불어 원래 피부에 많이 사는 세균이다. 하지만 이것 역시 피부에 상처 생기면 대폭 증가하여 염증을 만들기도 한다. 문제는 황색포도상구균 중에 항생제 내성균이 많아졌다는 것이다. 원조 항생제 중에서 페니실린의 일종인 메티실린에 내성을 보이는데, 메티실린은 내성균이 워낙 많이 생겨 이제는 더 이상 생산되지 않는다. 지금은 이 세균에 감염되면 더 최신의 항생제인 밴코마이신을 쓴다. 하지만 이 항생제에 저항성을 보이는 세균도 이미 출현한 상태다. 이런 일이 반복되면 항생제가 개발되기 이전의 시대로 되돌아가는 황당하고도 위험한 상황이 벌어질 수 있다. 어쩌면 이미 시작되었는지도 모른다. 내성균 때문에 미국에서만 1년에 수만

명이 목숨을 잃고 있으며 우리나라 상황도 다르지 않다(4장 2. 참고).

피부에는 지금까지 언급한 것들 외에도 다양한 세균들이 산다. 뿐만 아니라 진균(곰팡이, fungus) 들도 많다. 진균은 특히 두피에 많이 사는데, 이들 역시 대부분 우리와 함께 사는 상주균들이다. 하지만 두피에 지방질이 많이 쌓이면 진균인 말라세지아(Malassezia)들이 급격히 늘어나고, 그 분비물인 비듬이 생긴다(1장 10. 참고). 이 외에도 아토피나 건선처럼 피부에 흔한 질병에서도 진균이 발견된다.

피부 세정제를 덜 쓰자

피부 건강을 유지하는 데 미생물을 이해하는 것은 매우 중요하다. 문제를 일으키는 것도 미생물이지만, 일정한 균형을 이루면 우리 피부를 건강하게 유지해 주는 것도 미생물이다. 그럼 어떻게 관리하는 것이 좋을까?

많은 사람들처럼 나도 아침저녁으로 샤워를 한다. 땀도 씻어내고 진료할 때나 퇴근 후 사람들과 만나면서 내 몸으로 옮겨왔을 미생물들을 씻어낸다. 실제로는 몸보다 옷에 묻은 미생물이 더 많을 테고, 또 샤워를 한다고 내 피부에 묻은 미생물이 모두 제거되는 것은 아니다. 다만 미생물 양이 급격히 늘어나는 것을 막고 적정량을 유지해서 몸이 져야 하는 부담을 줄이는 것이다. 생활 환경을 청결히 하는 것이나 손을 자주 씻는 것, 또 칫솔질을 매일 하는 것도 같은 이치다.

단, 나는 비누를 거의 쓰지 않는다. 머리를 감을 때에는 샴푸나 비누를 쓰지만, 몸에는 쓰지 않는다. 진료를 위해 손을 씻을 때 외에는 20대 이후에 몸에 비누를 써본 적이 거의 없다. 비누의 주성분인 계면활성제가 별로 좋지 않다고 생각하기 때문이다.

만약 매일 비누나 바디샴푸와 같은 세정제로 우리 몸을 씻어낸다면 어떻게 될까? 몸을 깨끗이 씻어내는 정도에서 그치지 않고 상주세균까지 없앨 수 있다. 물론 오랫동안 몸을 씻지 못했다면 계면활성제의 도움을 받아야 한다. 나도 피지샘이 많이 분포해서 기름기가 많은 두피와 머리털은 비누나 샴푸를 써서 씻어낸다. 머리에 기름이 끼면 머리 모양이 이상해지고, 장기적으로는 두피의 진균들이 그 지방을 분해해서 생기는 비듬이 염려되어서다. 하지만 피부의 다른 곳은 그럴 필요가 없다.

실제로 세정제에 포함된 계면활성제는 우리 피부의 맨 바깥 층인 각질층을 파괴한다. 당연히 피부의 상주미생물도 함께 떨어져 나간다. 게다가 계면활성제 중 일부는 물로 씻어낸 후에도 바깥 층에 남아 지속적으로 자극을 주고 각질층을 파괴한다. 이런 계면활성제를 매일 쓴다는 것은 우리 피부에 또 다른 부담을 주는 것이다. 화학물질에 대한 부담은 미생물에 의한 부담 못지않다. 결과적으로 우리 피부는 건조해지고 자극에 예민해진다.[6]

2

취약한 환경, 다양한 종류
입속 미생물

다양한 환경, 다양한 미생물 – FABP 유형

서장에서 알아본 것처럼 치아가 하나도 없는 구강이나 기도, 소화관의 점막은 기본적으로 같다. 이들 공간은 피부와 마찬가지로 직접적으로 바깥 미생물에 노출되어 있고, 미생물에 대한 비슷한 방어시스템을 갖추고 있다. 아이들은 생후 6개월이 지나서야 이가 나기 시작하는데, 이가 나기 전이나 이가 모두 빠져서 틀니를 끼워야 하는 노인의 구강 구조는 상대적으로 단순하다. 그래서 구강 미생물의 구성 역시 상대적으로 단순하다.

물론 이가 있는 구강은 다르다. 치아는 턱뼈에 뿌리를 두고 자라나 점막을 뚫고 나온다. 결과적으로 치아에 의해 우리 몸 안에 있는 조직인 뼈와 피부 바깥이라는 차원이 전혀 다른 공간이 치아에 의해 관통되고 연결된다. 그 결과 이와 잇몸 사이에는 1~3mm 정도의 홈이 형성된다. 이 홈은 우리 눈에는 작아 보이지만, 세균에게는 어마어마하게 큰 공간이다. 치과에서는 이곳을 잇몸주머니(치주 포켓, periodontal pocket)라고 부른다. 잇몸주머니는 모든 치아 주위에 예외없이 만들어지지만, 칫솔질로 닦기가 어려워 입안의 세균들에겐 더 없이 살기 좋은 공간이다. 마치 단단한 흙을 뚫고 죽순이 자라 올라오는 것과 비슷하다. 흙과 죽순 사이의 빈 틈에 이끼가 자라는 것처럼, 잇몸을 뚫고 나온 치아와 잇몸 사이의 틈에서 이끼처럼 세균이 번식하는 것이다.

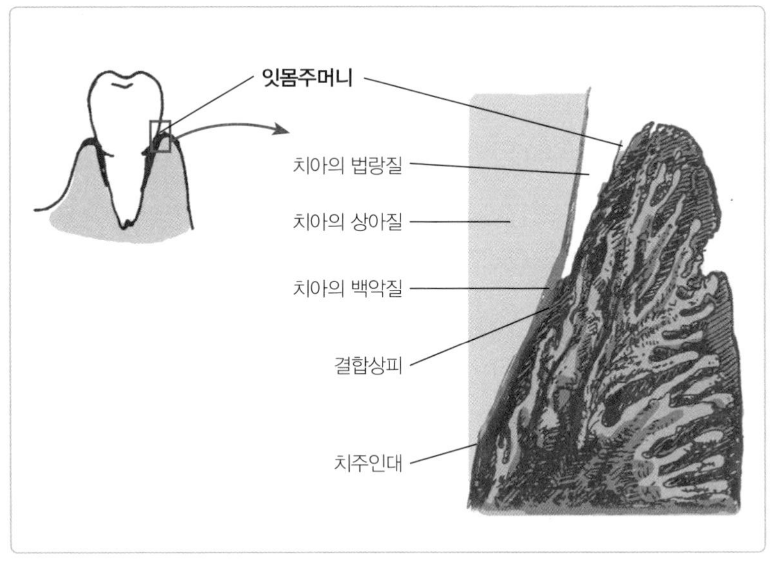

〈그림 1〉 이와 잇몸 사이 잇몸주머니

치아가 잇몸을 뚫고 나오면서, 치아와 잇몸 사이는 약하게 결합하여 작은 홈이 만들어진다. 세균이 침투하기 쉬운 주머니가 생기는 것이다.

같은 입속이라 해도 잇몸주머니 안과 밖의 환경은 아주 다르다. 주머니 안은 칫솔질로 닦기 어려워 플라그가 끼기 쉽고, 산소가 덜 공급되어서 산소를 싫어하는 혐기성 세균에게 적합한 환경이 만들어진다. 따라서 이곳에는 입안에서 가장 다양한 미생물이 서식한다.[1] 주머니 안은 인간미생물프로젝트(HMP)에서도 따로 채취해 분석할 만큼 다른 곳과는 미생물의 종류가 다르다.

결과적으로 입안에는 다양한 환경이 만들어진다. 타액, 점막, 혀, 플라그가 세균에게는 각각 다른 환경이 된다. 또 같은 플라그라고 해도 잇몸주머니 안에 있는 것과 밖에 있는 것은 다르다. 치과에서는 잇몸주머니 안에 있는 플라그를 '치은연하 플라그'라고 하고 주머니 밖에 있는 것을 '치은연상 플라그'라고 부른다. 이처럼 다양한 환경이 만들어지면 서

〈표 1〉 잇몸주머니 안에 사는 세균들의 특성

잇몸주머니 안(치은연하) 플라그	잇몸주머니 밖(치은연상) 플라그
그람 음성	그람 양성
혐기성	호기성
사슬알균, 프레보텔라가 많다.	사슬알균, 방선균이 많다.

* 그람 양성과 음성에 대한 설명은 75쪽 참고

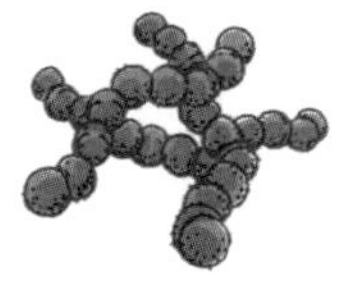
사슬알균

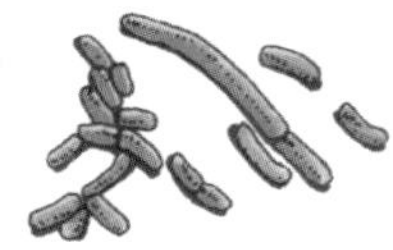
프레보텔라

방선균

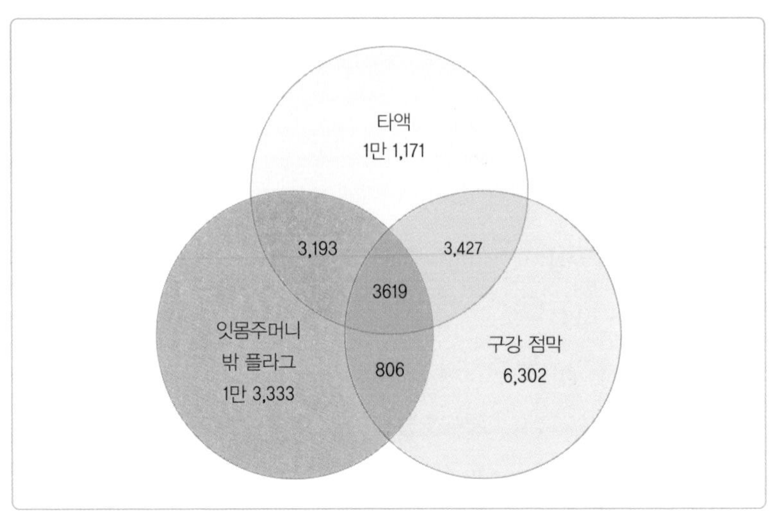

〈그림 2〉 다양한 입속 환경

같은 입안이라도, 점막과 타액, 그리고 플라그에 살고 있는 미생물의 종류는 많이 다르다. 세 군데 모두 사는 미생물의 종은 8.6%(3,619 종)에 불과했다.

식하는 미생물의 종류가 다른 것도 당연하다. 실제로 타액과 잇몸주머니 밖의 플라그와 점막의 미생물 종(species)을 비교했더니, 세 곳에서 공통적으로 검출된 것은 전체의 8.6%에 불과했다(그림 2).[2]

내 입속에서 침을 채취해 세균검사를 했더니, PFBAFu 순으로 서식하고 있었다. 속 수준을 보면, P(프로테오박테리아)에 속하는 나이세리아와 F(후벽균)에 속하는 사슬알균, P(프로테오박테리아)에 속하는 헤모필루스, B(의간균)에 속하는 프레보텔라 순으로 많았다(그림 3).

대체적으로 보면, 우리 입속에는 인체에 서식하는 FABPFu가 골고루 서식하고 있고 나의 타액에서도 이런 세균들이 다양하게 검출되었다.

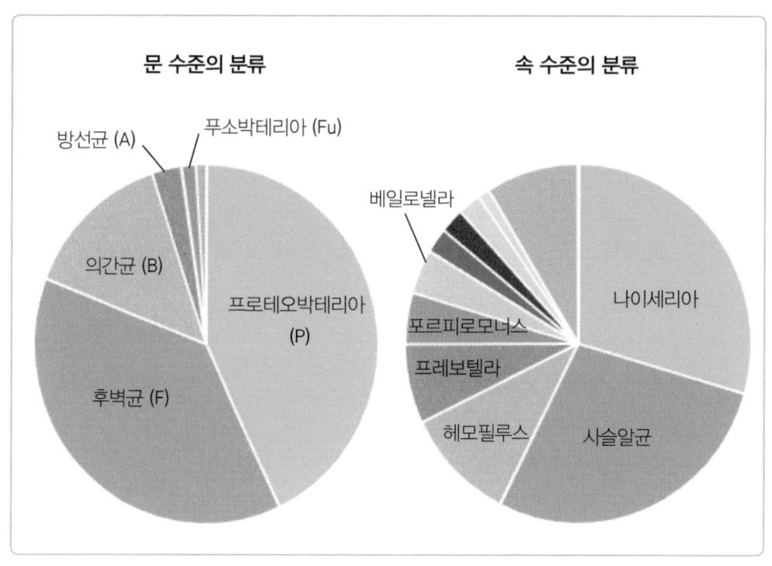

〈그림 3〉 저자의 타액 세균 분포

특히 잇몸이 건강한 경우에는 이런 다양성이 더욱 뚜렷하게 나타난다. 또한 입속에서는 FBAPFu 외에도 인체에 서식하는 다른 문들도 다양하게 검출되며, 아직 정체를 밝히지 못한 세균들도 많이 산다. 종 수준으로 보자면 약 700여 종이 서식하는데, 그 가운데 34% 정도는 이름조차 붙이지 못했다.[3]

게다가 먹는 음식의 차이에 따라서 편차가 심해, 개인간, 국가간, 인종간 차이도 크다. 가까운 일본 사람과 우리나라 사람의 타액 미생물에도 큰 차이가 난다(그림 4).[4] 예컨대, 우리나라 사람들의 잇몸에서는 김치나 젓갈과 같은 발효식품에서 많이 발견되는 할로모나스 하밀토니

(*Halomonas hamiltonii*)가 더 많다.[5]

구강 세균들은 우리의 건강상태에 따라서도 변화를 겪는다. 잇몸이 건강했던 사람이 잇몸병이 생기고 이것이 점점 심해져서 결국 이가 모두 빠져 무치아 상태가 되었다고 가정해 보자. 사람마다 다르지만 대개의 경우, 이 사람의 세균의 형태는 FABP(정상 상태)에서 BFAP(치주질환 상태)를 거쳐 AFPB(무치아 상태)로 가게 된다. 이 과정에서 가장 확

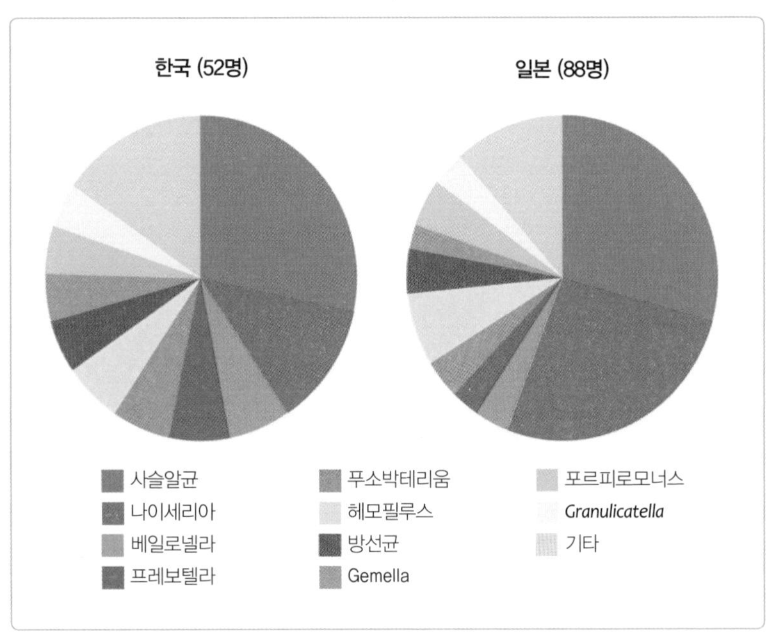

〈그림 4〉 한국인과 일본인의 타액 미생물 비교

한국인의 타액에서는 사슬알균, 나이세리아, 헤모필루스가 많이 보이고, 베일로넬라, 방선균이 그 뒤를 잇는다. 일본인들은 한국인에 비해 더 다양한 미생물이 보였는데, 나이세리아는 더 적었지만 그 외 여러 미생물들은 상대적으로 더 많이 분포했다.[4]

실한 변화는 진지발리스와 프레보텔라가 속한 B(의간균)에서 일어난다. 건강한 상태에서 일정하게 존재하던 B가 치주질환이 진행되면 대폭 늘었다가, 치아가 모두 빠져 치주질환이 없어지면 다시 대폭 줄어드는 것이다. 우리나라 사람들을 대상으로 조사한 결과를 보면, 건강한 상태에서는 0.1% 미만이던 진지발리스가 치주질환이 있는 경우에는 잇몸주머니 속 플라그에서 압도적으로 수가 늘어나 30.1%를 차지했다.[6]

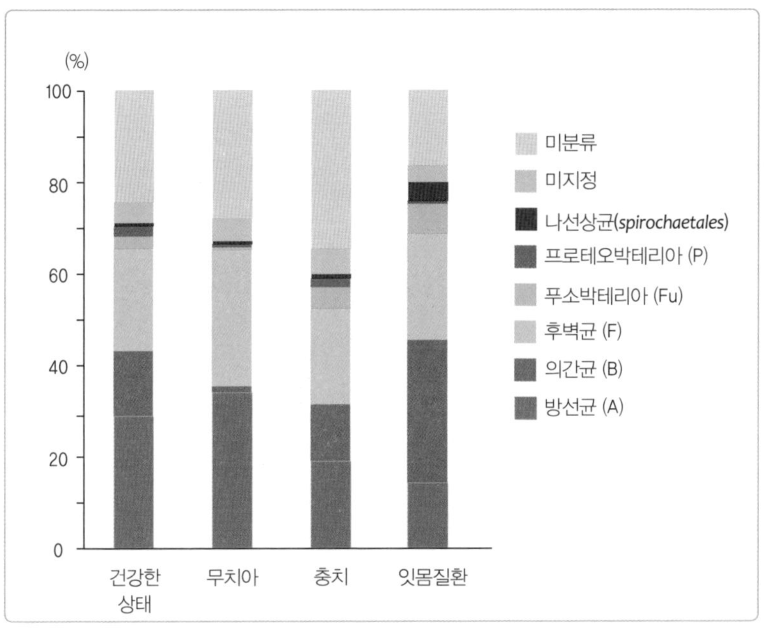

〈그림 5〉 건강한 사람과 치주 질환이 있는 사람의 미생물 비교

건강사람들에 비해 치주질환이 있는 사람들은 입안 미생물이 다양하고, 그 중에서도 B가 많아지는 반면 A는 줄어든다. 치아가 모두 빠진 무치아 상태가 되면, 반대로 미생물의 다양성이 줄어들고 그 중에서도 B가 많이 줄어든다. 반대로 A는 증가한다.[7]

아무리 강조해도 지나치지 않는 곳, 잇몸주머니

잇몸주머니는 구조가 매우 특이하다. 우리 몸에는 치아처럼 몸 내부에서 외부로 피부를 뚫고 나오는 것들이 많다. 손톱과 발톱이 그렇고 온몸에 나 있는 털이 그렇다. 하지만 털이나 손발톱 주위에는 잇몸주머니와 같은 홈이 없다. 바깥쪽 피부가 안까지 연장되어 손발톱이나 털을 감싸서 막아 버리기 때문이다. 그래서 손발톱이나 모낭으로 세균이 옮겨와도 피부를 뚫고 들어가는 경우는 흔치 않아 대개의 손발톱 질환이나

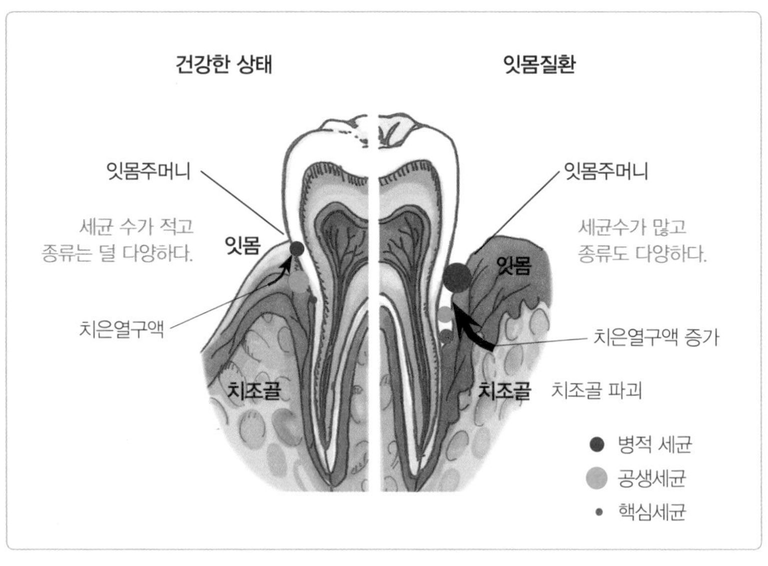

〈그림 6〉 잇몸질환과 잇몸주머니

정상적인 경우에도 이와 잇몸 사이에는 1~3mm의 얕은 홈이 있다. 그러다가 플라그가 쌓이면 염증반응에 의해 치조골이 녹아내리는데, 그러면 홈은 더 깊어져 잇몸주머니는 세균 주머니가 되고 잇몸질환이 진행된다.

피부질환은 외부에만 머문다.

잇몸주머니 속 구조는 모낭이나 손발톱을 감싸는 피부와 성격이 판이하다. 주머니 안쪽은 모낭이나 손발톱을 감싸는 피부조직과는 다르게 세포 간 결합이 느슨하다. 치과에서는 여기를 '결합상피'라고 부르는데 (그림 8), 이곳에서 미생물이 세포층을 뚫으면 우리 몸 내부로 쉽게 침범할 수 있다. 잇몸에 염증이 생기면 그 염증이 잇몸에만 머물지 않고 안쪽까지 뚫고 들어가 얼굴 아래 부위 전체가 퉁퉁 붓는 경우가 흔한 것도 이 때문이다. 그래서 치과의사나 치과위생사들이 아무리 강조해도 지나치지 않다고 생각하는 공간이 바로 이 잇몸주머니이다. (치과에서는 '치주포켓'이라는 말을 더 많이 사용한다.)

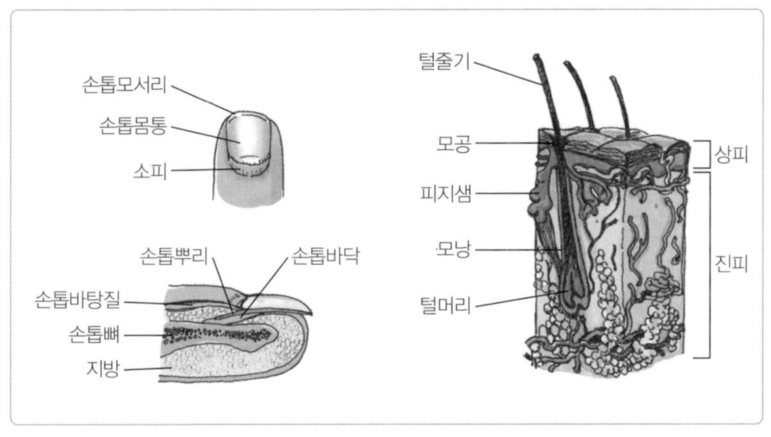

〈그림 7〉 치아와 다른 손발톱과 털의 구조

손톱이나 발톱, 그리고 털 역시 치아처럼 몸 내부에서 외부로 피부를 뚫고 나오지만, 그 주위에는 잇몸주머니와 같은 홈이 만들어지지 않는다. 그래서 대부분의 경우 세균은 피부를 뚫고 들어가지 못하고 피부질환은 외부에만 머문다.

잇몸주머니의 독특한 점을 좀 더 자세히 살펴보면 이렇다.

첫째, 앞에서도 서술한 것처럼 잇몸주머니는 세균의 좋은 서식처다. 인간에게는 작지만 세균에게는 어마어마한 규모인 12cm^{2}에 이르는 공간이 치아를 두르고 있다. 또 주머니 안쪽에는 산소가 통하지 않아 산소 없이 살아가는 혐기성 세균들이 많이 산다. 코와 함께 호흡이 시작되는 입안에 공기가 통하지 않는 공간이 있다는 것은 놀라운 일이다. 그리고 이 혐기성 세균 중 상당수가 우리 몸을 침투해 병을 만드는 종들이다.

둘째, 그래서일까? 이 잇몸주머니 안에는 침과 성격이 다른 액체가 들어 있다. 치은열구액(GCF)이라고 부르는 액체다. 침은 구강의 점막 밑에 있는 침샘에서 만들어져 입속으로 공급되지만, 치은열구액은 출처가 다르다. 잇몸 주위를 돌고 있는 혈액에서 직접 나온다. 그리고 여기에는 백혈구의 일종인 중성구가 항상 경계를 하고 있다. 중성구는 대개 세균이 침투했을 때 가장 먼저 달려와 세균과 싸우고 결과적으로 고름을 만드는 우리 몸의 1차 지킴이다. 그래서 중성구가 많이 발견되면 그곳에서 염증이 진행되고 있다는 증거가 된다. 하지만 잇몸주머니에는 염증이 없는 정상적인 상태에서도 늘 중성구가 순찰을 돌고 있고, 만약 염증이 시작되면 중성구의 수가 대폭 늘어난다.[8] 염증이 없는데도 중성구가 늘 경계하고 있다는 것은 그만큼 경계해야 할 세균들이 이곳에 많이 살고 있다는 것을 방증한다. 또 이곳이 미생물에 의해 뚫리기 쉬운 공간이고, 뚫리면 미생물이 우리 몸 내부로 훅 들어올 수 있음을 의미한다.

셋째, 뚫리기 쉬운 공간이라는 말은 잇몸주머니 바로 아래 조직에서 바로 확인된다. 잇몸주머니 안쪽 결합상피의 세포는 당연히 이의 뿌리와 붙어 있을 텐데, 그 결합이 반쪽짜리다(그림 8). 보통의 피부나 점막은 올을 촘촘하게 짠 면이라면, 잇몸주머니 안쪽의 점막은 올이 성긴 삼베와 같다. 그만큼 미생물의 침범에 취약하다.

넷째, 잇몸주머니 속 세균 중에는 인체의 조직을 깰 만큼 강력한 무기를 가진 녀석들이 있다. 대표적인 것이 진지발리스다. 진지발리스는 인체 세포의 결합을 깰 수 있는 효소를 만든다. 진지패인(gingipain)이라는 효소인데, 진지발리스는 이것으로 쉽게 인체 조직을 침범하고 다른 세균들도 함께 침투하도록 돕는다. 그래서 진지발리스는 '세균계의 스타'라는 별명을 얻었을 뿐 아니라,[10] 인체에서 생기는 여러 염증을 일으키는 핵심세균(keystone pathogen)으로 지목된다.

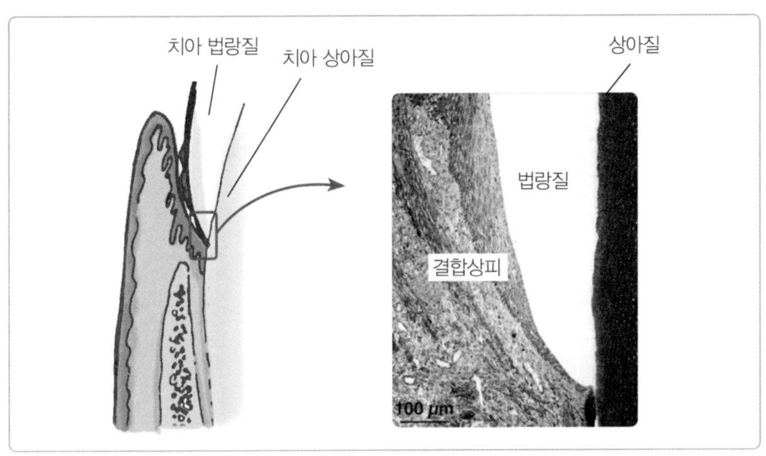

〈그림 8〉 잇몸주머니와 그 아래 점막[9]

구강 내 세균 침투의 약한 고리인 잇몸주머니와 그 아래쪽의 결합상피를 보여주는 그림이다. 잇몸 질환이 생기면 잇몸은 점점 낮아지고, 잇몸주머니는 점점 깊어진다. 오른쪽 사진은 결합상피를 보여주는 전자현미경 사진이다.

이 같은 특징을 한 마디로 요약하면, 잇몸주머니는 많은 세균들이 살 수밖에 없는 공간이며 뚫리기 쉽고 뚫리면 미생물이 몸 내부로 쉽게 들어간다는 얘기다.

임플란트 주위의 미생물

당연히 임플란트 주위에도 세균이 산다. 그래서 임플란트를 시술한 후 관리를 잘하지 않으면 입안의 세균은 임플란트 주위에 가벼운 염증을 일으키고, 심한 경우 임플란트 주위의 턱뼈를 녹여서 임플란트를 다시 뽑아야 하는 원인이 되기도 한다.

임플란트 주위에 사는 세균은 자기 치아에 사는 것과 같은 종류도 있지만, 다른 종류도 있다. 또 임플란트 상태가 좋더라도 잇몸질환과 관련된 세균들이 더 많이 분포한다. 게다가 담배를 피우면 임플란트 주위에 잇몸질환을 일으키는 세균들이 더 많아진다.[11] 특히 임플란트 사용 기간이 늘어날수록 구강 세균 중 가장 주의해야 할 진지발리스가 더 많이 발견된다. 8년 이상 된 임플란트의 60.2%에서 주위 점막염증이 나타나고, 점막을 넘어 임플란트 주위의 치조골이 녹아내린 경우도 12.0%에 달하는데, 이런 결과를 나타내는 주요한 이유로 진지발리스가 의심된다.[13] 내가 진료실에서 임플란트를 하신 분들께 늘 구강위생을 강조하고 특히 금연할 것을 권하는 이유이다.

지난 20년간 임플란트의 사용은 빠르게 보편화되어 왔다. 얼마 전부터 65세 이상의 노인에게 임플란트가 보험적용 대상이 되면서, 임플란트를 배제한 치과치료는 상상하기 어려울 만큼 대중화되고 있다. 임플란트는 시술을 잘 하는 것도 중요하지만, 시술 후 관리 역시 중요할 수밖에 없다. 원래 다양한 세균이 살고 있고 병인성 세균에 취약한 구강에서 특히 임플란트 주위는 약하기 때문이다.

또한 자기 치아에 비해 임플란트 주위의 잇몸주머니는 더 깊다. 세균이 더 많이 살 수밖에 없다는 것이다. 또 잇몸 방어막도 더 약해, 세균의 침투에도 더 취약하다. 더구나 임플란트 위에 붙어 있는 인공치아 구조물 주위에도 플라그가 만들어진다. 그러다가 구강 내 세균들 사이의 평형이 깨지거나 골대사에 이상이 생기거나 전신적인 면역력이 약해지면, 임플란트 주위 잇몸에서는 여러 변화와 함께 염증반응이 나타난다. 늘 임플란트 주위의 위생관리에 신경 써야 한다.

■ 그람 음성과 그람 양성

네덜란드 미생물학자가 그람이 개발한 염색기술로 염색이 되면 그람 양성, 안 되면 그람 음성으로 구분한다. 이런 차이를 보이는 까닭은 세포벽의 두께가 다르기 때문이다. 이 구분은 병의 원인이 되는 세균이냐 아니냐를 구분하지는 못한다. 하지만 항생제를 선택할 때에는 유용하다. 항생제는 세균의 세포벽을 파괴해서 세포를 죽인다. 따라서 그람 분류에 따라 항생제의 선택은 달라진다. 또 하나 중요한 것은 LPS(Lipopolysaccharide)라는 물질이다. 이것은 그람 음성 세균의 세포벽에만 있다. 이에 대해서는 3장에서 자세히 다룰 것이다.

3 가장 넓은 미생물의 공간 장 미생물

장 미생물의 모습 – FBPA유형

우리나라 텔레비전 광고에도 등장했던 마셜 박사가 위에 헬리코박터(*Helicobacter*)가 산다고 처음 발표한 1980년대에 대부분의 의사와 과학자들은 이것을 믿지 않았다. pH 2 정도 되는 강산이 버티고 있는 위에 세균이 산다는 주장은 당시로서는 믿기 힘들었을 것이다. 30년이 지난 지금 돌아보면 이런 생각은 매우 순진한 것이 아닐 수 없다. 지금은 위보다 훨씬 더 강한 산성 환경에 사는 미생물은 물론 수백 도에 이르는 높은 온도에서 사는 미생물도 많다는 것이 잘 알려진 사실이다.

위에서 대장에 이르는 소화관은 미생물에게 피부보다 더 넓은 서식처이다. 장의 점막은 표면적이 300~400m^2 정도로 테니스장과 비슷할 정도로 넓다. 길이만 해도 5~6m인 소장에 대장까지 합치면 7~8m에 이른다. 더욱이 소장에는 수많은 융모들이 솟아나 있어 표면적을 더욱 넓힌다. 이 광대한 서식처에 미생물이 많이 사는 것은 당연하다.

하지만 21세기 초반만 해도 장 미생물의 이미지는 썩 좋지 않았다. 그냥 대장이라는 인체의 하수구에 기대어 사는, 더럽고 만지기 싫고 피해야 하며 조심스러운 어떤 작은 생명체의 느낌이었다. 말 그대로 '잊혀진 장기'였을 뿐이었다(3장 2. 참고).[1]

이런 인식은 최근 불과 10여 년 만에 거의 정반대로 바뀌고 있다. 장 미생물은 비만에 영향을 미치고, 혈당 조절이나 면역 조절에 관여하며, 심지어 우리 기분까지 좌우한다는 연구결과들이 속속 발표되었다. 게다가 장염이 생긴 환자에게 건강한 사람의 장 미생물을 옮겨주는 '대변이식술'까지 행해질 정도이니 그 변화가 가히 놀랍다. 상업적으로는 좋은 장 미생물 군집을 프로바이오틱스 제품으로 생산하려는 시도가 또 그런 관심과 연구를 촉진한다.

장 미생물은 매우 다양하고 개인 차도 크다. 또 생태계가 다양해야 서로 보완할 수 있는 것처럼, 장 미생물 생태계에도 다양한 미생물이 사는 것이 좋다. 대개의 인간 장 미생물은 문 단위로 보면 의간균(B)과 후벽균(F)이 압도적으로 많은 비율을 차지한다. 개인마다 상대적인 분포는 다양해서, 어떤 사람들은 의간균이 훨씬 많은 반면, 또 어떤 사람들은 후벽균이 훨씬 많다.[2] 다음으로 프로테오박테리아(P)와 방선균(A), 푸소박테리아(Fu)가 적은 수로 존재한다. 속 수준으로 보자면, B에 속하는 박테로이데스가 가장 많고, 다음이 역시 B에 속하는 프레보텔라이다.

대변 샘플을 보내 장 미생물 유전자를 분석한 결과, 내 경우는 F와 B가

압도적으로 많아 둘을 합하면 97%에 이르렀다. 나머지 3% 정도는 P와 그 외의 것들이었다. 속 수준으로 보자면, 프레보텔라가 많았다(그림 1).

장 미생물이 개인마다 이처럼 다양한 분포를 보인다면 자연스럽게 드는 의문이 있다. 장 미생물의 분포가 몇몇 유형으로 구분되지는 않을까? 유럽의 인간 미생물 프로젝트인 메타히트(MetaHit)가 그 일을 했다. 장 미생물로 장 타입을 분류하는 상당히 신선한 제안을 한 것이다.[3] 마치 한의학에서 사람의 체질을 태음인, 태양인, 소양인, 소음인 등으로 나누고 혈액형을 A형, B형, O형, AB형 등으로 나누는 것처럼, 메타히

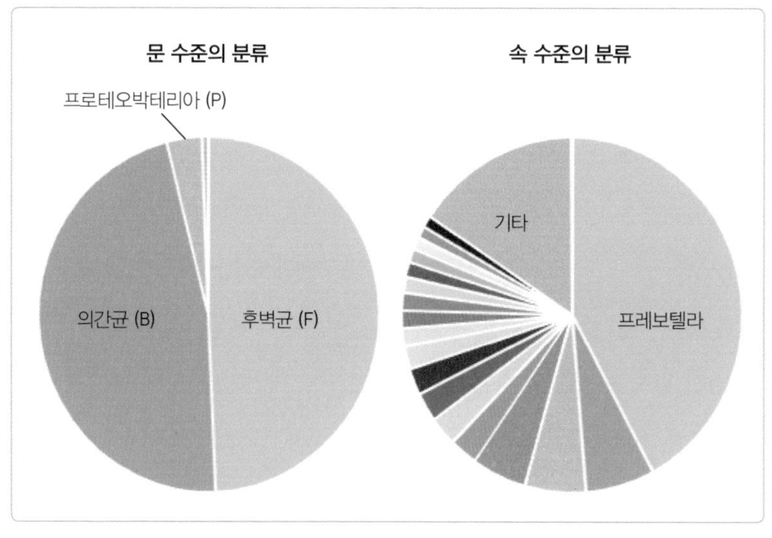

〈그림 1〉 저자의 장 세균 분포

문 수준에서 볼 때, 장에는 F와 B의 합이 압도적으로 많았고, P가 일정부분 분포하였다. 일반적인 분포와 비슷했다. 속 수준으로는, B에 속하는 프레보텔라가 압도적으로 많았다. 유럽의 인간미생물 프로젝트인 MetaHit가 구분하는 3가지의 장 유형에 의하면, 나는 프레보텔라형에 속한다.

트는 장 미생물을 속 단위에서 구분해 사람의 장을 세 가지 타입으로 나누었다. 이때 기준이 되는 미생물 속은 프레보텔라, 박테로이데스, 루미노코쿠스이다. 이렇게 구분하면 나의 장 미생물은 프레보텔라형에 속한다. 하지만 장 타입은 경계가 분명치 않아 혈액형처럼 딱 부러지게 구분이 되지 않는다. 장에 살고 있는 미생물이 서로 많이 겹치는 것이다. 또 한의학의 사상체질처럼 그 사람의 체질이나 건강에 대해 설명하지도 못하고, 비만이나 혈당, 면역 조절 등 장 미생물이 우리 몸에 미치는 영향 정도가 장 타입별로 뚜렷이 드러나는 것도 아니었다. 그러더라도 메타히트의 결과는 다른 대규모 연구에서도 확인되었는데, 여기서도 박테로이데스, 루미노코쿠스가 유럽인의 장에 가장 많이 살고 있는 것으로 나타났다.[4]

우리나라 사람들의 장 미생물은 어떨까? 우리나라 사람들의 장에도 후벽균(F)이 70.8%, 의간균(B)이 24%로, 이 둘이 95%를 차지하며 압도적으로 많았다. 속 수준으로 보아도 박테로이데스가 많이 분포했다.[5] 특히 눈에 띄는 것은 박테로이데스다. 이 녀석은 모든 인간의 장에 공통적으로 살고 있다는 의미로 핵심 미생물(core microbiota)라 할 만하다.

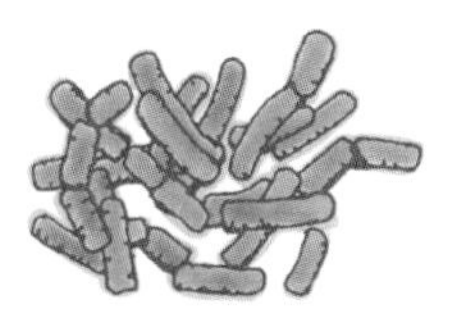

박테로이데스

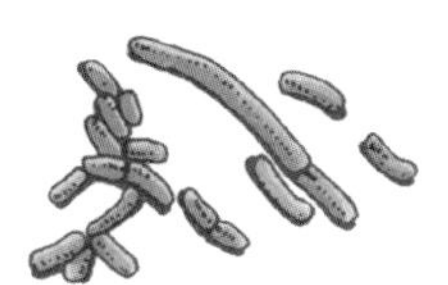

프레보텔라

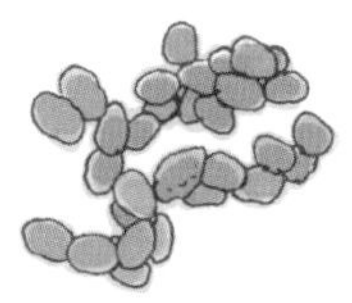

루미노코쿠스

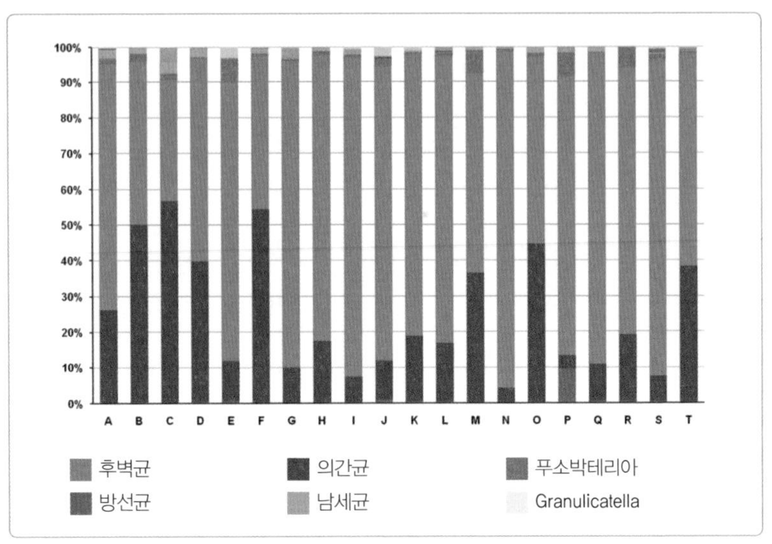

〈그림 2〉 우리나라 사람들의 장내 미생물 분포

장 미생물에 미치는 영향

인간은 태아일 때부터 세균의 영향을 받는다. 건강한 산모의 자궁에는 세균이 살지 않는다는 오래된 도그마는 많은 연구에 의해 무너지고 있다. 자궁에는 다양한 세균들이 살고 그 세균들은 태아의 면역이 발달하는 데 영향을 미친다.[6]

탄생 과정도 장 미생물에 영향을 미친다. 엄마의 산도를 따라 나오는 태아는 자연스럽게 엄마의 질에 있는 여러 미생물과 접촉한다. 여성의 질에는 스스로를 보호하기 위해 산성 환경을 만드는 여러 유산균들이 사는데, 이유산균들이 태아 몸으로 들어가 자리를 잡게 된다. 그래서 정상분만한 아이들은 제왕절개로 태어나 바로 멸균된 포에 싸여 생을 시작한 아이들에 비해 천식과 같은 알레르기 질환을 덜 앓는다.[7]

모유를 먹고 자란 아이와 분유를 먹고 자란 아이의 미생물 분포도 다르다. 모유 역시 오랫동안 무균 상태로 알려져 있었지만 최근 밝혀진 바에 따르면, 포도상구균이나 사슬알균이 포함되어 있고, 그 외에도 대표적인 프로바이오틱스 유산균인 젖산간균과 비피도박테리움(*Bifidobacterium*)이 포함되어 있다. 흥미로운 사실은 모유 안에 아이의 장 미생물의 먹이도 들어 있다는 것이다. 아이 스스로는 소화를 시키지는 못하지만 아이의 장에 사는 미생물은 분해할 수 있는 물질이 모유에 포함되어 있다. 유산균의 먹이를 '프리바이오틱스(prebiotics)'라고 부르는데, 이것은 우리 몸에 필요한 세균들이 장에 자리 잡아 소화와 면역기능을 돕게 만든다. 결과적으로 모유 수유는 아이들을 아토피에서 보호하고[8] 매년 82만 3,000명의 영아를 살리며, 심지어 매년 2만 명의 엄마들을 유방암으로부터 구해 준다.[9]

나이가 들면 장 미생물도 달라진다. 유아에게 많은 비피도박테리움은 점차 감소하지만 청소년기까지도 성인보다는 더 많다. 성인의 경우 주로 4개의 문에 해당되는 미생물이 많이 사는데, 대개는 후벽균(F), 의간균(B), 프로테오박테리아(P), 방선균(A) 순이다. 100세를 넘겨 장수하는 사람들에게도 후벽균(F)이 많지만 비피도박테리움이 속한 방선균(A) 문도 상대적으로 높다.[10]

지정학적 위치도 주요한 요인인데, 같은 유럽 안에서도 북유럽의 아

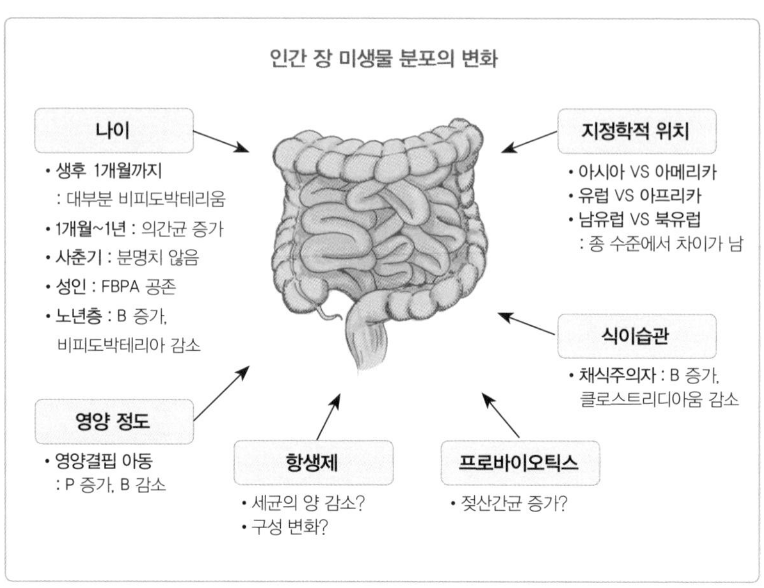

〈그림 3〉 장 미생물 분포에 영향 미치는 여러 요인[12]

이들에게는 비피도박테리움이 더 많은 반면 남유럽 아이들에게는 박테로이데스나 젖산간균이 더 많다.[11] 선조에서부터 계속된 진화와 정착 과정, 식이습관 등의 문화가 영향을 미쳤을 것이다.

비만 정도에 따라서도 미생물은 달라진다. 비만한 사람들에게는 후벽균(F)이 증가하고, 의간균(B)은 감소한다. 속 단위로 보자면, 비피도박테리움은 감소하고 젖산간균은 증가한다. 또 비만한 사람들에게는 대장균이 더 많이 증식하는 것으로 알려져 있다.[12]

항생제에 얼마나 노출되느냐도 중요하다. 항생제가 투여되면, 세균의 분포가 바뀌는 것은 확실하다. 특정 항생제에 감수성이 있어 사멸하는 세균도 있을 것이고, 감수성이 없거나 내성이 있는 세균은 살아남아 증식을 계속할 것이다. 하지만 항생제 투여 후에 장 미생물 전체의 규모가 얼마나 바뀌는지에 대해서는 논란이 있다. 어떤 연구는 변에서 아무런 세균도 검출되지 않을 만큼 항생제의 살균력이 크다는 결과를 내놓았고, 다른 연구는 세균의 조성과 분포는 바뀌지만 전체 양은 비교적 일정하다는 결과를 내놓았다. 어떤 것이든 항생제 투여는 장 세균 군집에 큰 변이를 일으키는 것은 확실하다. 그래서 어렸을 적 항생제 투약 경험이 있는 아이와 그렇지 않은 아이가 아토피에 걸릴 확률은 현저히 다르다.[13]

장 미생물과 식이섬유

장 미생물에 영향을 미치는 요소는 많지만, 가장 큰 영향을 미치는 것은 우리가 매일 먹는 음식이다. 그 중에서도 식이섬유는 장 미생물 군집을 바꾸고 유산균과 같은 특정 미생물이 장에서 잘 자라도록 돕는다. 식이섬유가 적고 고단백 · 고지방 식단이 주를 이루는 유럽의 아이들과 식이섬유가 많은 음식을 먹는 아프리카 어린이들의 장 미생물은 많이 다르다. 아프리카 어린이들의 장 미생물이 훨씬 다양했고, 대표적인 장 미생물인 후벽균(F)이 유럽 아이들보다 상대적으로 적은 대신 의간균(B)이 많았다.[14] 또 아프리카 아이들의 대변에서는 프레보텔라가 많이 발견되었는데, 이것은 식이섬유의 일종인 셀룰로즈와 자일란(Xylan)을 분해해서 에너지를 얻는 세균이다. 면역과정에 관여하는 단쇄지방산 역시 아프리카 아이들의 대변에서 발견된다. 이것은 단쇄지방산을 만들어내는 세균이 아프리카 어린이들의 장에 많이 살고 있다는 것을 의미한다. 장 미생물은 숙주인 인간의 식이습관과 함께 공진화하고 있는 것이다.

건강 상태나 질병 유무 역시 장 미생물에 영향을 미친다. 그대로 두면 대장암으로 진행할 확률이 높은 진행성 대장선종을 가진 환자와 건강한 사람의 대장 미생물도 달랐는데, 특히 주목할 만한 점은 건강한 사람의 장에는 단쇄지방산을 만들어내는 세균이 많았다는 점이다. 건강한 사람들 중에서도 식이섬유를 많이 섭취한 사람에게 단쇄지방산을 만들어내는 세균이 더 많이 분포하였다. 한마디로 식이섬유를 많이 섭취하는 사람들이 보다 건강한 장 세균 군집을 가지고 있고, 결과적으로 대장선종의 위험을 낮출 수 있다는 것이다.[15]

식이섬유가 장 건강에 직접적으로 미치는 영향도 있다. 가장 대표적으로 배설물이 대장을 통과하는 시간을 줄인다. 배설물이 장에 오래 머물러 변비를 만들면 장내 환경은 현격히 달라질 수밖에 없다. 변과 함께 배설되어야 할 미생물들도 더 오래 장에 머문다. 또 식이섬유는 담즙산이나 콜레스테롤 같은 물질을 흡착하여 함께 배설된다. 담즙산은 담낭에서 소장으로 분비되어 지방의 소화를 돕지만, 발암물질로 의심받기도 한다. 식이섬유는 담즙산과 대장의 접촉을 줄이는 역할도 하는 것이다.[16] 결과적으로 장 환경은 깨끗해지고 그에 따라 전체 미생물 군집도 달라진다.

무엇보다 중요한 식이섬유의 효과는 단쇄지방산(SCFA, Short Chain Fatty Acid)과 관련이 있다. 지방산은 지방이라는 말이 붙어 있어 오해하기 쉬운데, 화학적으로 보면 카복실기(COOH)에 긴 고리가 붙은 화학구조물을 가리키는 말일 뿐이다.

단쇄지방산은 지방산 가운데 카복실기에 붙어 있는 화학구조가 짧은 것을 말한다. 하지만 이것은 지방이 아니라 식이섬유에서 온다. 복합탄수화물의 일종인 식이섬유 역시 원소 성분이 탄소(C), 수소(H), 산소(O)로 구성되어 있기 때문에, 장에서 미생물에 의해 식이섬유가 분해되면 그 부산물로 COOH가 붙어 있는 단쇄지방산이 나오는 것이다. 아세트산, 부티르산, 프로피오닉산 등이 여기에 속한다.

그런데 단쇄지방산의 역할은 지방의 역할인 에너지 저장과는 별 상관이 없다. 고리가 짧아 고리가 긴 지방산만큼 에너지를 저장할 수 없다. 하지만 꽤 중요한 일을 한다. 우선 장내 산도(pH)를 낮춰 산성 환경을 조성함으로써 병적 세균의 확산을 막는다. 또 조절 T세포가 장에 모이도록 돕는 일을 한다. 조절 T세포는 우리 몸의 면역활동을 적절히 조절하는 역할을 맡고 있다. 면역활동이 미진하면 염증이 빨리 진행되고, 너무 왕성하게 일어나면 우리 몸의 면역 기능이 우리 몸을 공격하는 일도 일어날 수 있다. 그러니 만약 조절 T세포를 빨리 불러들여 염증을 일찌감치 가라앉히고 면역기능이 우리 몸을 공격하지 않게 만들려면, 단쇄

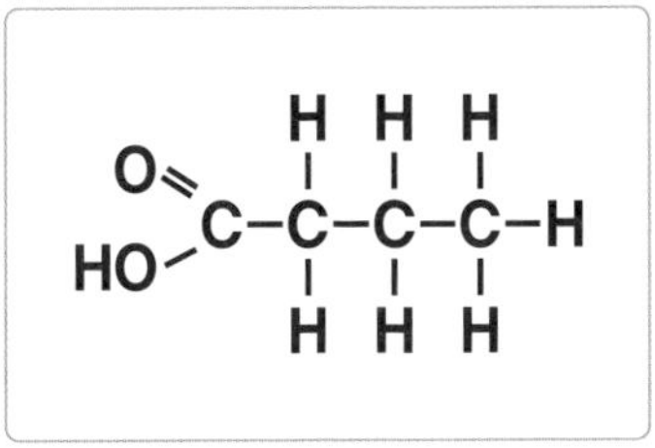

단쇄지방산의 일종인 부티르산

지방산을 만들어내는 세균이 우리 장에 많이 살도록 만들어야 한다. 뿐만 아니라 단쇄지방산은 장 세포를 자극하여 면역력을 기르게 하고, 장에서의 염증반응이 과도하게 일어나지 않도록 조절하며, 정상적인 장 세포의 증식을 도우면서도 암 조직의 생장은 억제한다.[16]

장 미생물의 영향

장 미생물은 우리 몸에 많은 영향을 미치지만, 특히 많이 밝혀진 부분은 면역조절 기능이다.[17] 장은 물론 몸 전체에 미생물이 없는 무균 쥐는 장 주위 면역조직의 발달이 상당히 느리다. 하지만 무균 쥐의 장에 미생물을 넣어주면 면역조직의 발달이 활성화된다. 장 미생물은 면역기능을 자극하고 발달을 이끄는 역할을 하는 것이다. 온실에서 자란 화초는 풍파에 약하다는 옛말이 우리 몸의 면역기능에도 맞는 말이다.

우리 몸의 면역계 입장에서는 소화관으로 들어온 음식과 거기에 포함되어 있는 미생물을 구분하는 일이 늘 뜨거운 감자다. 음식물에서는 많은 에너지원을 흡수해야 하지만, 미생물이 몸 내부로 들어오게 해서는 안 된다. 이 상반된 두 일을 동시에 하기 위해 장 주위의 면역계는 늘 긴장한다. 그러면서 면역계는 강해지고 훈련되는 것이다.

장 미생물과 관련해 연구가 많이 되는 또 다른 부분은 비만이다. 비만은 21세기 전 인류적인 문제로 떠오르고 있다. 1950년대 27인치였던 영국 여성의 허리둘레는 50년 후에 34인치로 늘어났다. 20만 년 호모 사피엔스의 역사에서 이렇게 급격한 신체 변화를 보인 시기는 없었다. 게다가 비만은 당뇨나 고혈압 같은 만성질환을 달고 다닌다.

비만과 관련한 미생물 연구의 압권은, 1장에서 인간 미생물 프로젝트를 살펴볼 때 언급한 턴보(Turnbaugh)의 연구이다.[18] 무균 쥐에 뚱뚱한 쥐의 미생물을 넣어줬더니 2주 만에 그 쥐도 뚱뚱해졌다는 것인데, 이는 같은 음식을 먹어도 장에 어떤 미생물이 사느냐에 따라 흡수하는 에너지의 양이 달라진다는 것이다. 이 연구는 인체 미생물 연구에 새로운 장을 열었다. 후속 연구도 줄을 이었는데, 장에 사는 미생물이 칼로리를 얼마나 흡수하는지 알아보는 연구도 진행되었다. 그 결과 인간의 장에 압도적으로 많은 후벽균(F)과 의간균(B) 중에 후벽균이 같은 음식에서 더 많은 칼로리를 분해해서 우리 몸이 흡수하게 한다는 것이 밝혀졌다. 그래서 비만한 사람의 장에는 상대적으로 후벽균(F)이 더 많다. 우리가 먹는 것에 따라 우리 장 안의 세균이 바뀌기도 하지만, 역으로 그 세균들이 우리 몸을 바꾸기도 하는 것이다.[19]

장 미생물이 비만의 원인이기도 하다는 것은, 미생물이 당뇨나 고혈압 같이 비만과 관련된 여러 질병들에도 영향을 미친다는 것을 의미한다. 장 미생물은 심지어 뇌 기능에도 직간접적으로 영향을 미쳐, 우리 기분과 마음을 좌우하고, 치매의 위험성을 높이기도 한다(1장 8. 참고). 흔히 내가 먹는 것이 나를 만든다고 말하는데, 실제로는 중간에 장 미생물이 끼어서 함께 나를 만들어가는 것이다.

4 피부와 비슷한 코와 코 주위 미생물

코와 코 주위에 사는 미생물 – FAPB 유형

코 안쪽으로 뾰루지 같은 게 났다. 무심코 손으로 만져 봤더니 아프다. 가끔 무심결에 코를 후비기도 하는데 별 문제 없다가도 가끔은 이런 게 생겨서 며칠을 간다. 무언가 아픈 것이 생겼다는 것은 그곳에 염증반응이 한창 진행되고 있다는 것을 의미한다. 코를 후빌 때 생긴 작은 상처를 통해 미생물이 피부나 점막을 뚫고 침투했다는 것이고, 몸은 이를 알아채고 방어작용을 벌이고 있는 것이다.

옆에 있던 아내가 한마디 한다. 코를 함부로 파다가 감염되어 죽을 수도 있다는 얘기를 들었다고. 물론 그럴 수 있다. 현미경을 들이대 보지 않아서 확신할 수는 없지만, 내 코에 문제를 일으키는 녀석은 아마도 포도상구균일 것이다. 유전자 검사를 통해 세균의 정체를 밝혀주는 한 회사에 내 코에서 채취한 샘플을 보내 세균의 종류를 검사했더니, 문 수준으로 보면 FAPB 순으로 많고, 속 수준으로 보면 포도상구균이 가장 많았다(그림 1). 그런데 포도상구균에 속하는 황색포도상구균 중에는 항생제에 내성을 가진 녀석들이 많다. 내 몸이 황색포도상구균을 스스로 퇴치하지 못한다면 항생제를 써야 하는데, 만약 항생제로 잡을 수 없다면 염증은 퍼지고 그러면 내 몸이 위험해진다.

하지만 황색포도상구균에 우리 몸이 노출되는 것은 코를 팔 때만이 아니다. 피부에 상처가 날 때도, 칫솔질을 할 때도 우리 몸은 황색포도상구균에 노출된다. 코를 조심스럽게 다뤄야 한다는 말은 피부에 상처

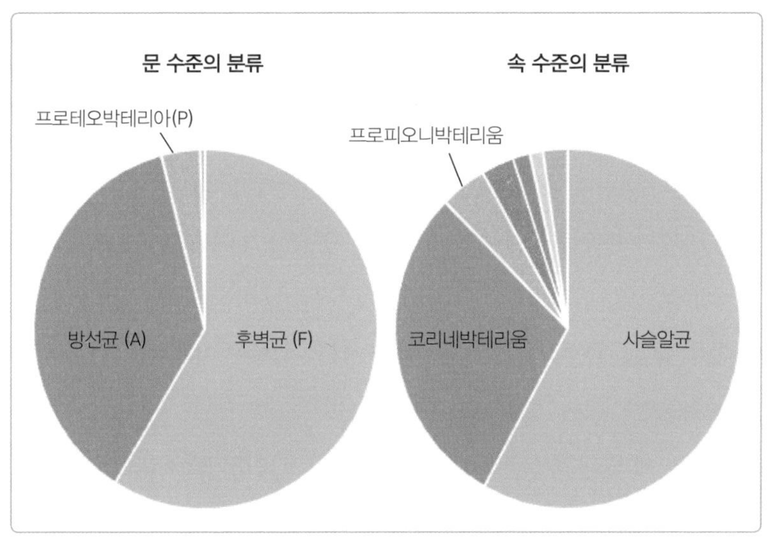

〈그림 1〉 저자의 코 세균 분포

문 수준으로 보면, 나는 F와 A가 많고 P가 일정부분 분포한다. 속 수준으로 보면, F에 속하는 사슬알균, A에 속하는 코리네박테리움과 프로피오니박테리움이 많다. 다른 사람들과 비슷한 분포다.

가 생기지 않도록 조심해야 한다는 말이고, 나아가 칫솔질도 조심해야 한다는 말이 된다. 숨이라고 편하게 쉴 수 있겠는가? 들이쉬는 공기에 딸려 들어오는 미생물은 어찌할 것인가? 숨도 마음대로 쉬지 못한다면 무엇을 할 수 있을까? 물론 몸을 함부로 다루어서는 안 된다. 그렇다고 아무것도 못 해서도 안 된다. 그래서 지금 우리는 우리 몸과 미생물에 대해 이해하려고 하는 것이다.

코와 코 주위에 생기는 염증

콧물이 나거나 코가 막히거나 코 주위가 부으면, 우리는 흔히 코에 염증이 생겼다고 생각한다. 하지만 이것은 코 안 점막에 생긴 것일 수도 있고, 코 주위에 있는 여러 동굴에 생긴 것일 수도 있다. 이들 역시 코 안(비강)과 마찬가지로 외부 공기에 늘 노출되어 있다.

코 주위의 뼈에는 동굴처럼 비어 있는 공간들이 여럿 있다. 코 위와 옆에 4쌍 있는데, 이것들을 모두 아울러 코곁굴(부비동)이라고 한다. 이 가운데 가장 큰 동굴은 코의 양쪽 옆, 윗니의 위쪽에 자리잡고 있는 위턱굴(상악동)이다.

코 주위에 있는 동굴들은 많은 역할을 한다. 먼저 코로 들어오는 공기의 온도와 습도를 조절한다. 동굴들을 통과하는 동안 공기는 너무 차거나 덥지 않게 조절된다. 또 우리가 내는 소리의 공명을 조절하고, 씹을 때 윗니에서 오는 충격을 완화해 머리가 울리지 않게 해준다. 게다가 이

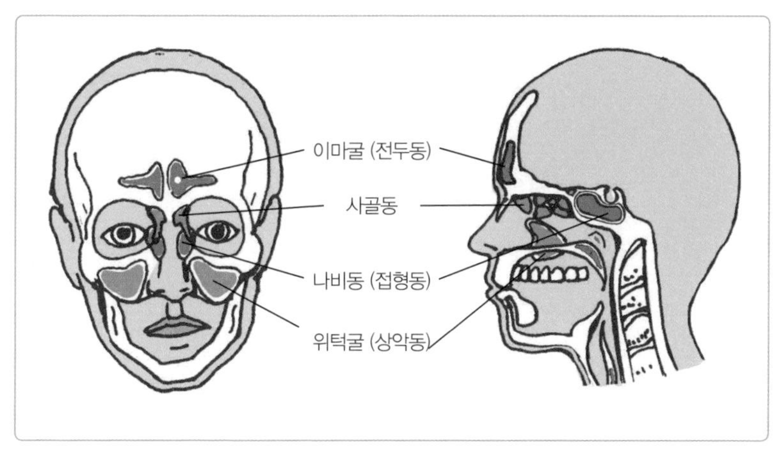

〈그림 2〉 코 주위 뼈에 비어 있는 동굴들

공간들이 뼈로 가득 차 있다면 머리가 얼마나 무겁겠는가?

코와 코 옆 동굴에 생기는 염증은 가장 흔한 질환 중 하나다. 감기와 함께 나타나기도 하고 계절이 바뀌거나 꽃가루가 날릴 때 알레르기로 나타나기도 하고 고름이 차기도 한다. 특히 코 옆 동굴에 염증이 생겨 고름이 차는 코곁굴염(부비동염 혹은 축농증)이 생기면, 코 안쪽이 붓고 콧물이 흐르고 얼굴이 붓고 숨쉴 때 썩은 냄새가 나기도 하며 머리가 아프기도 한다.

코나 코곁굴에 염증이 생기면 주로 이비인후과에서 치료하지만 치과에서 해결해야 하는 경우도 많다. 코곁굴에서 가장 큰 위턱굴(상악동)에 생기는 염증은 상당 부분이 윗니의 충치나 잇몸병에 의해 생기기 때문이다. 통계마다 다소 차이가 있기는 하지만, 위턱굴염의 30%가량이 치아에서 생긴 문제가 번져 생기는 것으로 알려져 있다. 치아를 통해 입안에 살고 있는 다양한 세균들이 위턱굴로 퍼지는 것이다. 또 임플란트를 할 때 위턱굴 아래의 잇몸뼈가 없을 때 위턱굴에 인공뼈를 넣는 골이식 수술을 해서 임플란트를 심기도 하는데, 그 과정에서 감염이 된다면 당연히 구강의 다양한 세균들이 원인일 수 있다. 위턱굴 내에도 상주세균이 있지만 입속에는 훨씬 더 많은 세균들이 있는 터라, 입안과 위턱굴이 함께 연결되는 위턱굴 이식수술을 할 때에는 특히 감염에 주의해야 한다.

코나 코 주위에 염증이 생기는 원인과 미생물의 관계에 대해서도 사고의 전환이 이루어지고 있다. 불과 얼마 전까지만 해도 코 주위 동굴들은 건강한 상태라면 무균 상태라고 여겼다.[1] 하지만 최근 들어 급격히 발달한 미생물학은 코 주위 동굴에도 원래 세균이 살고 있음을 밝혀냈다. 세균의 유무와 정체를 밝히는 방법이 배양에서 DNA 분석으로 바뀌면서 우리 몸 곳곳에 상주세균들이 존재한다는 것이 밝혀지고 있는데, 위턱굴을 포함한 코 주위 동굴들 역시 예외가 아닌 것이다. 이것 역시 또 하나의 혁신이고 반전이다.

코와 코 주위에 사는 세균의 모습

건강한 사람의 코나 코곁굴에 상주하는 세균의 모습은 피부 미생물과 비슷하다. 내 코의 세균검사가 보여주듯이, 피부에 많이 사는 포도상구균과 프로피오니박테리움, 코리네박테리움이 가장 많이 산다. 종 수준에서 보자면, 주로 황색포도상구균과 표피포도상구균 그리고 여드름균이 대표적으로 많이 발견된다. 미생물 입장에서 보면 코나 코곁굴 역시 위치로 보나 해부학적으로 보나 피부와 환경이 그다지 다르지 않다. 그래도 문 수준에서 보자면 피부와 조금 차이가 난다. 피부에는 방선균(A)이 가장 많았다면, 코와 코곁굴에는 방선균(A)보다 후벽균(F)이 조금 더 많았다. 그래서 FAPB 유형이 된다.

다양한 세균들이 상주해 있다가 세균의 종류가 바뀌거나 혹은 알레르기성 비염처럼 염증이 생겨서 환경이 바뀌면 세균의 다양성이 떨어진다. 또 세균 군집 내에서도 변화가 생긴다. 수백 종에 달하는 세균들이 증식을 시작하는데, 그 중에서 건강한 사람에 비해 특히 많아지는 종은 공기를 싫어하는 혐기성 세균들이었고, 그 가운데 황색포도상구균이 많았다.[2] 다양성이 떨어지고 이런 세균들이 늘어나면서 세균 군집은 불균형 상태가 된다.[3] 그러면 코 안쪽이 붓고 콧물이 나오고 코가 막히고 고름이 생기는 비염이나 코곁굴염이 생기는 것이다. 코곁염은 고름(농)이 쌓인다 해서 '축농증'이라고도 한다.

비염이나 축농증의 원인이 미생물이라는 것은 더 이상 의심받지 않는다. 하지만 특정 미생물 때문이라는 생각에는 반론이 제기된다. 특정한 미생물 때문이 아니라, 코나 코곁굴에 원래 살던 다양한 미생물들의 균

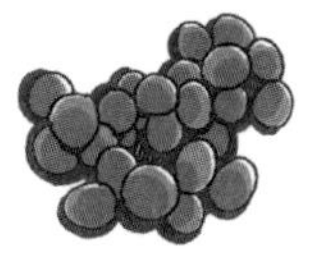
포도상구균

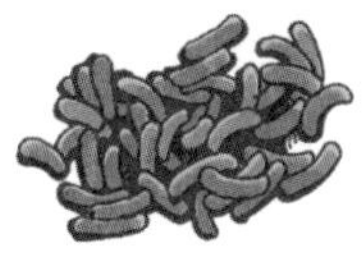
프로피오니박테리움

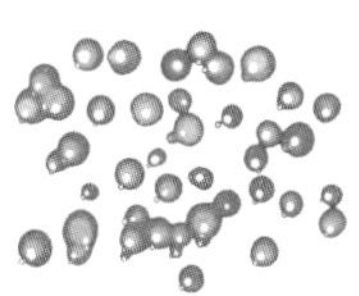
코리네박테리움

형이 깨졌을 때 염증이 생긴다는 것이다. 최근에는 이런 설명에 강한 힘이 실리고 있다. 이것이 여러 연구 결과와도 부합된다.

따라서 코와 코 주의의 건강을 유지하기 위해서는 미생물 관리에 신경 써야 한다. 평소 잘 씻고, 탁한 공기에 노출되는 것은 가능한 줄이는 것이 좋다. 최소한 주말이라도 도시에서 벗어나자. 또 구강 위생을 잘

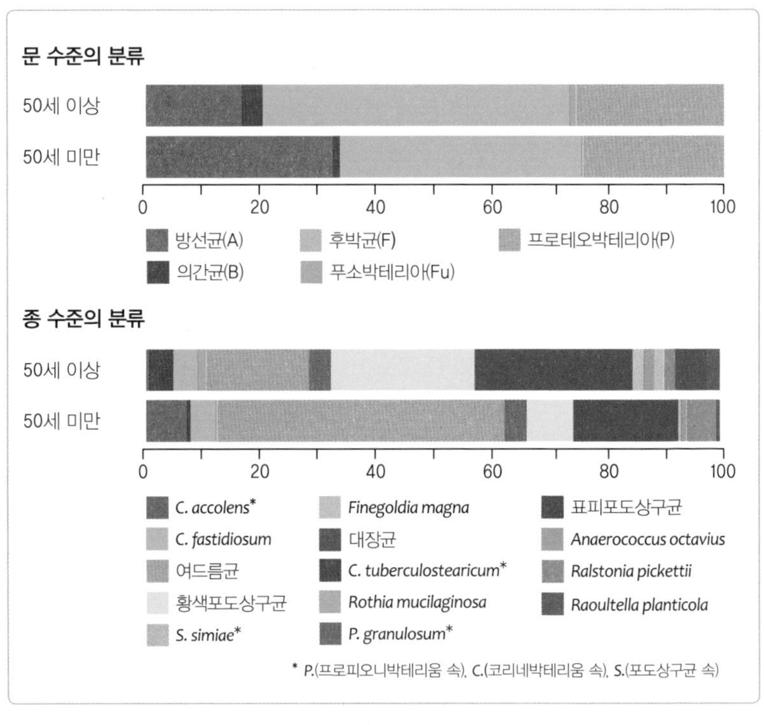

〈그림 3〉 코와 코 주위 세균의 분포

나이 50전과 후가 조금 다르기는 하지만, 건강한 사람의 콧속에서 가장 많이 서식하는 세균은 황색포도상구균, 피부포도상구균, 여드름균이다.[4]

관리하는 것도 코곁굴을 보살피는 방법이다. 감기나 비염, 코곁굴염이 생겼을 때 더욱 구강 위생에 신경 써야 하고, 위턱굴 뼈 이식술이나 위턱에 임플란트를 했을 때도 구강 위생에 주의를 기울여야 한다.

5 입에서 폐로
폐 미생물

건강한 사람의 폐 미생물 - BFPA 유형

나는 호흡기가 예민하고 약한 편이다. 특히 환절기에 몸의 온도가 잠시라도 떨어지면 목이 따끔거리고 콧물이 나다가 감기 기운으로 번지기도 한다. 더욱 심해지면 폐에까지 문제가 생길 것이다. 그래서 여름이라도 지하철을 타거나 까페에 들어가기 전에는 꼭 긴 팔 겉옷을 챙기고, 좋아하는 아이스 아메리카노도 몸의 온도를 보아가며 마시며, 산 정상에 올라가면 바로 보온용 옷을 한 겹 더 입는다. 몸의 온도가 떨어지면 생명활동이 왕성하게 일어나지 못하고 그만큼 면역력이 떨어질 것이다. 미생물에 노출되는 정도가 평소와 다를 바 없어도 내 몸의 호흡기에서는 미생물의 평형이 깨지기 쉽다. 몸의 온도가 내려갔을 때 내가 느끼는 증상은 그런 평형이 깨졌다는 신호이다.

최근까지 심지어 의학 교과서에서도 건강한 사람의 폐에는 세균이 살지 못한다고 설명했다.[1] 폐를 감싸고 있는 글리칸(glycan)과 같은 항균물질이 공기를 통해 들어오는 세균을 퇴치해서 건강한 폐는 살균된 공간이라는 것이다. 하지만 이런 생각은 강한 산성의 위액이 버티고 있는 위에 세균이 못 산다는 생각만큼이나 순진한 발상이었다. 폐로 들어가는 공기에는 미생물이 포함되어 있고, 폐를 덮고 있는 촉촉한 수분은 미생물이 살아가는 데 좋은 조건이다. 또 피부나 구강처럼 인위적으로 세균을 제거하기가 어려워 폐는 그 어디보다도 세균이 살기 좋은 공간일 수 있다.

물론 폐로 들어오는 세균은 폐나 기관지 표면을 뒤덮고 있는 작은 솜털(섬모)에 의해 끊임없이 쓸려 나가고, 재채기나 가래에 의해 격하게 제거되기도 한다. 폐로 들어왔다고 해도 폐를 보호하고 있는 면역세포들의 경계에 부딪힌다. 한마디로 말하면, 폐는 세균이 살기 어려운 곳이 아니라 끊임없이 침투하는 세균과 이를 방어하고 격퇴하려는 인체의 상호작용이 다이나믹하게 이루어지는 공간이다. 그래서 폐의 세균은 딱 고정되어 있다기보다는 이 승부의 결과로 끊임없이 변화하고, 인체의 방어력이 약해지면 폐렴과 같은 질병으로 향한다. 폐 역시 미생물학으로 보자면, 패러다임의 전환이 일어나는 곳이다.[2]

건강한 사람의 폐에 사는 세균은 문 수준으로 보면, 프로테오박테리

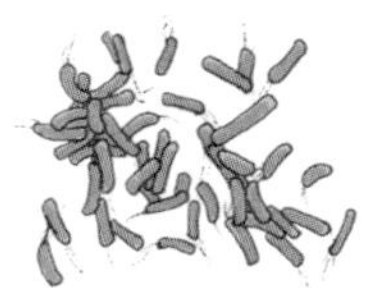

슈도모나스

사슬알균

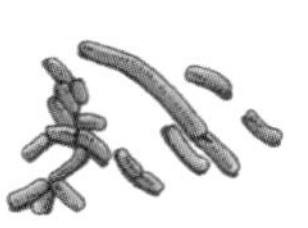
프레보텔라

푸소박테리움

베일로넬라

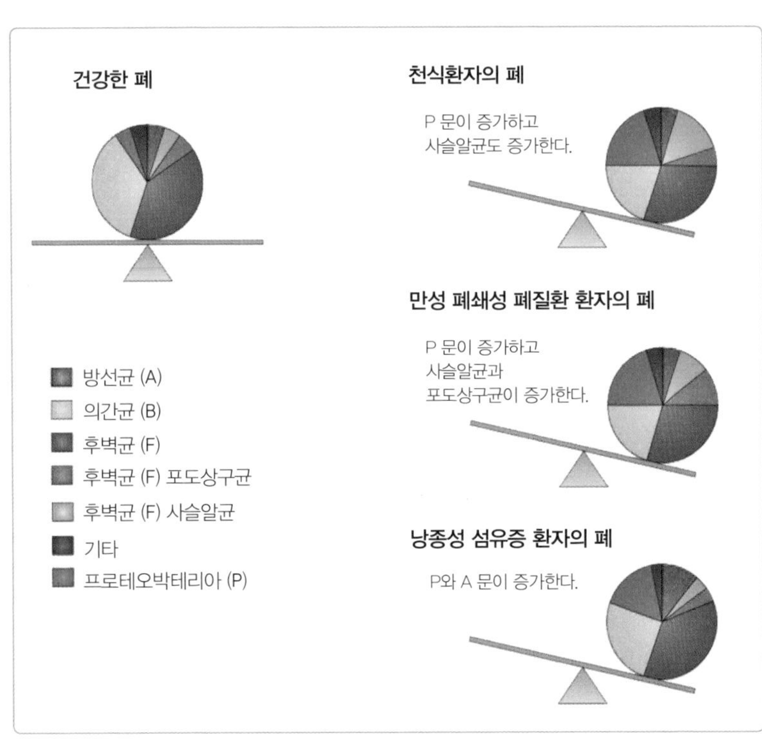

〈그림 1〉 폐 미생물 분포[2]

아(P), 후벽균(F), 의간균(B) 등이 많다. 이들은 보통 사람 몸 전체에 많이 산다고 알려진 것들이다. 속 수준으로 보면, P에 속하는 슈도모나스, F문에 속하는 사슬알균이 많고, 프레보텔라, 푸소박테리움, 베일로넬라 등도 많이 산다. 또 잠재적으로 감염을 일으킬 수 있는 세균으로 알려진 헤모필루스나 나이세리아 등도 많지는 않지만 살고 있다.[3]

이들은 평소 평온한 평형상태를 이룬다. 구강이나 장과 같이 미생물이 많이 사는 다른 공간들과 마찬가지로 폐에서도 미생물과 우리 몸의

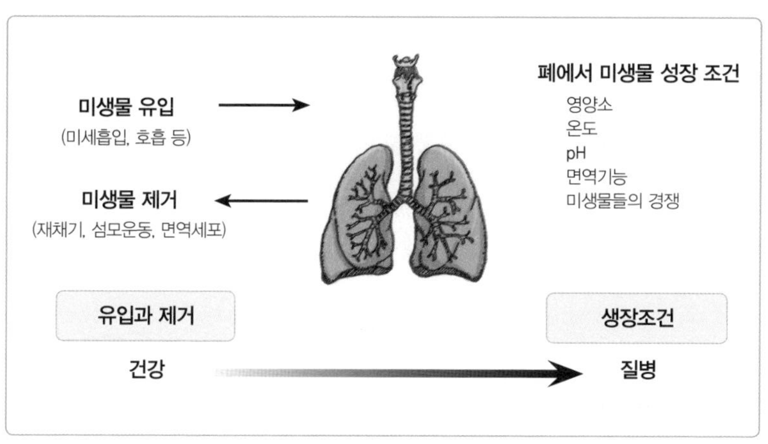

〈그림 2〉 폐 미생물과 질병[4]

공존이 이루어지는 것이다. 그러다가 병적인 미생물이 침투하거나 숙주인 인체의 면역력이 약해지면, 빠르게 미생물의 수가 늘어나고 미생물 군집의 구성이 변한다. 평소의 세균 군집보다 질병을 일으키는 세균들의 수가 대폭 증가하고, 폐렴이나 만성 폐쇄성 폐질환(COPD)과 같은 폐질환이 시작되고 진행되는 것이다.[4]

폐 미생물은 어디서 왔을까?

흥미로운 사실은, 건강한 사람의 폐에 사는 세균 분포가 코에 사는 세균의 분포와 다르다는 것이다. 코와 폐는 같은 호흡기관이고 공기가 코와 폐 사이를 늘 오가기 때문에, 폐로 침투하는 세균은 코를 통할 것이라고 짐작하는 것이 자연스럽다. 하지만 코의 세균 분포는 피부와는 닮았지만 폐와는 많이 다르다. 폐에서 발견되는 세균은 비슷한 점막으로 덮여 있는 위나 장과 같은 소화관의 세균과도 다르다. 밖에서 침투하는 세균이 장까지 도달하려면 일단 위를 거쳐야 하는데, 그러려면 강산에도 살아남아야 한다. 하지만 폐에는 그런 검증과정이 없다. 이처럼 자격요건 심사과정이 다르기 때문에 폐에는 위나 장과는 다른 세균 종들이 서식한다.

폐의 세균 분포와 가장 비슷한 곳은 구강이다. 가장 영향을 많이 주는 곳도 구강이다. 입은 씹고 삼키는 일을 주로 하는 소화기관의 시작점이기도 하지만, 코와 더불어 호흡의 시작점이기도 하다. 우리는 주로 코를 통해 공기를 호흡하지만, 달리기나 등산처럼 격한 운동을 할 때는 입구가 보다 넓어 저항이 적은 입으로 공기를 들이마신다.

사람의 머리와 목 부분의 해부도를 보면, 코와 입은 입 바로 뒤쪽에서 하나로 합쳐졌다가 다시 바로 밑에서 갈라져, 음식은 식도를 통해 위로 가고 공기는 기도를 통해 폐로 향한다. 목 뒤에서 코와 입이 합쳐지는 짧은 공간을 '인두'라고 하고, 위에서부터 코인두, 입인두, 후두인두 등 세 부분으로 나뉜다. 여기에서 입인두가 코와 입이 합쳐지는 부분에 해당한다(그림 3).

숨을 쉴 때는 음식을 먹을 수 없고 음식을 삼킬 때는 숨을 쉴 수 없는 까닭은, 먹는 공간과 숨쉬는 공간이 입인두에서 합쳐지기 때문이다. 숨을 쉬거나 음식을 삼킬 때, 둘 중 하나는 다른 하나에게 공간을 양보해야 한다. 재미있는 것은, 코에서 들이마신 공기가 가는 길과 입에서 먹

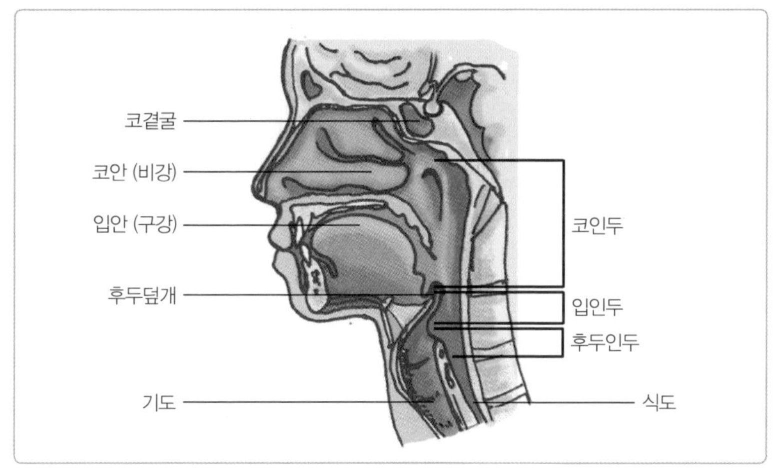

〈그림 3〉 기도와 식도

코와 입은 입인두에서 합쳐졌다가 다시 나뉘어져 식도와 기관으로 이어진다.

은 음식이 가는 길이 인두에서 교차한다는 것이다. 〈그림 3〉에서 보듯, 위쪽이면서도 뒤쪽인 코에서 오는 공기는 인두를 거쳐 목 앞쪽의 기관으로 가고, 인두 앞쪽에서 오는 음식은 목 뒤쪽의 식도를 향한다. 입인두는 교차로인 셈이다. 여기에서 교통정리가 잘 되지 않아 음식이 기도를 향하기라도 하면 어떤 일이 벌어지는지 우리는 잘 안다. 가끔 이런 일이 벌어지지만, 대체로 교통정리는 원만하게 이루어진다. 후두덮개라는 것이 있기 때문이다. 후두덮개는 기관의 입구를 열었다 막았다 하는 일종의 뚜껑이다. 음식을 입에서 꿀꺽 하고 삼키면 자동적으로 후두덮개는 기도를 막아 음식이 기도로 못 들어가게 한다. 그래서 우리는 그 순간 숨을 쉴 수 없다.

후두덮개가 교통정리를 잘 해도 음식물이나 침, 또는 인두의 점막을 코팅하고 있는 점액들 중 소량은 기도를 통해 폐로 빨려 들어간다. 이를 미세흡인(microaspiration)이라고 하는데, 건강한 사람이라도 주로 잠을 자는 동안에 이런 현상이 관찰된다.[5] 이것이 입안에 사는 세균이 폐까지 도달하는 이유이다. 미세흡인으로 침이 폐로 빨려 들어갈 때 거기에 포함되어 있는 세균들도 함께 폐로 들어가는 것이다. 그래서 건강한 사람의 폐에도 입안 미생물이 살게 된다. 대표적으로 베일로넬라와 프레보텔라 속에 속하는 종들이다. 이들은 입안에 서식하는 대표적인 세균들이다. 하지만 대개의 경우 이것은 문제가 되지 않는다. 이 세균들은 건강한 폐에도 서식하기 때문에 인체의 방어작용 역시 늘 이들을 향해 비상등을 켜고 있다. 대표적으로 헬퍼 T 세포(Th-17)가 항시 대기중인데, 이들은 폐에서 발견되는 미생물의 양에 비례해서 폐의 점막에서 많이 검출된다. 미생물이 많으면 헬퍼 T 세포도 많아진다는 말이다. 바깥에서 침투하는 미생물과 우리 몸의 방어작용이 늘 긴장하며 승부를 겨루는 전형적인 모습이다.[6]

폐 속 미생물과 감염

입에서 폐로 들어간 세균들은 대개 별 문제를 일으키지 않지만, 위생 상태가 나쁘거나 면역력이 약해진 상태라면 염증을 일으킬 수 있다. 당연한 얘기지만, 폐의 방어기능이 떨어져 있는 사람들에게 폐렴이 더 잘 일어난다.[7] 평소 우리 몸의 면역력을 잘 돌보아야 하는 이유다. 또 늘 입안의 위생에 신경 써야 하는 이유이기도 하다. 감기나 폐렴과 같은 호흡기 질환이 있는 경우, 구강위생은 더욱 중요하다. 예전에 감기에 걸리면 소금으로 이를 닦은 것이나, 소아과나 내과에서 감기 환자들에게 양치를 잘 하도록 권하는 것은 이런 미생물학적 근거가 있는 것이다.

구강위생이 폐 건강에 미치는 영향은 면역력이 약해진 노인들에게서, 특히 노인들이 집단적으로 기거하는 요양시설에서 두드러진다. 폐렴은 노인요양병원이나 요양원과 같은 시설에 입원해 있는 환자들이 사망하는 가장 큰 원인이다. 면역력이 약해져 있는 노인들이 집단적으로 기거하는 공간에는 많은 세균들이 서식하고, 그로 인해 상호 교차감염이 일어날 수 있다. 더욱이 이런 노인들 중에는 스스로 식사를 하지 못하는 환자들도 있고, 당연히 식사 후 양치나 구강 세척 등도 할 수 없는 경우도 많아 구강에 감염성 세균이 많을 수밖에 없다.

구강 미생물과 폐렴 간의 관계에 대해 10여 년 전 일본에서 나온 연구결과는 매우 인상적이다.[8] 요양시설에서 요양 서비스를 받는 400명의 노인들을 무작위로 각각 200명씩 두 집단으로 나눈 다음, 한 쪽은 평소대로 요양 서비스를 제공했다. 그리고 다른 한 쪽은 전문가가 칫솔질과 항균액으로 입안을 씻어 주고 정기적으로 치과 검진도 받도록 했다. 2년이 지난 뒤에 놀라운 일이 일어났다. 일반적인 요양 서비스만 제공받은 노인들에 비해 전문가에게 구강 관리를 받은 노인들의 사망률이 1/3로 떨어진 것이다(20% vs 6%). 주요 사망원인이었던 폐렴에 걸리는 노인들도 절반 이하로 떨어졌다(19% vs 9%). 이 결과는 무엇을 의미할까? 가장 합리적인 설명 중 하나는 구강 세균이 호흡기를 통해 폐로 침투하여 감염을 일으키는데, 이를 전문가의 구강 관리로 막을 수 있었다는 것이다.

폐렴은 중환자실 입원환자들에게도 위협적이다. 중환자실 환자 가운데 상당수는 인공호흡기를 통해 호흡을 한다. 호흡기는 구강 세균을 폐로 전달하는 감염원이 될 수 있다. 그래서 중환자실 입원환자들은 예방적 차원에서 늘 항생제를 투여받기도 한다. 중환자실에서 구강위생 관리를 통해 폐렴을 낮추어 보려는 연구들이 꾸준히 계속되었다. 최근 여러 논문들을 비평적으로 리뷰한 논문에서도 클로르헥시딘이라는 구강 청결제로 입안을 소독하고 거즈로 치아와 입안을 닦아주는 것만으로도 폐렴을 낮춘다는 결과를 내놓았다.[9] 인공 호흡기를 장착하지 않더라도 병원에 오랫동안 입원한 환자들이나 가정에서 간호를 받는 사람들의 경우도 구강위생 관리는 매우 중요하다. 1,009명을 대상으로 구강위생과 폐렴 발생의 연관을 정리한 논문은 칫솔질만으로도 치명적인 폐렴의 발생을 낮출 수 있다고 밝혔다.[10]

심지어 구강 미생물과 폐암의 연관도 밝혀지고 있다. 미국 암협회의 후원을 받아 2001년부터 플로리다를 포함한 미국 남동부에서 암과 기타질환의 연관을 연구하는 SCCS(Southern Community Cohort study)에서는 암에 관한 많은 역학 연구들을 발표했다. 그 가운데 주목되는 연구는 연구 대상 8만 6,000명 가운데 폐암을 진단받은 177명과 성, 인종, 나이 등 조건이 비슷한 177명의 건강한 사람의 구강 미생물을 비교한 것이다. 그 결과 CW040이라는 생소한 이름의 구강 미생물이 폐암에 걸릴 가능성을 3.64배 높이는 것으로 나타났다. 또 폐암 진단을 받은 사람들의 폐에서는 여러 구강 세균들이 많이 발견되었다.[11]

6 입속 미생물로 의심되는 태반 미생물

여성의 질, 유산균에 의한 독재

질은 물론이고 그 안쪽의 자궁 역시 우리 몸의 내부라 하기는 어렵다. 수정이 이루어지고 태아를 키우는 자궁은 여성의 몸 전체와는 격리되는 특수한 기관이다. 미생물에게도 질을 포함한 요로 생식기는 미생물이 쉽게 도달할 수 있는 외부이고, 그래서 이 부위 역시 미생물의 침입에 의한 감염이 흔하다.

미생물의 입장에서 보면 인체 가운데 질이 가장 독특한 공간이다. 미생물이 서식하는 인체의 모든 공간에는 매우 다양한 세균들이 살고 있고, 어떤 특정한 종류가 많다고는 해도 50%를 넘는 경우는 없다. 미생물 종류가 다양할수록 건강하고 다양성이 떨어지면 문제가 생기는 경우가 대부분이다. 하지만 여성의 질은 이와는 정반대다. 가임기 여성의 질에는 유산균의 일종인 젖산간균이 압도적으로 많아 90% 이상을 차지하는 경우가 대부분이고,[1] 그 중에서도 유독 4종의 유산균이 많이 살아간다.[2] 인체의 다른 곳과 달리 질에서는 유산균의 독재로 평화가 이루어지는 것이다. 이 유산균들은 산을 분비해 질을 산성 환경으로 만들어 다른 세균들이 살지 못하게 막는다. 또 출산과정에서 아이에게 옮겨가 태아의 피부나 구강, 장 등에 초기 터줏대감 미생물로 자리잡는다. 유산균 독재에 의한 평화가 깨지고 다른 세균들이 더 많아져서 질에 다양한 세균들이 살게 되면 염증이 생긴다. 그래서 통증과 냄새를 불러일으키는 세균성 질염은 항생제를 통한 치료의 대상이다.

질염을 예방하기 위해 세정제를 사용할 때에는 주의해야 한다. 특히 베타딘(Betadine)이 포함된 세정제를 자주 쓰는 것은 피하는 것이 좋은데, 세정과 함께 상주 미생물인 유산균까지 죽여서 오히려 질염의 위험을 높일 수 있기 때문이다.[3] 베타딘의 성분은 실은 포비돈요오드(Povidone-iodine)라는 소독제다. 흔히 '빨간약'이라고 부르는 것인데, 피부에 감염이 되었을 때나 수술 전에 절개부위를 소독하는 데 주로 쓰여서 치과에서 구강 소독제로 많이 쓰는 헥사메딘(성분명은 클로르헥시딘 Chlorhexidine)과도 쓰임과 효능이 비슷하다.[4] 소독제인 헥사메딘을 불필요하게 쓰면 입안 상주 미생물의 균형을 깨뜨리듯이, 포비돈요오드를 질에 자주 쓰면 질에 상주하는 미생물의 균형을 깨뜨린다.

젖산간균

태반에도 미생물이 산다 - PAFB 유형

태반(胎盤)은 말 그대로 태아가 사는 반석으로, 태아와 산모를 연결해 태아의 생명유지와 성장에 필요한 영양을 공급한다. 오랫동안 태반은 무균공간으로 알려져 왔다. 거기에 세균이 있다면 자궁에도 있다는 것이고, 당연히 그 안에 살고 있는 태아에도 세균이 산다는 것이다. 세균하면 감염을 떠올리던 시대에 이것은 상상하기도 힘든 일이었을 것이다. 특히 늘 산모를 상대하며 자궁이나 태아의 감염을 걱정해야 하는 산부인과 의사들에게는 더욱 그랬을 것이다. 그런데 최근에 산부인과 의사들이 직접 태반에도 세균이 산다고 발표했다. 임신한 여성 320명의 태반에서 시료를 채취해 미생물 검사를 한 결과, 건강한 산모의 태반에도

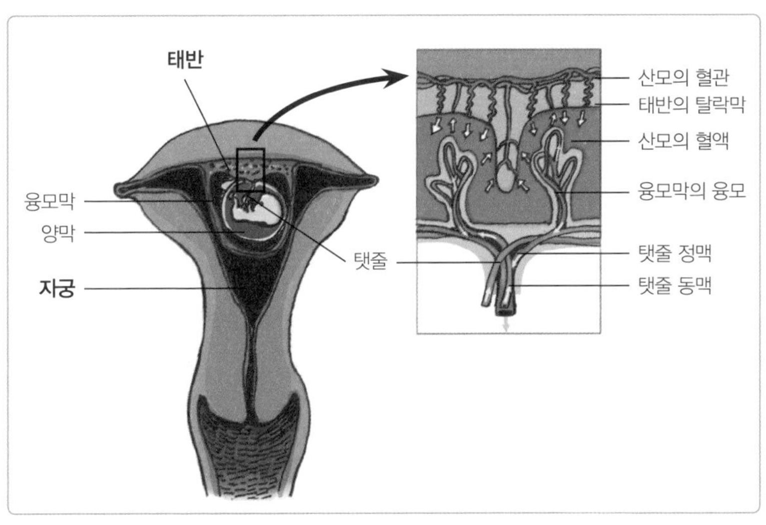

〈그림 1〉 태반과 탯줄

대단히 독특한 상주 미생물들이 산다고 밝힌 것이다.[5]

이 연구가 발표되는 2014년 이전에도 태반에 세균이 산다는 의심이 없었던 것은 아니다. 이미 1981년에 임산부의 자궁이나 태반이나 태아에 세균이 살 수 있다는 보고가 있었다.[6] 하지만 과학자들이나 의사들은 이에 귀를 기울이지 않았다. 태반은 무균 상태라는 혹은 그래야 한다는 도그마에 지배당한 것이다. 이 도그마 역시 분자 생물학적 방법이 도입된 이후 확실히 깨진 듯하다. 파장은 컸다. 2014년 산부인과 의사들의 논문이 발표된 이후 수많은 논문이 이 연구를 인용했다. 2017년 9월 현재 구글 스칼러에 따르면 피인용 횟수가 690건에 달한다. 그만큼 다른 연구자들이 이 연구의 가치를 인정한다는 의미이기도 하다.

좀 더 들여다보자. 태반에는 어떤 세균들이 살고 있을까? 문 수준으로 보면, 프로테오박테리아(P), 방선균(A), 후벽균(F), 의간균(B) 등에 속하는 세균들이 태반의 상주세균 군집을 구성한다. 이들의 구성을 인체 다른 부위의 세균 군집과 비교하면 다른 어느 곳과도 일치하는 않는다. 이들은 어디서 왔을까?

태반 미생물은 어디서 왔을까?

태반 미생물의 출처로 지목되는 것은 세 곳이다. 자궁과 가까운 질, 세균이 가장 많이 사는 장, 그리고 구강이다(그림 2). 여성의 질이 태반 미생물의 출처라는 가설은 여성의 질에 압도적으로 많이 살고 있는 젖산간균과 태반의 미생물 종류가 완전히 다르다는 점에서 기각된다. 미생물이 가장 많이 살고 있는 장에서는 장 세포 사이로 누수현상이 늘 일어나고 그로 인해 장 세균의 위치이동이 일어난다는 점에서, 장에서 왔을 가능성은 열려 있다. 하지만 태반 세균 군집의 모습은 장(FBPA형)과는 거리가 있었다. 그럼 남는 것은 구강뿐이다. 실제로 구강은 미생물의 다양성과 종류 면에서 태반과 가장 비슷하다. 특히 치아 주위에 끼는 치태(플라그)와 다양성이나 종류 면에서 가장 가까웠다. 태반의 미생물이 구강 미생물과 유사하다는 것은 이후의 다른 연구에서도 확인되는데, 임신한 여성들에게서 태반, 구강, 장 미생물을 동시에 채취해 비교했더니 구강 미생물이 태반 미생물과 가장 비슷했다.[7]

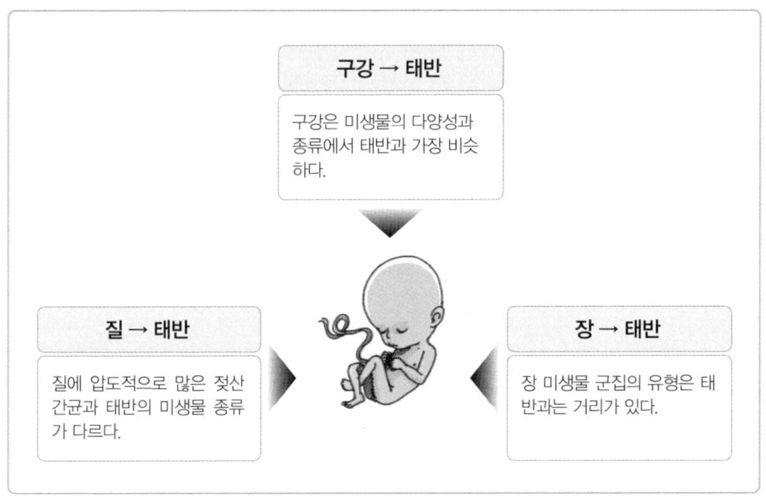

〈그림 2〉 태반 미생물의 출처

태반 미생물의 출처로 의심되는 곳은 산모의 질, 장, 구강이다. 이 중에 구강이 가장 유력하다.[8]

그렇다면 구강 미생물이 어떻게 태반까지 이동했을까? 아쉽게도 인체 내에서 세균이 어떻게 이동하는지 직접 밝혀진 바는 아직 없다. 작은 세균의 움직임을 추적하는 것은 연구 윤리나 방법상 앞으로도 쉽지는 않을 것이다. 하지만 동물 실험을 통해 추측해볼 수는 있는데, 구강 미생물이 태반까지 도달한다는 것을 보여주는 동물실험이 있었다. 유전자에 표식을 한 세균을 임신한 쥐의 구강에 넣어준 후 태어나는 새끼의 태변을 조사했더니, 표식을 한 세균이 검출된 것이다. 이때 사용된 세균은 패칼리스(*E. faecalis*)였다.[9] 어미의 구강에서 자궁 내 새끼에게로 세균이 전달된 것이다. 또 타액과 플라그 속의 여러 세균들을 쥐의 정맥에 주사했더니 쥐의 태반에서 발견되기 했다.[10] 뿐만이 아니다. 쥐를 대상으로 한 실험에서 대표적인 구강 세균인 푸소박테리움이 몸 조직을 뚫고 들어가 혈관을 따라 돌다가 혈관 내피조직까지 뚫고 태반에 이르며, 나아가 조산과 사산을 불러온다는 연구 결과도 보고된 바 있다(그림 3)[11].

인체에서도 구강 미생물이 태반으로 이주하는 정황은 포착된다. 조산한 여성들의 양수에서 베르게옐라(*Bergeyella*)라는 세균이 검출되었는데, 이와 동종의 세균이 구강에서도 검출되었다.[12] 또 임산부와 사산된 아이에게서 대표적인 잇몸질환 세균인 푸소박테리움이 검출되었는데, 이와 동일한 종류의 세균이 임산부의 잇몸 속에서는 검출되었으나 여성의 질이나 직장에서는 검출되지 않았다.[13]

인체 곳곳에 사는 미생물 중 왜 하필 구강 미생물이 혈관을 침투하는 걸까? 앞에서도 알아본 것처럼 구강이 외부 자극에 취약하기 때문이다(1장 2. 참고). 구강의 잇몸 조직은 쉽게 뚫리고 그만큼 세균이 혈관에 도달

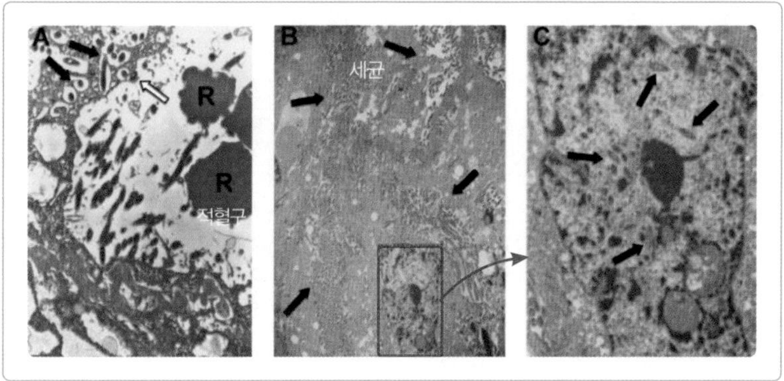

〈그림 3〉 푸소박테리움에 감염된 쥐 태반의 전자현미경 사진

쥐의 자궁을 감염시킨 푸소박테리움을 찍은 사진이다. 화살표가 가리키는 것은 푸소박테리움 속에 속하는 뉴클레아툼 세균이고, R로 표시된 것은 적혈구이다. 가운데 사진은 감염 후 72시간이 지난 후에 찍은 것이고, 오른쪽은 가운데 사진을 확대한 모습이다.

하기 쉽다. 혈관 속으로 들어가기만 하면 심장의 펌프질이 알아서 세균을 옮겨줄 것이다. 물론 그 세균에게는 혈액 속을 늘 순찰하고 있는 면역세포에 잡아 먹히지 말아야 한다는 절대절명의 과제가 남아 있지만 말이다.

임신과 미생물

우리 인간은 자궁 속에서 무균 상태로 자라다가 태어나면서 처음 세균을 만난다는 기존의 생각은 무너지고 있다. 최근까지도, 심지어 과학자나 의사들도 정상분만으로 나은 아이들은 어머니의 산도에서 온 세균과 처음으로 만나고, 제왕절개로 낳은 아이들은 어머니나 의료진의 피부에서 온 세균과 처음 만난다고 생각했다. 이것이 무너진 것이다. 인간은 세균을 이미 갖고 태어난다. 또 그 세균의 출처는 어머니의 구강일 가능성이 크다.

이런 연구결과는 임신과 잇몸의 상태에 대한 오래된 얘기들을 다시 한 번 돌아보게 한다. 우리 옛말에도 "애 하나에 이 하나"라는 말이 있다. 임신을 하면 여러 호르몬의 변화로 잇몸이 약해져 이가 하나씩 빠진다는 것으로, 구강위생 관리에 대한 개념이 없었던 시절의 슬픈 얘기다. 또 산모의 잇몸상태가 좋지 않으면 조산이나 사산을 일으킬 수 있다는 오래된 연구들도 다시 한번 보게 한다.[14] 이 연구는 임상연구였다. 말하자면, 진단과 진료를 통해 눈에 보이는 여러 현상들의 관련성을 추측하는 것이다. 산모의 잇몸이 좋지 않으면 태아에까지 좋지 않은 영향을 미친다는 임상연구들이 이제 그 미생물학적 근거를 찾아가고 있다. 실제로 사산한 경우를 연구한 최근의 임상연구는 잇몸 세균인 푸소박테리움이 산모의 구강과 산모의 태반 그리고 태아에서 발견된다는 점을 들어, 사산의 이유가 치주질환이라고 결론 내고 있다.[13]

그럼 어떻게 해야 할까? 당연히 구강위생 관리에 신경 써야 한다. 그래서 임산부가 치과에 오면 꼭 이야기한다. 임신하면 산부인과만 다닐 것이 아니라 치과에도 한번씩 오시라고. 특히 잇몸이 좋지 않은 여성들은 임신 전에 꼭 잇몸병을 치료하는 것이 좋다. 산모 본인을 위해서, 또 태어날 아이를 위해서.

7

우리 몸 안과 밖의 경계
심혈관 미생물

혈관으로 들어온 미생물, 균혈증

며칠 전 화장실에서 변을 본 후 휴지로 닦는데 피가 묻어 나왔다. 가끔 겪는 일이라 별일 아니라고 넘겼다. 하지만 균열이 생긴 내 항문 조직이나 모세혈관의 틈을 비집고 항문에 살던 세균들이 혈관으로 들어갔을 게 분명하다. 자주 가는 산에서도 이런 일을 겪는다. 나무에 걸리고 바위에 긁히고 넘어지기도 한다. 대부분 별일 없지만 가끔은 피가 나기도 한다. 그런 경우에도 피부에 살던 세균들이 혈관을 타고 몸 내부로 들어갈 것이다.

말할 필요도 없이 피는 우리 몸에서 중요하다. 전신을 돌면서 우리 몸 곳곳에 있는 세포에 산소와 양분을 전달하고, 노폐물을 받아 신장으로 배달해 몸 밖으로 내보게 한다. 피가 공급되지 않으면 우리 몸의 세포는 기능을 멈춘다. 당뇨로 모세혈관이 막혀 발가락으로 피가 가지 않는 경우가 있는데, 그러면 다리는 썩는다. 뇌로 피가 가지 않으면 뇌경색이 일어나고, 심장 근육으로 피가 가지 않으면 심장이 멈춘다. 단세포 원핵생물들이 다세포 생물로 진화하면서, 몸의 모든 세포들을 관장하고 살아가기 위한 장치로서 '피'라는 액체를 만들었을 것이다. 그래서 인간이라는 거대 다세포 동물은 평균 5.5리터의 피를 하루 10만 번의 심장박동으로 온몸으로 돌리며 30조 개의 세포들이 살아가게 한다.

이렇게 중요한 피를 보존하고 보호하기 위해 혈관은 그 자체로 몇 겹의 세포와 근육층이 조밀하게 뭉쳐져서, 외부의 물질이 안으로 들어오지 못하게 막고 내부의 물질이 밖으로 흘러 나가지 않게 한다. 모세혈관에서 소정맥과 소동맥을 지나 대동맥과 대정맥까지 혈관은 점점 커지고, 또 그만큼 혈관벽도 두터워진다. 그리고 마침내 심장이라는 커다란 펌프에 연결되어 피가 온 몸을 돌아다니는 힘을 얻는다.

그런데 혈관 중 특히 살갗이나 손발, 항문, 잇몸처럼 몸의 말초를 촘촘히 돌아다니는 모세혈관은 외부 자극에 쉬이 노출되고 또 쉬이 터진다. 피가 나는 경우는 사고나 질병, 수술은 물론이고 가벼운 운동이나 일상 생활에서도 흔히 생길 수 있다. 이것은 당연히 좋은 일이 아니다. 피가 난다는 것은 혈관의 봉합기능이 깨졌다는 것이고 혈관이 열렸다는 것이다. 그러면 혈관 안에 있는 혈액이 흘러나올 뿐만 아니라, 혈관 밖의 여러 미생물들에게 몸 내부로 들어갈 기회를 제공한다.

이렇게 혈관이 열리는 기회를 틈타 세균이 침투하는 현상을 균혈증(bacteremia)이라고 한다. 균이 피에 섞여 있다는 말이다. 우리는 평소 잘 느끼지 못하지만, 화장실이나 산보다 훨씬 더 자주 균혈증이 일어나는 곳이 있다. 바로 식탁과 세면대이다. 우리는 밥을 먹는 것만으로도 피 안으로 세균을 집어넣는다. 음식을 씹는 동안 구강 점막은 자극을 받는데, 이때 미세한 상처를 입을 수 있다. 그러면 그 틈을 비집고 세균이 혈관 안으로 들어간다. 뿐만 아니다. 칫솔질을 할 때도, 이쑤시개로 이 사이에 낀 이물질을 뺄 때도, 치간칫솔을 쓰거나 구강 세척기로 잇몸을 씻어낼 때도 세균은 혈관 안으로 들어갈 수 있다.[1] 특히 잇몸에 염증이 있는 경우라면 칫솔질로 균혈증이 유발될 가능성은 더욱 커진다. 이 경

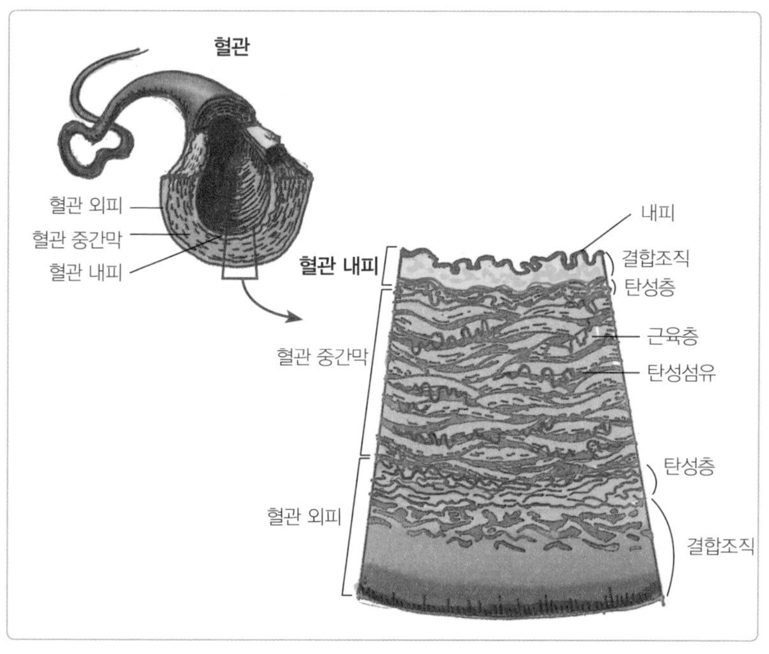

〈그림 1〉 혈관의 구조

우, 칫솔질 후 출혈이 생기면 잇몸이 건강한 사람들에 비해 균혈증이 8배 더 잘 일어난다.[2]

혈관 속의 미생물 – PFBA 유형

계기가 무엇이든 혈관 속으로 세균이 침투하는 것은 좋을 리 없는 일이다. 오히려 위험한 일이 될 수 있다. 그래서 우리 몸은 내부로 세균이 들어오지 않도록 막고, 일단 들어온 세균을 없애는 여러 장치를 마련하고 있다. 그렇다면 건강한 사람의 피 안에는 세균이 살지 않을까?

최근까지도 보통의 경우 건강한 사람의 혈액은 무균 상태라고 생각했다. 균혈증이라는 말이 생긴 것도 핏속에 세균이 있는 것을 아주 예외적인 경우로 생각해서일 것이다. 균혈증이 생기면 우리 몸은 즉각 방어에 나선다. 백혈구 중 수가 가장 많고 부지런해서 늘 우리 몸을 순찰하는 중성구가 달려가 침범한 세균들을 잡아먹는다. 그래서 대개의 균혈증은 30분 안에 해결되고, 우리 혈액은 다시 멸균된 상태로 돌아간다. 이것이 20세기 말까지의 정설이었다. 지금도 대부분의 의학교과서는 혈관 속은 무균 상태라고 적고 있다. 하지만 최근 이런 생각도 도전받고 있다. 건강한 사람들의 혈액에서도 세균의 DNA가 검출되기 때문이다.

이와 관련해 2016년 프랑스의 연구팀이 내놓은 결과는 상당히 흥미롭다.[3] 연구방법은 생각보다 간단하다. 우선 건강한 사람 30명을 모집해 피를 뽑아 원심분리기에 돌렸다. 피를 원심분리기에 돌린 다음 가만히

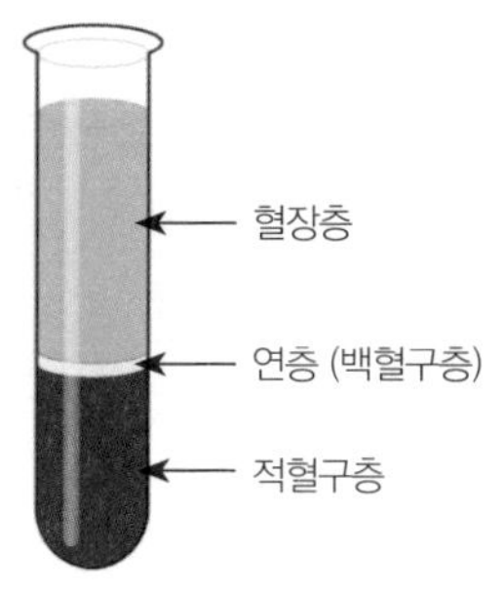

〈그림 2〉 혈관의 구조

혈액을 원심분리하면, 3개의 층으로 나뉜다. 이 가운데 백혈구가 많은 연층에서 가장 많은 세균의 유전자가 검출된다.

두면 무게(정확히 말하면 밀도)가 높은 것들부터 가라앉으며 3개의 층으로 나뉜다(그림 2). 아래쪽으로 절반 정도는 적혈구층이고 위쪽으로 절반 정도는 혈장층이며, 그 사이 얇은 막처럼 생긴 연층(buffy coat)이 형성되는 것이다. 연층에는 백혈구가 많다. 그리고 이렇게 생긴 각각 층을 모두 DNA기법으로 세균검사를 했다.

그 결과, 일단 세균이 많았다. 1ml에 수백만 개에서 1,000만 개 정도에 이르는 세균의 게놈■이 검출된 것이다. 물론 이 수만큼의 세균이 모두 혈액 속에 살아 있다는 말은 아니다. 백혈구나 적혈구 안에 숨어들어가 잠복해 있는 것들과, 면역작용에 의해 파괴된 세균의 DNA들도 포

■ **게놈**

게놈은 유전자 전체를 말한다. 게놈에는 수백 수천 개의 유전자가 들어 있을 수 있지만, 세균 하나에는 게놈도 하나이다. DNA, 유전자, 게놈 순으로 분자에서 유전자 전체를 지칭하는 말이다.

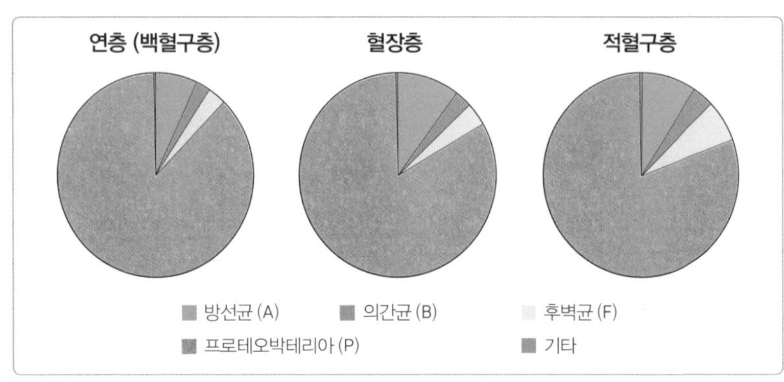

〈그림3〉 혈액 속 세균 분포

혈액 속에서도 세균들의 유전자가 검출되었다. 백혈구가 많은 연층에서 가장 많은 세균이 검출되었고, 혈장층과 적혈구층이 그 뒤를 이었다. 하지만 세 곳 모두에서 80%가 넘는 세균들이 프로테오박테리아(P) 문에 속했다.

함되어 있는 수치다. 그렇더라도 1ml의 핏속에 보통 1,000만 개의 백혈구와 50억 개의 적혈구가 있다는 것을 감안하면, 이는 백혈구 수에 육박하는 세균이 핏속에 살고 있거나 살았다는 얘기가 된다. 문 수준으로 종류를 살펴보면, 프로테오박테리아(P)에 속하는 세균들이 압도적으로 많아 80% 정도를 차지했다. 또 장이나 구강에 상주하는 의간류(B), 후벽균(F), 방선균(A)들이 나머지를 차지했다.

특이한 점은 백혈구가 많은 연층에서 90%가 넘는 세균 유전자가 검출되었다는 것이다. 이유는 아직 밝혀지지 않았지만, 인체에 들어오는 세균들을 감시하고 퇴치하는 백혈구의 역할과 관련이 있음은 분명하다. 그 다음은 혈장층이었고, 적혈구층에서는 아주 적은 수(0,03%)만이 발견되었다.

이렇게 핏속에 세균이 상주할 수 있다는 것은 우리 몸에서 그 어느 곳도 세균으로부터 자유롭지 않다는 것을 의미한다. 세균의 입장에서 우리 몸의 내부와 외부를 가를 때 혈관은 몸의 외부에서 내부로 들어오는 첫 관문인 셈인데, 이것이 열렸다면 미생물은 혈관을 타고 어디에든 도달할 수 있을 것이다. 상황이 이렇다면 혈관에 세균이 들어가는 경우를 예외적으로 표현한 균혈증의 의미도 수정되어야 할지도 모른다.

균혈증과 항생제 미리 먹기?

면역력이 떨어져 있는 사람은 세균 침투에 늘 주의를 기울여야 한다. 혈관에 세균이 들어가는 경우에도 마찬가지다. 면역억제제를 투여하고 있는 사람은 물론, 평소 건강한 사람이라도 피곤하거나 잠을 잘 자지 못했을 때에는 면역력이 떨어져 있을 가능성이 크다. 또 어린 아이나 나이 많은 노인도 면역력이 약할 수 있다. 그렇다고 상처가 나거나 칫솔질을 한 후에 늘 항생제를 먹어야 하는 것은 아니다. 몸의 면역기능을 높이기 위해 평소 적절한 운동을 하고 적절한 휴식을 취하는 것이 중요하다는 것이다. 또 스트레스를 받지 않도록 주의하고 깨끗한 물과 좋은 음식으로 몸을 보강해 주는 것이 좋다.

다만, 심장에 문제가 있는 경우에는 특별한 주의가 필요하다. 심장에 생기는 문제는 생명과 직결될 수 있으니 조심하는 것은 당연하다. 그래서 미국 심장협회(American Heart Association)는 일찍이 1955년부터 심장에 조금만 문제가 있어도 치과치료를 받기 전에 꼭 항생제를 미리 먹으라고 권고해 왔다.[4] 이것을 '예방적 항생제 투여'라고 한다. 표면이 매끈한 심장에는 세균이 들러 붙기가 쉽지 않지만, 이런저런 이유로 세균이 붙어서 증식하면 세균성 심내막염을 일으킨다. 이것은 심장병 가운데 발병 비율이 많지 않아 10만 명 중 20명 내외가 관찰된다고 알려져 있다. 하지만 생명의 기관인 심장이니 주의해야 마땅하다. 미국 심장협회의 권고안은 이 같은 우려에서 나왔다. 치과 치료로 인해 생길 수 있는 균혈증이 심장에 문제를 일으킬 것을 걱정한 것이다. 심장병은 20세기 초부터 최근까지도 미국인들의 사망원인 1위를 달리고 있으니 그럴 법하다. 그리고 이 권고안은 아홉 차례의 수정과 보완을 거듭하며 계속 변해 왔다. 1955년 권고안과 가장 최근의 것인 2007년 권고안을 비교하면 그동안 얼마나 많은 변화가 있었는지 놀라울 정도다.

1955년 권고안은 치과 치료 전에 항생제를 무려 5일간 투여하라고 한다. 투여대상 역시 상당히 넓다. 그해 반해 2007년 권고안은 심장병 환자 중 극히 고위험군에 대해서만 치과치료 전에 딱 한번만 먹어도 된다고 권고한다. 대신 구강위생 관리에 훨씬 더 신경을 쓰라고 한다. 이 같은 권고안의 변화에 대해 미국 심장협회는 균혈증은 칫솔질이나 저작(咀嚼) 등 일상생활에서 늘 일어나는 일이라서 강조점이 항생제 투여에서 일상적 구강건강 관리로 옮겨간 것이라고 설명한다.[5] 이렇게 심내막염에 대한 예방적 항생제 투여의 기준을 축소하는 것은 세계적인 추세이기도 하다. 영국 국립보건원(NICE)의 기준은 항생제 처방에 더 엄격해서 치과치료 전에 예방적 항생제 투여가 아예 필요 없다고 권고했다.[6]

〈표 1〉 미국 심장협회의 예방적 항생제 투여 권고안의 변화

	1955년 권고안	2007년 권고안
투여대상	류마티성 심장병이나 선천적 심장질환을 가졌거나 전력이 있는 사람	심장에 보형물을 가진 환자, 감염성 심내막염 병력이 있는 환자, 선천적 청색성 심장질환을 가진 환자
투여횟수	시술 24시간 전부터 매 식사 후, 5일간	시술 전 30분에서 60분 사이, 1회

항생제 예방적 투여의 기준이 이처럼 극적으로 변한 이유는 무엇일까? 한 마디로 말해, 그때는 몰랐고 지금은 알게 되었다는 것이다.

그때는 인간의 몸에 세균이 얼마나 많이 사는지, 우리가 얼마나 많은 미생물에 둘러싸여 살아가는지 몰랐다. 지금은 이 세계가 온통 미생물의 것임을 안다. 우리 몸에도 늘 세균이 산다는 것을 안다. 우리 대장에는 30조가 넘는 세균들이 살며 혈관에도 늘 세균이 산다. 세균이라고 하면 질병을 떠올리던 '코흐의 가설' 시대는 이미 저물고 있다. 이제 예방적 항생제 투여로 세균을 제거한다는 발상은 손바닥으로 하늘을 가리는 격임을 안다. 2007년 권고안이 보여주듯 밥을 먹거나 이를 닦는 것과 같은 일상적인 활동에서도 균혈증은 생길 수 있고, 매일 매끼 항생제를 평생 먹는다 해도 우리 몸의 세균을 완전히 없앨 수는 없다. 오히려 항생제 내성균의 빠른 출현과 '감염'으로 수명이 단축될 가능성이 더 크다.

항생제 내성에 대한 지식 역시 그때와 지금이 다르다. 페니실린을 사

용한다 해도 모든 세균이 다 죽는 것은 아니며 그 중 일부는 살아남아 페니실린에 대한 내성을 갖게 될 것임을, 페니실린을 처음 발견한 플레밍도 예고한 바 있다. 하지만 오랫동안 그 말은 무시되었다. 생명의 본질을 조금만 이해한다면 세균의 내성은 지극히 당연한 일인데도 말이다.

수백만 년의 역사에서 인류는 여러 차례의 빙하기와 굶주림과 햇빛의 부족에도 살아남았다. 혹독한 환경을 이겨내는 유전자를 가진 개체가 살아남아 후손을 퍼뜨린 결과이다. 생명은 그렇게 돌연변이라는 진화과정을 통해 환경에 적응한다. 세균도 마찬가지다. 항생제라는 혹독한 환경을 이겨내는 돌연변이 개체가 살아남는다. 게다가 세균은 우리 인간에 비할 수 없을 만큼 번식속도가 빠르고, 돌연변이 유전자를 다른 세균에게 전달하는 능력까지 가지고 있다(2장 2. 참고). 따라서 항생제 내성균이 생기는 것은 당연하고, 일단 생기면 개체 수는 빠르게 늘어난다.

1955년 당시에는 이런 세균의 능력을 몰랐다. 항생제를 통해 다른 생명을 일방적으로 제압할 수 있다는 생명관(生命觀)으로 감염질환에서 해방되겠다는 순진한 꿈을 꾸었던 것이다. 하지만 지금은 예방적 항생제 투여는 득보다 실이 많다는 생각이 일반적이다. 이에 따라 2007년 미국심장협회의 권고안은 대상과 투여량을 대폭 축소하였고, 영국 국립보건원은 예방적 항생제 투여를 전면 중단했다. 이후에 어떤 일이 벌어졌을까? 우리 몸에서 심장이 갖는 위상을 생각하면 이와 관련된 권고안을 바꾸면서도 우려가 없을 수는 없다. 그래서 미국과 영국은 물론이고 유럽의 여러 나라에서는 권고안을 바꾼 이후의 심내막염 유병률에 주목했다. 그리고 머지않아 우려는 완전히 불식되었다. 예방적 항생제 투여를 완전히(영국) 혹은 고위험군만 빼고(미국) 중단했는데도 심내막염이 더 증가하는 일은 발생하지 않았던 것이다.[7]

균혈증과 항생제, 그리고 예방적 항생제 투여는 현대 과학과 현대 의학의 현주소를 보여주는 하나의 예일 뿐이다. 과학과 의학은 눈부신 발전을 거듭했고 지금도 발전하고 있지만, 아직 갈 길이 멀다. 그때는 몰랐지만 지금은 알게 된 것처럼 지금은 모르는 것을 알게 되는 미래도 분명 올 것이다. 그동안 과학은 불완전함과 모름을 인정하고 연구를 멈추지 않을 것이고 연구 방향을 열어놓을 것이다. 이것이 과학의 미덕이고, 신과 왕의 일방적 계시나 명령과는 다른 과학의 힘이다.

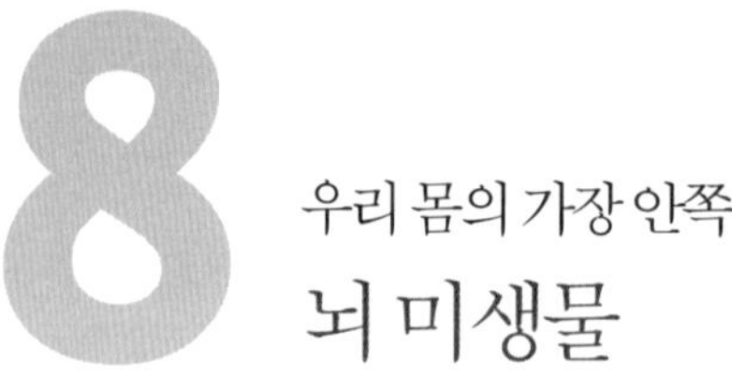

8 우리 몸의 가장 안쪽 뇌 미생물

넘기 힘든 장벽

가끔 노인복지관에 치아와 잇몸관리에 관해 강의하러 간다. 치아관리에 소홀했던 지난날에 대한 아쉬움이 커서인지 상당히 많은 어르신들이 강의를 들으러 오시고 관심 또한 높다. 그럴 때마다 꼭 하는 질문이 있다.

"어르신들, 무엇이 가장 두려우세요?"

몇 년 전까지만 해도 어르신들이 손을 가장 많이 드는 항목은 암이었다. 여생을 큰 병 없이 건강하게 보내기를 바라는 것은 누구에게나 자연스러운 욕구일 것이다. 그런데 얼마 전부터 바뀌기 시작했다. 치매가 암을 앞질렀다. 치매로 고통받는 사람들을 직간접적으로 경험하면서 기억력과 판단력이 점점 사라지고 자신의 정체성마저 잃어버릴지도 모른다는 두려움이 점점 커지는 것이다. 나 역시 술을 마신 다음 기억이 끊기는 때가 있고 뇌 MRI에 정체 모를 상이 잡혀 있어 치매의 위험으로부터 자유롭지 않다. 2015년 현재 우리나라 치매 환자는 65만 명이고, 65세 이상 노인 10명 가운데 1명이 치매 질환을 앓고 있다고 하니, 국가적으로도 치매는 두려움의 대상일 수밖에 없다.

알츠하이머병을 비롯한 치매는 뇌 신경전달에 문제가 생긴 것까지는 분명한데, 그 문제가 왜 생기는지에 대해서는 아직 설명이 마땅찮다. 유전자의 문제부터, '베타 아밀로이드'라는 물질이 뇌에 쌓이는 현상, 뇌 신경전달 물질의 합성 감소, 심지어 늘 질병의 원인으로 등장하는 흡연까지, 다양한 가설들이 제시되고 있다. 이 중에서 특히 나의 관심을 끄는 대목은 미생물이 치매의 위험을 높인다는 것이다.

뇌에 세균이 접근한다는 생각은 심정적으로 허용이 되지 않는다. 과학자들과 의사들에게도 마찬가지다. 게다가 뇌에는 세균이 접근할 수 없다고 믿게 만드는 장치가 있다. 우리 몸의 다른 부위와는 차원이 다른 보호막이 버티고 있기 때문이다. 혈액뇌장벽(Blood-Brain Barrier, BBB)이 그것이다.

혈액뇌장벽이라는 해부학적 장벽의 존재가 알려진 계기는 1885년 독일의 해부학자 파울 에를리히(Paul Ehrlich, 1854~1915)의 실험이었다. 그는 동물의 혈관에 파란색 염료를 주입해 염료가 조직에 도달하는 양상을 보려 했다. 그런데 전신으로 퍼지며 모든 조직이 파랗게 물들이는 염료가 도달하지 못하는 조직이 있었는데, 바로 중추신경인 뇌와 척수 조직이었다. 그후 거의 20년이 지난 1913년에 에를리히의 제자이기도 한 골드만(Goldman)이 스승의 실험과 반대방향의 실험을 했다. 같은 염

뇌 장벽을 발견한 독일의 해부학자
파울 에를리히

료를 뇌 안에 직접 주입한 것이다. 골드만의 실험에서는 뇌와 척수만 파랗게 물들고 다른 조직으로는 퍼져 나가지 않았다. 에를리히와 골드만의 실험은 뇌와 척수를 그 외의 조직들과 나누는 분명한 경계가 존재한다는 것을 보여준다.[1] 아마도 우리 몸은 진화 과정에서 컨트롤타워인 중추신경을 좀 더 촘촘히 보호하기 위해 이런 장치를 마련해 왔을 것이다.

뇌와 척수가 다른 조직과 이렇게 분명하게 구분되는 것은, 뇌로 들어가는 모세혈관의 세포들이 다른 곳보다 훨씬 더 밀착해 경계를 이루고 있기 때문이다. 1960년대 들어 전자현미경에 의해 장벽의 실제가 관찰되면서, 혈액뇌장벽(Blood brain Barrier, BBB)이라고 부르게 된다. 말 그대로 혈액이 뇌를 보호하는 장벽을 만들고 있다는 뜻이다. 이 장벽은 세포간 물질의 이동을 막고, 특히 덩치가 큰 고분자 물질을 통과시키지 않는다. 이 장벽을 통과하려면 일정한 자격을 갖추어야 해서 특수한 구조로 이루어졌거나 통행허가증 역할을 하는 수용체를 가지고 있어야 한다.

뇌혈관장벽은 의사나 과학자들이 뇌에는 절대 세균이 살 수 없다고 생각한 근거였다. 아무리 작은 세균이라고 해도 고분자 단백질보다는 훨씬 크기 때문에, 설사 혈관을 따라 도는 세균이 있다고 하더라도 장벽을 넘어가지는 못한다는 것이다.

문제는 혈액뇌장벽이 완벽하지는 않다는 것이다. 나이가 들수록 이 장벽 역시 서서히 약화된다.[2] 특히 알츠하이머를 앓은 사람들에게서 이 장벽이 확실히 약해져 있는 것이 해부를 통해 확인되었다. 20세기까지 믿어 의심치 않은, 뇌가 무균지대라는 생각이 의심받기 시작한 것이다.

뇌와 미생물

우리 몸의 관제탑, 뇌는 당연히 장에도 영향을 미친다. 뇌는 미주신경이라는 10번째 뇌신경을 아래로 내려보내 내장을 관장한다. 그렇다고 장이 일방적으로 뇌의 명령만 받는 것은 아니다. 장 역시 뇌에 영향을 미쳐 우리 기분을 좌우하고 성격도 바꾼다. 스트레스 받으면 소화가 안 되지만, 속이 더부룩하면 기분 역시 좋지 않게 된다. 뇌와 장이 쌍방향으로 소통한다는 것은 오랫동안 과학자들과 의사들의 관심을 끌어왔다. 그리고 뇌와 장 사이의 소통에서 전달자 역할을 하는 것은 미주신경을 통한 신경전달이나 세로토닌 같은 호르몬으로 알려져 있었는데, 최근 들어 새로운 전달의 주역으로 장 미생물이 부각되고 있다.

장 미생물이 뇌와 장 사이의 소통에 관여한다는 것은, 장에 있는 미생물이 뇌에 어떤 영향을 준다는 의미이다. 어떤 영향을 주는 것일까? 이에 대한 답이 될 만한 동물실험이 있다. 먼저 쥐를 성격에 따라 두 무리로 나눈다. 한 무리는 조용하고 행동이 조심스러운 반면, 다른 한 무리는 호기심이 많아 여기저기 부산스럽게 돌아다닌다. 이 두 무리의 쥐들 장에서 미생물을 채취한 다음, 항생제로 장 안의 세균들을 모두 없앴다.

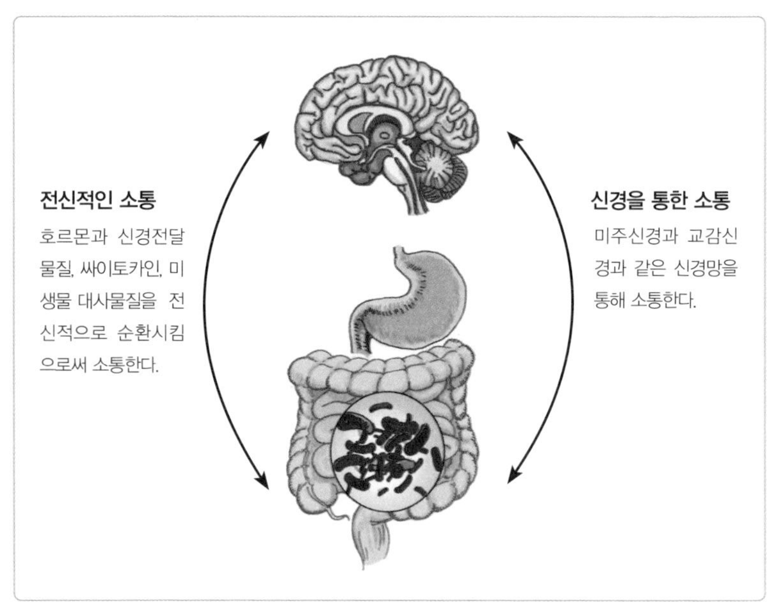

〈그림 1〉 뇌와 장의 쌍방향 소통

뇌와 장은 신경전달물질이니 호르몬, 장 세균을 통해 쌍방향 소통한다.[3]

그리고 용감한 무리에는 소심한 쥐에서 채취한 장 미생물을 주입하고, 소심한 무리에는 용감한 쥐의 장 미생물을 주입했다. 그랬더니 놀라운 일이 벌어졌다. 쥐들의 행동이 정반대로 바뀐 것이다. 소심했던 쥐들의 행동은 과감해졌고, 용감했던 쥐들은 조심스럽게 행동했다. 장 미생물이 쥐의 행동, 정확히는 뇌의 작용에 영향을 미친 것이다.[4]

미생물이 뇌와 장의 의사소통에 관여하는 것을 넘어 '직접' 뇌에 침투한다는 연구결과도 속속 발표되고 있다. 물론 뇌수막염(bacterial meningitis)처럼 뇌를 감싸고 있는 막에 세균이나 바이러스가 들어가는 경우도 있지만, 꼭 그런 감염성 질환이 아니라도 뇌 안에 세균이 들어갈 가능성이 있다는 것이다.

이미 1994년에 뇌에서도 세균이 발견되었고, 그것이 여러 염증반응을 통해 알츠하이머병을 포함한 치매를 유발할 수 있다는 연구가 발표되었다. 이 연구 결과를 발표한 미클로시(*Miklossy*)는 특히 장이나 구강에서 온 스피로헤테스(*Spirochetes*) 강(Class)에 포함되는 여러 종의 세균들이 발견된다면서 알츠하이머도 세균 감염증일 수 있다는 다소 도발적인 문제를 제기했다.[5] 마치 그간 신경성으로만 진단했던 위궤양을 헬리코박터 감염증이라며 기존 의학계에 도전했던 마셜과 비슷하다.

뇌에 사는 세균에 대한 연구 역시 본격적으로 진행된 것은 21세기에 들어서면서부터다. 2002년에는 장기 기증된 뇌에서 세균 DNA가 검출되었다. 이 연구자들은 알츠하이머병에 걸렸던 16명과 정신적으로 건강했던 18명의 뇌를 분석했는데, 알츠하이머병에 걸렸던 16명 가운데 14명의 뇌에서, 정신적으로 건강했던 18명 중 4명의 뇌에서 세균이 검출되었다. 또 뇌에서 나와 얼굴 각 부위로 뻗어가는 12개의 뇌신경 중 구강과 입 주위를 지배하는 3차신경에서도 세균을 검출하고, 그 세균의 정체가 입안에서 살고 잇몸병을 일으키는 세균 가운데 하나인 트레포네마(*Treponema*)라는 것도 밝혔다. 구강 미생물이 3차신경은 물론 뇌에도 침범할 수 있다는 것이다(그림 2).[6]

1994년 알츠하이머병과 세균의 관련성을 제기한 연구자 미클로시는 첫 발표 후 거의 20년이 지난 2011년에도 비슷한 연구결과를 발표했는

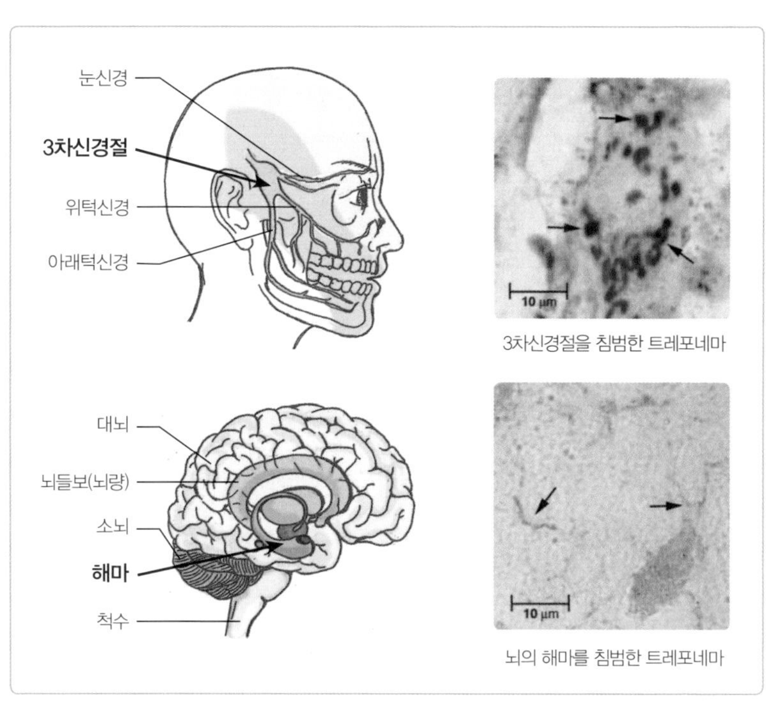

〈그림 2〉 입 주위로 뻗어가는 신경들이 모이는 3차신경절(위)과
뇌의 해마(아래)를 침범한 세균의 모습[6]

데, 여기에서도 뇌에 세균이 살고 있다고 일관되게 주장한다. 알츠하이머에 걸린 사람의 뇌에는 건강한 사람의 뇌에 비해 7배 많은 세균이 살고 있으며, 알츠하이머에 걸린 사람들의 90% 뇌에서 치주질환 세균인 트레포네마가 발견된다는 것이다.[7]

건강한 뇌에서 세균을 검출하는 연구도 계속되었다. 2013년 브랜튼(Branton) 등이 건강한 사람들의 뇌에서도 세균 샘플들을 채취했다. 이들은 특히 부검을 통해 접근한 사체의 뇌뿐만 아니라 간질병을 치료하기 위해 제거한 살아 있는 사람의 뇌 조직에서도 세균을 검출했다. 이렇게 검출된 세균 가운데 70%가량이 구강에 사는 세균 중 하나인 알파프로테오박테리아(*a-proteobacteria*)였다.[8]

치주질환을 일으키는 대표적인 세균인 진지발리스(*P. gingivalis*)의 세포벽을 이루는 독성물질(LPS)이 알츠하이머 환자들의 뇌에서 검출된 것도 인상적이다. 사망 후 2일이 안 된 사람들의 뇌를 부검해본 결과, 알츠하이머에 걸린 10명의 뇌 중 4명의 뇌에서 이 독성물질(LPS)이 검출된 반면, 정신적으로 건강했던 10명의 뇌에서는 전혀 검출되지 않았다.[9]

치매와 구강상태

치매에 미생물, 특히 구강 미생물이 영향을 줄 수 있다는 것은 인구 통계학적 조사에서도 확인된다. 스웨덴에서 7만 명의 쌍둥이들을 대상으로 한 추적조사는 이에 대한 고전적인 연구로 꼽힌다.

스웨덴에서는 1950년대 말부터 쌍둥이 등록소(Swedish Twin Registry, STR)라는 기관을 설치해 1886년부터 1990년 사이에 태어난 7만 명의 쌍둥이들의 삶을 추적 조사하고 있다. 같은 DNA를 가진 쌍둥이들을 조사하는 것은 유전과 환경이 건강과 질병에 미치는 힘을 비교 분석하는 데는 안성맞춤이다. 결과도 흥미롭다. 먼저 인간의 건강은 젊었을 때에는 유전에 더 큰 영향을 받다가 나이가 들어갈수록 유전보다는 환경이 중요해지는 것으로 확인되었다. 또 육체적 운동이 암에 걸릴 위험을 줄이고, 심혈관 질환의 유전적 영향은 여성보다는 남성이 더 많이 받았다. 어린아이들에게 알레르기가 생겨도 여자아이들은 피부에 더 많이 생기는 반면, 남자아이들은 비염처럼 호흡기에 더 많이 나타난다.[10] 이것은 장기간에 걸친 관찰 결과여서 흥미로울 뿐만 아니라 권위가 실릴 수밖에 없다. 스웨덴 쌍둥이 등록소는 지금까지 수백 편의 중요한 논문을 생산하는 자료의 보고이기도 하다. 그 가운데 치매에 대한 논문도 있다.

스웨덴 쌍둥이 등록소가 발표한 내용에 따르면, 교육 수준이 낮거나 어렸을 적 결핍된 환경에 살았다면 치매에 더 잘 걸린다. 육체적 운동을 게을리 하거나 심지어 키가 작은 사람들이 치매에 더 많이 걸리기도 한다. 이 밖에도 환경이나 몸 상태, 유전 등 치매에 영향을 미치는 다양한 요인을 분석했는데, 의외이지만 가장 중요한 현상이 발견되었다. 바로 치아가 없는 경우이다. 자기 치아가 없는 사람들이 치매에 걸릴 위험이 자기 치아를 모두 가지고 있는 사람들에 비해 무려 5.5배나 높았던 것이다. 이는 교육이나 운동 등 다른 의심되는 요인들과는 비교가 되지 않을 만큼 분명한 변별력이다. 치매와 치아 상실이 동반하는 이유에 대해 이

논문의 저자들은 치주질환이라는 만성 염증성 질환이 신체 전반에 염증에 대한 부담을 가져오고 그것이 치매를 유발할 수 있다고 밝혔다.[11]

2007년 미국에서는 고령의 수녀 144명을 12년 동안 관찰한 연구결과가 발표되었는데, 이 연구에서도 구강상태와 치매의 연관성이 드러났다. 이 연구 역시 입안의 이가 적을수록 치매의 위험이 높다는 결과를 내놓은 것이다.[12] 또 5,468명을 18년 동안 관찰한 다른 연구는 음식을 잘 씹지 못하는 남성이 잘 씹어 먹는 남성에 비해 치매에 걸릴 확률이 91% 높고, 치아가 있더라도 매일 칫솔질을 하지 않는 사람이 매일 하루 세 번 칫솔질을 하는 사람에 비해 치매에 걸릴 확률이 22~65%가량 더 높음을 보여준다.[13]

이런 인구 통계학적 조사들은 최근 뇌에서 발견되는 세균의 흔적과 그 세균들이 구강에 사는 종류라는 사실과 맥을 같이 한다. 이러한 연구들을 기반으로 우리 뇌에도 미생물이 살며 그 가운데 많은 수가 구강에서 왔다는 추측이 가능하다.

우리 몸의 가장 안쪽, 뇌에도 미생물이 존재할 수 있다는 연구에 대해서는 아직도 많은 의문이 제기되고 있다. 하지만 여러 연구들을 종합해 볼 때, 뇌에 미생물이 상주할 가능성은 크다. 심지어 우리 몸 세포의 핵 속에 보관되어 있는 유전자에까지 미생물의 흔적이 발견되는데, 뇌라고 미생물로부터 자유로울 리 없다. 그리고 만약 뇌에도 미생물이 산다면, 거기에 가장 큰 영향을 미치는 것은 장과 구강의 미생물들이 될 것이다.

9

너와 나를 잇는 생물학적 끈
우리 몸속 바이러스

바이러스 찾기

입술이 부르텄다. 어제 산행을 좀 격하게 했나 보다. 가끔 있는 일이다. 피곤하면 입술 주위 한쪽이 간질간질하다가 물집을 만들며 부르트기 시작한다. 이렇게 나를 괴롭히는 녀석은 바이러스 중에는 잘 알려진 헤르페스(*Herpes simplex*)이다. 얼굴 안쪽에 자리잡고 있는 3차신경절에 잠복해 있다가 우리 몸의 면역이 떨어지면 활동을 시작한다. 이런 경우 항바이러스 연고를 바르지만 한번 시작된 물집은 어쩔 수 없이 며칠 간다.

그래도 이 정도면 다행이다. 헤르페스는 바이러스 중 상당히 온순한 녀석이다. 입술이나 피부나 성기를 부르트게 하지만 큰 통증이 없고 휴식을 취하면 다시 잠복기로 숨어든다. 비슷하지만 더 센 수두-대상포진 바이러스가 활동을 시작하면 온몸에 심한 통증을 일으킨다. 또 인유두종바이러스(Human Papilloma virus)는 여성에게 두려운 자궁경부암을 일으키고, 사스-코로나 바이러스가 원인인 사스(SARS)나 인간면역결핍 바이러스(HIV, human immunodeficiency virus)가 원인인 에이즈(AIDS)는 빠르게 전파되어 전 인류를 공포에 휩싸이게도 했다.

바이러스는 그리스어로 독(毒, poison)을 의미하는 비루스(virus)에서 온 것이라 말 자체도 공포스럽다. 역사적으로 봐도 바이러스는 수많은 전염병을 몰고 왔다. 콜럼버스 이후 16세기 중미의 아즈텍 제국의 수도를 삼켜버린 것은 유럽의 총이나 칼만이 아니었다. 더 무서운 것은 천연두 바이러스였다. 35나노미터(nm)짜리 공모양의 황열병 바이러스는 17세기 수많은 아프리카 노예와 선원들의 목숨을 앗아갔고, 지난 제1차 세계대전 당시 유행했던 스페인 독감은 전쟁으로 죽은 사람보다 더 많은 사망자를 냈다.

하지만 바이러스는 워낙 작고 생김새도 세균과 달라 항생제로 잡을 수도 없다. 항생제는 세균의 세포벽을 파괴하는 것을 주 무기로 삼는데, 세포벽 자체가 없는 바이러스에게 항생제를 쓰는 것은 괜한 헛발질을 하는 셈이다. 뿐만 아니다. 필요도 없는 항생제를 사용했으니 세균들의 내성만 키우고, 심지어 항생제를 쓰면 바이러스가 오히려 더 증가한다는 연구까지 있다. 그래서 바이러스가 원인인 가장 흔한 증상, 감기에는 항생제를 가능한 삼가야 한다. 바이러스에 대응하는 가장 좋은 방법은 면역을 자연스럽게 획득하는 것이다. 그 외에는 약한 바이러스를 미리 주입해 항체를 만드는 백신이나 몇 종류 안 되는 항바이러스 제제로

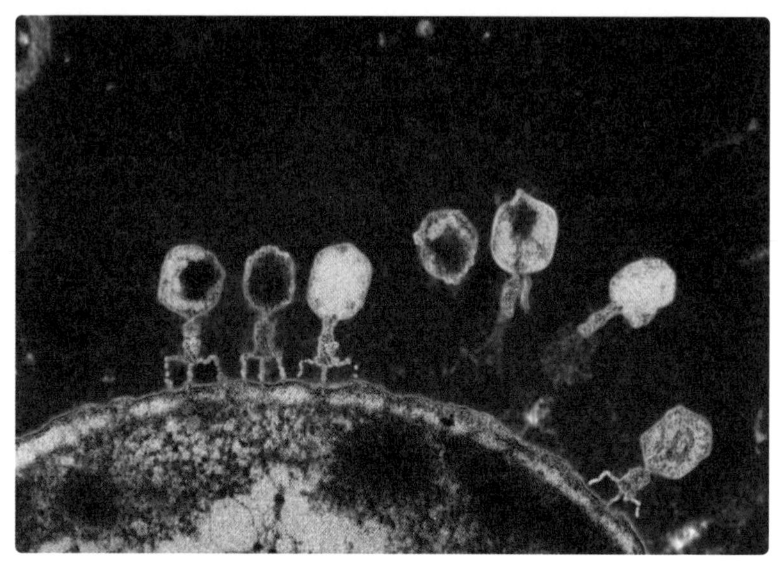

〈그림 1〉 전자현미경으로 찍은 세균에 붙은 바이러스 사진

대응하는 방법밖에 없다.

유전자를 가지고 있지만 스스로 생명활동을 할 수 없는 바이러스가 언제 생겼고 어디서 유래했는지 아직 아무도 모른다. 지구에 생명체가 생기기 시작했을 때, 혹은 그 전부터 존재했을 것이라고 추정할 뿐이다. 하지만 우리 인류는 오랫동안 존재 자체를 알지 못했다. 1670년대에 레이우엔훅이 현미경으로 세균을 처음 관찰하고 1880년대에 파스퇴르와 코흐가 질병과 세균을 연결시킨 후에도, 인류는 바이러스에 대해서는 존재조차 몰랐다. 세균보다 더 작은 무언가가 질병을 일으킬 수 있다는 의심을 처음 한 것은 1890년대다. 러시아의 생물학자 드미트리 이바노프스키(Dmitri Ivanovsky, 1864~1920)와 프랑스의 미생물학자 샤를 샹

베를랑(Charles Chamberland, 1851~1908)이 비슷한 시기에 각각 세균 말고 다른 것이 있을 것이라고 생각하고 그 존재를 밝히기 위해 일종의 필터를 만들었다. 세균은 그때 이미 관찰되었고 크기도 알려져 있었으니, 세균의 크기인 1마이크로미터(μm)보다 훨씬 구멍이 작은 필터를 만든 것이다. 그 필터에다 감염된 용액을 통과시키면 세균은 걸러질 테니까 필터를 지나온 용액에는 세균이 없다.

이바노프스키는 담배모자이크병에 감염된 담배 잎에서 추출한 용액을 필터에 통과시킨 다음, 세균을 걸러낸 용액을 담배 잎에 뿌렸다. 그리고 그 잎이 담배모자이크병에 걸리는지 아닌지를 관찰했다. 결과는? 세균이 없는 것이 분명한 용액인데도 담배모자이크병을 일으켰다. 세균보다 훨씬 작아서 필터를 통과한 그 무엇이 그 용액 안에 있고, 그것이 담배모자이크병을 일으킨다는 의미다. 바이러스가 인간의 개념에 잡힌 순간이다. 하지만 바이러스가 실제로 관찰되기까지는 시간이 더 필요했다. 광학현미경보다 훨씬 더 미세한 것까지 관찰 가능한 전자현미경이 아니면 바이러스는 관찰할 수 없기 때문이다. 1930년에 이르러서야 전자현미경이 발명되었고 바이러스가 인간에게 모습을 드러냈다.

최근의 분자생물학의 발달은 우리 몸에 사는 바이러스를 바라보는 시각에도 새로운 방향을 제공한다.[1] 세균과 마찬가지로 바이러스 역시 독성이나 병적 이미지와는 상관없이 그냥 우리 몸에 늘 존재한다는 것이다. 바깥세계에 노출되어 있는 피부뿐만 아니라 코와 호흡기, 구강과 소화기, 생식기, 심지어 혈액에서도 수많은 바이러스가 발견된다. 우리 몸 세포보다는 100배, 우리 몸에 사는 세균보다는 10배 정도 많은 1,000조

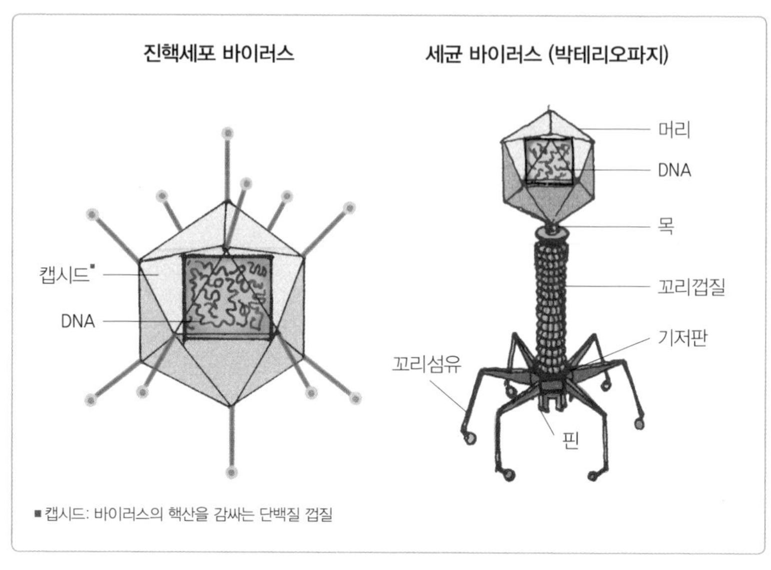

〈그림 2〉 바이러스의 구조

개 정도의 바이러스가 우리 몸에 존재하는 것으로 추정된다.

우리 몸속 바이러스는 크게 둘로 나뉜다. 하나는 사람의 몸을 구성하는 세포, 즉 진핵세포 안에 살고 있는 '진핵세포 바이러스'이고, 다른 하나는 사람 몸에 사는 세균에 붙어 사는 '박테리아 바이러스(박테리오파지, bacteriophage)'이다(그림 2).

우리 몸에 사는 바이러스 가운데 대표적인 것이 헤르페스이다. 내가 피곤할 때를 틈타 입술을 부르트게 하는 녀석이다. 이뿐만 아니라 건강한 사람도 최소한 4~6속(genera)에 해당하는 10종 정도의 바이러스들이 늘 우리 몸에 살고 있다. 달리 말하면, 우리 몸을 이루는 세포들은 여러 종류의 바이러스에 만성적으로 감염되어 있는 것이다. 그리고 이런 상태는 오히려 숙주인 인간의 면역 시스템을 계속 긴장하게 만들고 활력 있게 만든다. 또 우리 몸의 특정 부위마다 다른 바이러스가 산다. 바이러스에게도 우리 몸의 특정 부위는 독특한 생태계인 셈이다.[1]

우리 몸 깊은 곳, 아주 깊은 곳에도 바이러스가 있다. 우리 몸 세포 안, 그 중에서도 가장 안쪽인 핵, 핵 안에서도 가장 내밀한 유전자에도 바이러스가 있다. 음식이나 호흡을 통해 우리 몸으로 들어온 바이러스가 세포막을 뚫고 우리 몸 세포 안으로 들어와서, 핵막까지 뚫고는 아예 우리 유전자 안에 둥지를 틀고 자리를 잡은 것이다. '인간 내재 바이러스(Human Endogenous RetroVirus, HERV)'라고 부르는 이 바이러스는 우리 유전자에서 얼마나 많은 비중을 차지할까? 놀랍게도 우리 유전자 가운데 무려 8% 정도가 이 바이러스에서 온 것이다.[2] 즉, 나라는 존재를 규정하는 유전정보의 8%를 바이러스가 담고 있다는 말이다.

우리 몸속 세균에 붙어 사는 바이러스는 이보다 더 많다. 세균(박테리아)을 감염시키는 바이러스는 박테리오파지, 줄여서 파지(phage)라고 부른다. 파지는 그리스어로 '먹는다'는 뜻이므로, 박테리오파지는 '박테리아를 잡아 먹는다'는 의미이다. 우리 몸에 많은 대표적인 파지 종은 미오비리대(Myoviridae), 카우도비리대(Caudoviridae), 시포비리대(Syphoviridae) 등이다. 세균을 감염시키는 박테리오파지는 우리 몸속 세균보다 10배 더 많을 것으로 추정된다.[3]

풀기 어려운 문제, 바이러스

바이러스는 생명과학의 난제다. 일단 이것을 생명과학의 대상으로 해야 하는지도 논란거리다. 바이러스에는 유전자가 있으나 생명활동의 핵심인 단백질을 합성하는 능력은 없다. 세균이든 식물이든 사람이든, 다른 생명체의 세포 안으로 들어가야 단백질 합성이 가능해 생존할 수 있다. 증식 역시 마찬가지다. 바이러스는 숙주가 없으면 증식도 하지 못한다. 다시 말해, 바이러스는 생명유지와 자기복제라는 생명의 핵심 요건을 갖추지 못했다. 다만 최근 발견되기 시작한 거대바이러스 중 일부가 단백질의 재료가 되는 아미노산 합성능력을 가지고 있어 생명으로 보아야 한다는 분위기가 감지된다.[4] 만약 이것이 정확하게 규명되면 생명의 3영역(세균, 고세균, 진핵생물)은 하나 더 추가된 4영역이 될지도 모른다.

하지만 바이러스는 너무 작기도 하거니와 계속 변이가 일어난다. 그래서 그것을 분리해서, 양을 측정하고, 정체를 밝히고, 분류하고, 영향을 알아보는 모든 단계가 만만치 않다. 또 실험과정에 시료가 오염되기 쉬워 결과도 일관되지 않다. 발표된 연구결과에서도 편차가 많다. 그래서 인간 미생물 프로젝트 이후 연구가 빠르게 늘고 있는 세균과 달리, 아직도 바이러스에 대한 연구는 뒷전으로 밀려 있는 느낌이다. 메타지노믹스■ 기술에도 불구하고, 아직도 정체가 밝혀지지 않은 바이러스가 14~87%에 이른다. 여전히 바이러스는 생물학계의 '암흑물질'인 셈이다.[3]

행복 바이러스

바이러스에 대해 우리가 아는 것은 분명 한계가 있다. 세균에 비해서도 터무니없을 정도로 적은 것이 사실이다. 하지만 그렇다고 해도 현재까지 밝혀진 것들만으로도 바이러스에 대한 우리의 인식을 바꾸기에는 충분하다. 분명 바이러스 중에는 독성과 전염성을 가지는 것들이 있다. 하지만 그게 다는 아니다. 인간내재바이러스(HERV)는 바이러스가 우리 존재의 일부임을 보여준다. 또 우리 몸에 상주하는 바이러스는 우리 몸에 사는 세균을 포식해 견제하고, 이로써 우리 몸속 미생물의 균형에 기여한다. 나아가 우리 몸의 건강 유지에도 영향을 미친다. 또 바이러스들끼리 경쟁해, 예컨대 인간면역결핍(AIDS) 바이러스(HIV)의 증식을 늦추기도 한다.

바이러스는 이 지구에서 가장 수가 많은 실체이다. 바이러스는 아주 작아 이 지구 어디나 존재하고, 늘 다른 생명체를 침입하고, 늘 돌연변이를 일으킨다. 그래서일까? 같은 음식을 먹고 같은 집에 사는 가족은 바이러스의 구성도 비슷하다.[5] 공기를 통해 음식을 통해 바이러스가 늘

> ■ **메타지노믹스(metagenomics)**
>
> 전체 미생물 군집의 유전체를 연구하는 분야를 말한다. 예컨대, 우리 몸에 사는 미생물을 연구할 때, 개별 미생물을 하나씩 구분해서 밝히는 것이 아니라 미생물 군집을 하나의 덩어리로 두고 연구하는 것이다.

순환하기 때문에 가까이 지내는 사람들은 공유하는 것이다. 바이러스에 대한 연구가 더 진척되면 바이러스는 '너와 나를 이어주는 끈'이 될지도 모르겠다. 누군가와 가까이 지내면 시간이 지날수록 친밀함이 커지는 이유도 비단 정서적인 문제이기만 한 것이 아니라, 바이러스가 이어주는 생물학적 끈 때문일지도 모른다. 그쯤 되면 '행복 바이러스가 전파된다'는 말도 실제 생물학적 근거를 갖게 될 것이다.

10 오래된 순환자 우리 몸속 진균

세균과도 바이러스와도 다른 진균

내게는 오래된 고질병이 있다. 바로 무좀이다. 고등학교 때부터 발가락 사이에 땀이 많아 발 냄새가 나더니 무좀까지 생겼다. 지금도 완전히 뿌리 뽑지 못해서 여름이 되면 발가락 사이가 간질간질하다. 그래서 양말을 신기 전에 휴지를 말아 발가락 사이에 끼워 넣기도 한다. 피부과 의사들은 무좀이 난치병인 것은 약이 없어서가 아니라 약을 꾸준히 바르거나 먹지 않아서라고 한다. 나 역시 예외가 아니었다. 보통 무좀약은 증상이 없어져도 4주간 바르는 것이 권장된다고 하니 올해는 끈기를 갖고 무좀을 꼭 뿌리 뽑겠다고 다시 한번 마음을 먹어본다.

무좀을 만드는 무좀균은 세균이나 바이러스와는 다른 미생물이다. 생물분류상 무좀균은 세균이나 소나무보다 우리 인간과 더 가깝다. 그리고 그보다 더 가까운 것은 우리가 건강에 좋은 채소라고 여기는 버섯이다. 왜 그런지 하나하나 따져보자.

무좀균은 곰팡이의 한 종류다. 며칠 묵은 음식 위에 피는 곰팡이가 그렇듯이 실모양[絲狀]으로 자란다고 사상균(filamentous fungus, 絲狀菌)이라고 하고, 특히 피부에 산다고 해서 피부사상균이라고 한다. 버섯 역시 먹을 때 쭉쭉 찢어보면 긴 실모양이 되는데, 그 실의 그 미세구조는 곰팡이와 비슷하다. 곰팡이와 버섯은 둘 다 세포 안에 핵이 있는 진핵세포이고 세포벽에 키틴질(chitin質)이 많다. 또 스스로 에너지를 만드는 광합성을 못해 자연계 어딘가에 기대 영양분을 얻어야 한다는 점에서도 일치한다. 이처럼 곰팡이와 버섯은 생물학적 구조가 비슷해 둘 다 진균계(fungus kingdom)로 분류된다. 진균계는 동물계와 식물계처럼 가장 커다란 생물학 범주 중 하나다. 빵이나 맥주에서 알코올이나 거품을 만드는 효모(yeast) 역시 세포 한 개짜리 진균이다.

그래서 곰팡이는 버섯과 가장 비슷하고, 그 다음으로는 광합성을 못한다는 점에서 진핵세포 동물인 우리 인간과 비슷하다. 진핵세포이면서도 독립적으로 에너지를 생산하는 식물은 동물보다 진균과 더 거리가 멀고, 마지막으로 핵이 없는 원핵세포인 세균은 생물학적 구조와 기능에서 가장 거리가 멀다. 세균과 진균은 모두 균이라는 이미지가 따라붙고, 무좀균이나 세균 모두 크기가 작아 미생물로 묶어 연구되기도 하지만 완전히 다르다. 진균은 생명나무로 보아도 동식물과 더불어 진핵생물의 한 자리를 차지하지만, 세균은 전혀 다른 영역(원핵생물)으로 저 멀리 배치되어 있다(그림 1).

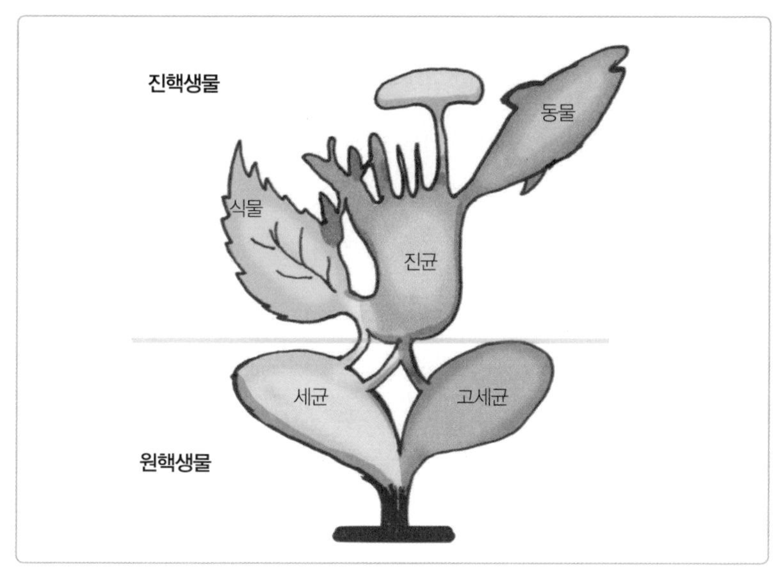

〈그림 1〉 생명나무

진균은 동식물과 더불어 진핵생물에 포함되며, 세균은 이와 전혀 다른 영역인 원핵생물에 속한다.

진균(眞菌, fungus)은 '진핵세포 세균'을 줄인 말이다. 세균처럼 작긴 하지만(물론 버섯처럼 큰 것도 있다), 핵이 없는 원핵세포인 세균과는 달리 핵이 있는 진핵세포라는 것이다. 그래서 이들 진균들, 특히 세포 하나짜리 효모에 속하는 것들은 인간의 눈에는 보이지 않을 만큼 작아서 미생물의 일종으로 뭉뚱그리기는 하지만, 세균보다는 우리 인간이 속한 동물에 훨씬 가깝다. 크기는 버섯처럼 거대 다세포 진균부터 단세포 진균인 5마이크로미터(μm)짜리 효모까지 다양한데, 세포 하나로 치면 효모는 그래도 바이러스(평균 길이 10nm)나 세균(1~5μm 내외)보다는 훨씬 크다.

지구상에는 수많은 종의 진균이 존재하고 아직도 계속 정체가 밝혀지고 있는 중이다. 현재까지 진균은 약 500만 종이 있다고 추정되는데, 흙에 사는 진균만 8만 종이 넘게 밝혀졌다.[1] 진균은 흙뿐만 아니라 바다나 내 발가락 사이에 이르기까지 어디에나 살고, 또 살아야 한다. 이들은 스스로 영양소를 만들 수 없기 때문에 주위 환경 어디선가 다른 생명체가 만들어낸 유기물질, 심지어 생명체 자체를 분해해서 살아가야 한다. 다른 생명체와 공생체를 만들어서 살기도 하는데, 땅에 사는 많은 진균들은 나무 뿌리에 붙어 살면서 식물이 광합성으로 만든 유기물질을 받

아먹고, 대신 흙 속에 있는 질소와 인 같은 물질을 식물에게 제공하기도 한다. 그래서 결과적으로 진균은 생태계의 분해자로서 여러 물질을 다시 자연계로 돌려보내고 순환시키는 역할을 한다. 이들이 없다면 이 지구상은 동물과 식물의 사체로 뒤덮일 것이고, 식물과 동물을 이루는 재료 자체가 없어져서 결국에는 새로운 생명이 탄생하지 않을 것이다.

인간과 진균

우리 몸속에도 많은 진균들이 산다. 진균은 피부나 장은 물론, 구강이나 여성의 질 등에 상주하는 미생물이다. 이들은 우리 몸에 붙어 외부에서 들어오는 음식물의 찌꺼기를 먹고 살거나 우리 몸에서 탈락되어 나온 세포들을 먹고 산다. 내 발가락 사이의 곰팡이들은 발가락 피부의 각질층을 파괴해서 먹고 산다. 우리 몸도 세포 수준에서 보자면 한쪽에서는 새로 생기고 한쪽에서는 죽어가며 평형이 유지되는 동적 평형의 상태에 있기 때문에, 진균들이 나서서 분해해야 할 세포들의 사체는 늘 넘쳐난다. 진균들이 우리 몸에 상주 미생물로 살고 또 살아야 하는 이유이다. 주위 식물과 동물의 몸을 먹어 에너지로 쓰고 남는 것을 몸에 저장했던 내가 이 생태계의 순환에서 탈락되어 하나의 물질로만 남게 되는 죽음을 맞이한다면, 나의 몸이 다시 흙에 존재하는 여러 생물들의 것으로 돌아가게 해주는 실체 역시 진균류다. 진균이 없다면 내 몸의 순환, 나아가 자연의 순환은 불가능하다.

우리 몸에 사는 진균들은 우리 몸 미생물 전체에서 차지하는 비율로 보면 많은 편은 아니다. 전체 미생물의 0.1% 미만이 진균이라고 알려져 있다. 종류는 다양한 편인데, 장 속에 사는 진균만 2015년까지 밝혀진 것이 267종에 달한다.[2] 이 가운데 우리 몸 곳곳에 가장 많이 분포하는 진균은 단연 캔디다(Candida)로 구강, 장, 여성의 질 등 어디에나 산다. 또 피부에 가장 많이 사는 말라세지아(Malassezia)도 기억해둘 만하다. 말라세지아는 피부나 구강에 정상적으로 사는 진균인데, 아토피가 생기는 곳에 더 많이 증식하기도 하고, 비염, 축농증, 폐질환이 진행되는 폐에서도 더 많이 증식한다.[3]

사람과의 공생하는 진균 가운데 대표적인 것은 빵과 맥주, 와인 등을 만드는 효모이다. 효모의 학명(Sacchromyces)은 당을 뜻하는 말(Sacchao)과 곰팡이를 뜻하는 말(myces)이 합쳐져 만들어졌다. 즉, 당을 분해하는 곰팡이라는 말이다. 빵에 첨가된 효모는 발효를 통해 밀가루의 당을 분해해서 이산화탄소 가스를 만들어 빵에 특유의 풍미를 더한다. 그래서 효모빵은 약간 시큼하면서도 중간 중간에 구멍이 숭숭 뚫려 있다. 이산화탄소 기포가 있던 자리다.

어떤 종류의 효모는 발효를 통해 알코올을 만들어 술을 빚는 주역이 된다. 와인이나 곡주를 7000년 전부터 먹었다 하니, 그때부터 알게 모르게 효모는 우리 인간의 입맛에 맞게 길들어 왔을 것이다. 맛있는 막걸리가 모주로 보관되어 전수되는 과정에서 그 술을 만든 효모는 진화 과정에서 선택되고 개체수를 늘리며 생존해온 것이다. 하지만 발효주의 효모들이 좀 더 정확하게 종이 밝혀지고 보존 가능해진 것은 비교적

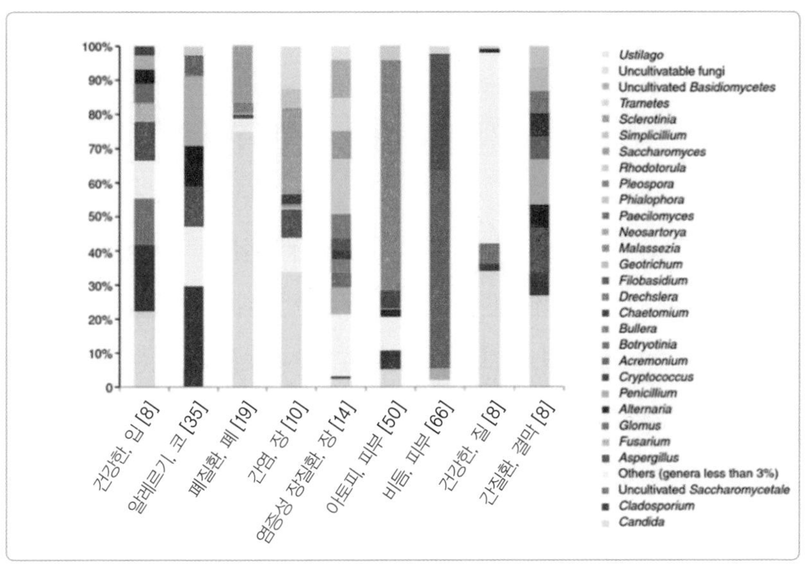

〈그림 1〉 우리 몸에 사는 진균[4]

최근의 일이다. 와인의 경우, 맛과 향이 우수한 와인을 만드는 효모 종(Sacchromyces cerevisiae)은 1970년대에 들어와서야 확인되었고, 그 후에야 정제된 효모를 접종해 와인을 만드는 방식이 일반화되었다. 말하자면 1970년대 이후에야 와인 발효의 품질관리가 가능해졌다는 것이다. 와인 애호가들이 와인을 만드는 여러 방법이나 맛에 대해 다양한 평가를 하고 있지만, 실은 지금 우리가 먹는 와인의 대부분은 40년 역사밖에 되지 않은 것인지도 모른다.[5] 효모는 와인을 주로 제조하고 소비하는 서양 사람들에 의해 많이 연구되었고, 요즘 유행하는 프로바이오틱스로도 쓰인다. 효모 프로바이오틱스는 장 건강뿐만 아니라, 면역기능, 심지어 아토피의 완화에도 도움이 된다는 연구가 많다.[6]

진균과 우리의 건강 그리고 질병

진균은 세균과도 공존한다. 곰팡이처럼 많은 진균은 실모양으로 자라는데, 세균보다 덩치가 더 큰 사상균들은 자신의 실(hypae) 위에 세균들이 얹혀사는 것을 허락한다.[7] 우리 몸에서 가장 흔한 진균인 캔디다는 장에서 세균들과 공생관계를 이루기도 한다. 캔디다가 먹어치우고 난 대사물질은 좀더 단순한 당이 되는데, 이것을 세균이 받아먹는 식으로 공동체를 이룬다.[8] 결과적으로 미생물 군집인 바이오필름(2장 1. 참고)을 만드는 데 진균이 반석 역할을 하는 경우가 많다.[7]

진균은 우리 몸속에서 다른 미생물들, 특히 세균과 경쟁하기도 한다. 진균은 우리 몸을 선점하고 있는 세균 때문에 어딘가에 붙지 못하는 경우도 많고, 진균이 등장하면 세균이 우리 몸 세포에 정보를 흘려 진균을 위협하는 물질을 만들게 하기 때문에 피해 다니기도 해야 한다.[9]

하지만 최근 들어 점진적이기는 하지만 진균에 의한 감염이 증가하고 있다.[4] 가장 흔한 것은 무좀을 포함한 피부사상균(혹은 백선균) 감염이다. 피부사상균은 우리 몸의 피부라면 머리끝에서 발끝까지 살면서 괴롭힐 수 있다. 같은 사상균 감염이 발생 부위에 따라 무좀(발), 완선(사타구니), 수부백선(손)으로 불릴 뿐이다.

먼지 안에는 진드기는 물론 진균들이 포함되어 있기 때문에, 이들이 호흡기를 통해 폐로 들어가는 경우 역시 늘 일어날 수 있다. 그래서 건강한 사람의 폐에는 다양한 진균들이 산다. 그러다 다양성이 떨어지면서 특정 진균이 더 많이 번식하면 폐질환이 진행된다.[10] 건강한 장 역시 다양한 진균들이 서식하는데, 장염이 생기면 폐렴과는 반대로 진균의 다양성이 더 증가하는 경향을 보이기도 한다.[11]

좀 더 구체적으로 보면, 캔디다가 우리 몸에 가장 많이 살고 문제도 가장 많이 일으킨다. 어떤 이유에서건 캔디다의 수가 대폭 증가하거나 혈액 안으로 침투해서(캔디다혈증) 온몸에 영향을 미치기 시작하면 문제가 된다. 캔디다혈증은 중환자실에서 일어날 수 있는 감염 중 하나이고, 캔디다 질염은 질염을 일으키는 원인 중 가장 많은 빈도(80~90%)를 차지한다. 또 캔디다는 폐에 염증성 섬유화 과정이 진행되는 경우에도 더 많이 증식하고, 폐 이식을 한 사람들의 폐와 구강에서도 건강한 사람들에 비해 더 많이 검출되기도 한다.[12]

구강에서도 캔디다는 상주하다가 그 수가 대폭 늘어나면 구강 캔디다증을 일으킨다. 그러면 입안이 허옇게 일어나서 짓무르고 가려우며 통증이 있고 음식을 먹기 힘들다. 틀니를 끼는 노인이나 아직 면역기능이 완성되지 않은 아이들에게서 흔하고, 치과 전체로 보면 충치나 잇몸병 다음으로 흔하게 보이는 미생물 감염질환이다.

진균은 세균과 완전히 다르기 때문에 항생제와는 아무 상관이 없다. 진균에 감염되면 항진균제(antifungal)를 바르거나 먹어야 한다. 항생제를 오래 쓰면 오히려 캔디다가 과증식하여 염증을 일으킨다.[1] 항생제 때문에 세균이 몰살당하면 그 자리를 캔디다가 차지하며, 전체적인 미생물의 평형이 깨지면서 염증이 생기는 것이다. 반복하지만, 항생제는 늘 경계해야 한다.

2장

미생물이 사는 모습

이 장은 미생물의 생존과 번식 시스템에 대한 이야기이다. 미생물은 우리가 생각하는 이상으로 매우 복잡하고 정교한 시스템을 가졌다. 우리 인간들처럼 서로 모여살고, 신호를 주고받으며, 협력하고 갈등한다. 그리고 멀리 여행하며 우리 몸 곳곳으로 퍼져 나가 우리 몸의 생존과 번식, 건강과 질병에 영향을 미친다.

이 장을 통해 세포 하나짜리 단순한 세균이라도 사는 모습은 우리와 별반 다르지 않다는 것을 느껴보면 좋겠다.

1 공동체 이루기
바이오필름

세균 공동체가 만들어지는 과정

산을 홀로 걷다 뱀이라도 마주치면 소름이 돋는다. 아직 한번도 못 봤지만 산 곳곳에 붙은 경고문처럼 멧돼지라도 나타나면 더 무서울 것이다. 공동체에서 홀로 떨어진 인간은 원숭이와 별반 다를 것 없는 나약한 존재임이 분명하다. 그래서 우리는 뭉쳐 산다. 우리 인간은 지구 표면에 붙어 살면서, 가족, 지역사회, 국가 단위의 공동체를 이룬다. 공동체에서의 협업을 통해 인간은 야생에 홀로 떨어져 사는 경우와 비교가 안 되는 강한 생존력으로 다른 종을 압도하는 힘을 갖는다. 뿐만 아니라 하나의 생명체로서 인간은 공동체의 일원이 되었을 때 더 인간다운 삶을 살 수 있다. 서로 언어와 표정, 몸짓, 그리고 문화와 통신 등으로 신호를 주고받으며 사회 속에서 자신의 역할을 찾는다.

미생물도 마찬가지다. 미생물도 하나의 생명체로 독립적으로 존재할 수 있고 급성감염을 일으키며 우리를 괴롭히기도 한다. 하지만 실험실 밖 자연이나 생물계에서 미생물이 홀로 존재하는 경우는 많지 않다. 기껏해야 0.1% 미만이다.[1] 해양에서부터 우리 입속 침까지 액체가 많은 곳에서 플랑크톤처럼 둥둥 떠다니며 독립적으로 존재할 수 있으나, 다른 생물체와 무엇이든 주고받으며 이 세계에 영향을 미치려면 어딘가에 붙어 살아야 한다. 나무의 껍질, 싱크대의 표면, 우리 장 세포의 표면, 피부, 어디라도 좋다. 우리 몸속으로 들어온 미생물이라도 어딘가에 정착하지 못하고 둥둥 떠다니기만 한다면 머잖아 죽거나 몸 밖으로 밀려나 버리고 만다. 입속으로 들어가 정착하지 못한 세균은 식도를 타고 위로 넘어가 강한 산성환경을 만나 죽어버리거나, 요행히 살아남았는데도 위나 그 너머의 장 표면에 정착하지 못하면 대변과 함께 몸밖으로 쓸려가 버린다.

미생물이 어딘가 표면에 붙으면 곧바로 공동체가 형성된다. 세포분열을 시작해 무리를 키우는 동시에, 세포외당(extracelluar matrix)이라는 끈적끈적한 물질을 분비해 자기도 붙고 다른 미생물들도 붙을 수 있는 환경을 만든다. 여기에 다른 미생물이 붙고 새로 정착한 미생물 역시 자기를 복제해서 수를 늘리며 끈적끈적한 물질을 만들어낸다. 이런 과정이 반복되면 그곳은 미생물이 정착해 살기 좋은 환경이 되고 그곳에 정착한 미생물 공동체의 규모는 점점 커진다. 미생물 공동체가 형성된 곳에 미생물과 세포외당 같은 물질들이 어우러져 미생물 공동체를 보호하는 막이 형성되는 것이다. 이 막을 바이오필름(bio-film)이라고 한다(그림 1).

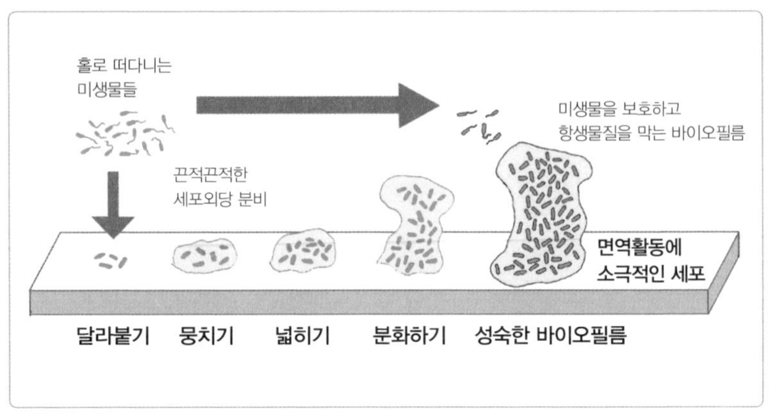

〈그림 1〉 바이오필름 형성과정

마치 우리 인류가 공동체를 만들고 문화와 제도의 힘으로 스스로를 보호하며 종의 생존력을 높이는 과정과 비슷하다.

바이오필름이 일단 형성되면 미생물은 안정적인 공동체를 이룬다. 바이오필름 속 세균들은 서로 먹여주기까지 한다. 한 세균이 탄수화물을 완전히 소화(호흡)하는 것이 아니라 적당히 소화(발효)하고 내놓는 대사산물을 다른 세균들이 받아 먹는다. 효모가 탄수화물을 분해하고 내놓은 알코올을 우리가 맥주나 와인으로 먹는 것과 같은 일이 세균들 사이에서도 일어나는 것이다. 또 어떤 미생물은 다른 세균들이 먹고살 수 있는 영양소를 만들어 분비해서 다른 세균의 생존을 돕기도 한다. 엄마가 생산하는 모유를 아기가 먹듯이, 장 미생물이 비타민을 만들어 인간의 장 세포에 공급하듯이, 세균들 사이에서도 먹이를 서로 챙겨 주기도 한다는 것이다(그림 2). 심지어 대장균(*E. coli*)은 다른 세균의 몸과 직접 연결

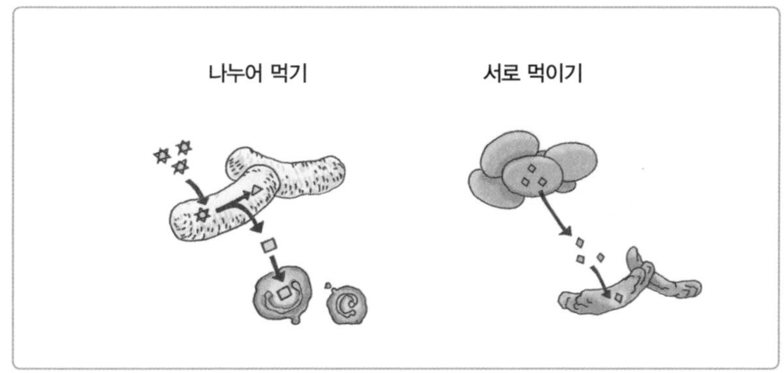

〈그림 2〉 나누어 먹기와 서로 먹이기

미생물들은 서로 경쟁하기도 하지만, 다른 미생물이 먹고 내놓은 대사물을 받아 먹기도 하고 서로 먹여주기도 한다.[2]

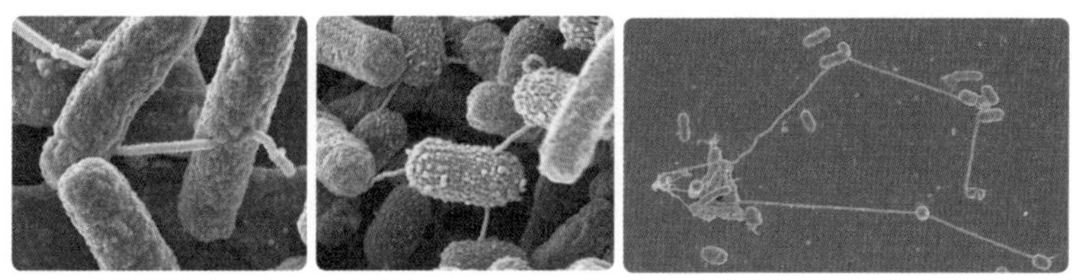

〈그림 3〉 대장균의 서로 먹이기

대장균을 전자현미경으로 찍은 사진. 대장균들은 서로 긴 관으로 연결하여 서로에게 먹여준다.[3]

되는 통로를 만들어 영양소를 공급해 주기도 한다(그림 3). 이 정도 되면 미생물 군집인 바이오필름 안은 인간 사회보다 훨씬 더 협업과 조직화가 잘 되어 있다는 느낌마저 든다.

오랜 진화의 과정에서 형성되었을 이런 관계는 당연히 서로의 생존에 필요했을 것이다. 공동체를 통해 세균들이 얻는 이득은 서로 먹이를 나누고 먹이를 만들어주는 것만은 아니다. A 미생물이 내놓은 물질을 B 미생물이 소화한다면, B는 A가 독성이 없다는 것을 몸소 검증한 먹이를 먹는 셈이다. 이것은 공동체 전체를 안전하게 유지하고 키우는 데 무척 중요한 장치로 작용했을 것이다.

바이오필름은 어디에든 형성될 수 있다. 식품은 물론 우리 손에서 좀처럼 떠나지 않는 핸드폰, 커피잔, 컴퓨터 자판도 예외는 아니다. 싱크대나 세면대는 물론 소독기에서 금방 나온 의료기구에도 형성된다. 소독하고 닦고 씻어내더라도 또 금방 생긴다. 바이오필름은 미생물이 존재하는 방식이다. 지구상에 미생물을 피해갈 곳이 없는 것처럼 바이오필름을 피해갈 곳도 없다.

우리 몸 역시 어디에든 바이오필름이 만들어질 수 있다. 피부나 점막처럼 미생물이 직접 침투할 수 있는 곳뿐 아니라, 의사가 넣는 인공물에도 바이오필름이 생길 수 있다. 의학의 발달과 함께 심장에 문제가 생겨 가는 관(카테터)을 넣기도 하고 각종 뼈 수술에 핀과 나사를 쓰거나 무릎 관절을 대신하는 쇠막대기 임플란트를 넣기도 한다. 심지어 다이어트를 위해 위에 풍선을 넣는 경우도 있다. 이것들의 표면은 당연히 세균들에게 서식처와 바이오필름 장소를 제공할 수 있다.

쉽게 예상되는 바와 같이, 바이오필름은 우리 몸에 일어나는 다양한 감염질환의 원인이기도 한다. 피부에 생기면 피부를 괴롭히고 기도와 폐 조직의 표면에 생기면 폐렴의 주요 원인이 된다. 여성의 질 점막에 생기면 질염의 원인이 되고 코와 위턱굴(상악동)에 생기면 비염과 축농증의 원인이 된다. 미국 국립보건원의 조사에 의하면, 우리 몸에서 발생하는

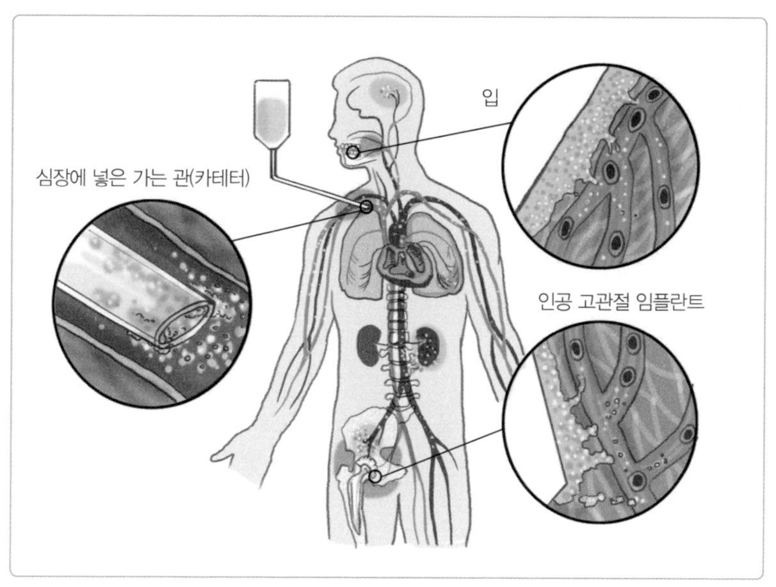

〈그림 4〉 우리 몸에서 바이오필름이 자주 생기는 곳

우리 몸에도 바이오필름이 생긴다. 가장 오랫동안 그리고 가장 자주 생기는 곳은 입속이다. 또 우리 몸에 들어가는 인공물이 늘고 있는데, 그 주위에도 바이오필름이 생긴다.

약 80%의 감염질환이 바이오필름에 서식하는 미생물과 연관이 있다.[4]

우리 몸에서 바이오필름이 가장 흔하게 문제를 일으키는 곳은 입속이다. 입속에는 우리 눈에도 쉽게 보일 만큼 두터운 바이오필름이 형성된다. 바로 플라그이다. 플라그는 칫솔질을 해도 바로 다시 만들어진다. 늘 음식물 찌꺼기가 떠다니고 침이 마르지 않는 구강은 미생물에게 더없이 좋은 서식처를 제공한다. 미생물이 바이오필름을 만들기에 더없이 좋은 조건을 갖춘 셈이다.

플라그를 그대로 두면 충치나 잇몸병을 만들 뿐만 아니라, 입안이 허옇게 뜨고 아픈 캔디다증을 만들기도 한다. 충치나 잇몸병 그리고 캔디다증은 입안에서 바이오필름에 의해 생기는 대표적인 감염질환이다. 게다가 최근 급증하고 있는 임플란트 시술은 입속 미생물이 바이오필름을 만들 수 있는 또다른 환경을 제공한다. 임플란트 표면에도 플라그가 생기지만 거기에는 자연치아 주위와는 다른 종류의 미생물들이 살아가고 다양성도 떨어진다. 다양성이 떨어지면 외부 자극에 취약할 수 있다. 그래서 임플란트 주위에는 자연치아 주위보다 염증이 더 잘 생긴다.[5] 더욱이 구강 세균들은 입안에만 머물지 않는다. 치아 주위의 약한 점막을 뚫고 우리 몸 내부로 침범해 전신을 순환한다(1장 2. 참고). 칫솔질할 때 피가 난다면 바이오필름 세균들에겐 우리 몸 내부로 들어갈 게이트가 열리는 것이고, 혈관까지 들어간다면 우리 몸 어디로든 옮겨갈 수 있는 KTX에 탑승한 것과 같다.

바이오필름은 한마디로 말하면 미생물 덩어리다. 우리의 건강과 질병에 영향을 미치는 것은 당연하다. 특히 주목되는 것은, 바이오필름 안에 사는 세균들은 인체의 면역세포나 항생제에 대한 저항성이 훨씬 높다는 것이다. 세균과 세균이 분비한 물질(세포외당)이 어우러져 형성된 보호막이 면역세포나 항생제를 가로막기 때문이다. 또 이 공동체 안에 항생제에 내성을 가진 돌연변이가 생긴다면, 이들은 바로 붙어 있기 때문에 서로 유전자를 교환하기도 쉽다(2장 2. 참고). 바이오필름 안에 항생제 내성을 가진 미생물의 수가 지속적으로 늘어나는 것이다. 그만큼 항생제의 효과는 떨어진다. 그래서 바이오필름 안의 특정 세균을 없애려면 혼자 떨어져 있는 세균을 없애는 것보다 100배에서 1000배 높은 농도의 항생

제가 필요한 경우도 있다.[6]

항생제 사용은 여러 면에서 신중을 기해야 하는데, 바이오필름 역시 이유가 된다. 필요한 경우에는 항생제를 써야 한다. 일반적으로 20세기 의료의 3대 진보로 항생제 개발, 백신의 보편화, 환경위생 상태의 개선을 드는데, 이 가운데 항생제는 늘 가장 앞자리를 차지한다. 하지만 항생제는 양날의 칼이다. 항생제는 제거가 필요한 세균은 물론, 우리 몸에 무해하고 심지어 필요하기까지 한 세균들까지 몰살할 수 있다. 특히 바이오필름에는 항생제가 능사가 아니다. 바이오필름 안에서 보호받고 있는 세균들에는 항생제의 효과가 미치지 못한다. 오히려 내성 세균을 늘려 우리를 더 위험하게 만들 수도 있다. 세균을 겨냥한 화살이 바이오필름 성벽은 뚫지 못하고 튕겨 나와 다시 우리를 향하는 격이다.

항생제에 온전히 의지할 수 없다면 우리는 우리 몸의 면역력에 의존할 수밖에 없다. 그리고 면역력을 키우기 위해 우리가 할 수 있는 일을 찾아야 한다. 분명한 것은, 우리 몸에 사는 수많은 미생물은 몰살시켜야 하는 적이 아니라는 것이다. 우리는 미생물들과 함께 살아간다. 세균을 비롯한 미생물들과 공존하면서, 이들이 우리를 해칠 수 있는 상황에 대해 적응하고 방어하는 힘이 자라도록 해야 한다. 면역력이 자라는 것은 눈에 보이지도 않고 느낄 수도 없다. 약해지는 것도 마찬가지다. 그래서 평소 생활이 중요하다. 우리 몸의 면역이 제 힘을 잘 발휘하고 더 강해질 수 있도록, 과로하지 말고 스트레스 받지 말고 흡연을 피하며 과도한 식욕에서 벗어나야 한다.

위생관리도 중요하다. 피부든, 장이든, 구강이든 늘 미생물이 살 수밖에 없지만 관리를 통해 그 정도를 줄일 수는 있다. 바이오필름 속의 세균이 전신에 돌아다니는 기회를 줄임으로써 우리의 건강을 지키는 것, 그를 위해 손을 잘 씻고 이를 잘 닦고 잘 먹고 잘 싸는 일상이 되어야 한다.

2

서로 챙겨주기

수평적 유전자 교환

인간과 같이 암수딴몸인 다세포 진핵생물은 같은 종끼리 유전적인 유사성이 매우 높다. 우리 인간의 경우 염기서열 1,200개 중 하나꼴로 DNA의 변이가 일어난다고 하니 나의 아들과 나는 아주 작은 부분의 DNA가 다를 뿐이다. 아버지와 아들이 아니더라도 모든 인간은 99.9%의 유전자가 일치한다. 심지어 인간과 가장 가까운 침팬지와도 유전적으로 98.5% 일치한다.

그에 반해 세균은 유전자 유사성이 떨어져 같은 종인데도 차이가 많이 난다. 발효음식에 오랫동안 써왔고 우리나라 식약처가 고시한 19종 프로바이오틱스 미생물 가운데 하나인 젖산간균 카제이(*L. casei*)가 대표적인 예이다. 이 세균의 균종 25개의 게놈을 비교했더니, 모두 공통적으로 갖고 있는 유전자는 70% 정도밖에 되지 않았다.[1]

이런 차이는 진핵생물과 달리 세균만이 가진 독특한 유전자 전달 시스템에서 비롯된다. 선대에서 후대로 수직적으로 복제된 유전자를 전달하는 진핵생물과는 달리 원핵생물인 세균은 크게 3가지 방법으로 유전자를 전달하면서 진화한다.[2]

첫째, 수직적 유전자 전달. 세균 역시 진핵생물과 마찬가지로 수직적으로 유전자를 전달한다. 세균은 지속적인 세포분열을 통해 증식하는데, 이때 DNA가 복제되고 분열된 세포에 DNA가 전달된다.

둘째, 유전자의 퇴화와 소실. 세균은 세포분열을 통해 받은 유전자를 그대로 다시 넘겨주지는 않는다. 새로운 환경에 적응하면서 불필요해진 유전자를 퇴화시키기 때문이다. 불필요한 유전자가 퇴화되거나 소실된 상태로 다른 세균에게 유전자를 전달하는 것이다. 그래서 세균에게는 유전자 자체는 있지만 기능이 없어진 위유전자(pseudogene)들이 많이 발견된다.

마지막으로, 수평적 유전자 교환. 세균은 수평적으로 유전자를 전달한다. 세포분열을 통해서 전달하는 것이 아니라, 옆에 있는 세균끼리 실시간으로 유전자를 교환하는 것이다(그림 1). 우리 인간은 꿈도 꿀 수 없는 신비로운 능력이다. 특정 식물의 진핵세포에서도 유전자 교환이 일어난다는 연구[3]도 있지만, 핵으로 꽁꽁 밀봉하여 보관하고 있는 진핵세포의 유전자가 교환되는 일은 쉽지 않을 것이다. 만약 나에게도 이런 능력이 있다면, 나는 바로 엄홍길 대장의 체력과 아인슈타인의 머리와 워렌 버핏의 경제 감각, 그리고 슈바이처의 가슴을 가질 수 있을 것이다. 물론 의학계의 꿈인 맞춤의학도 이루어질 것이다.

이 중에서도 특히 수평적 유전자 교환(HGT, horizontal gene transfer)을 통해 유전자를 획득하는 것이 새로운 환경에 적응하는 세균의 능력을 대폭 높인다. 세균들에게 수평적 유전자 교환은 흔한 일이다. 특히 바이오필름처럼 세균들이 가까이 뭉쳐져 공동체를 이루고 있는 곳에서는 더 자주 일어난다. 그래서 세균들은 혹독한 환경에서도 증식을 하고 항생제와 같은 치명적인 위험이 닥쳐도 살아남아 유전자를 교환하며 개체 수를 불린다.

우리 몸에 사는 미생물들 사이에서는 더 많은 유전자 교환이 일어난

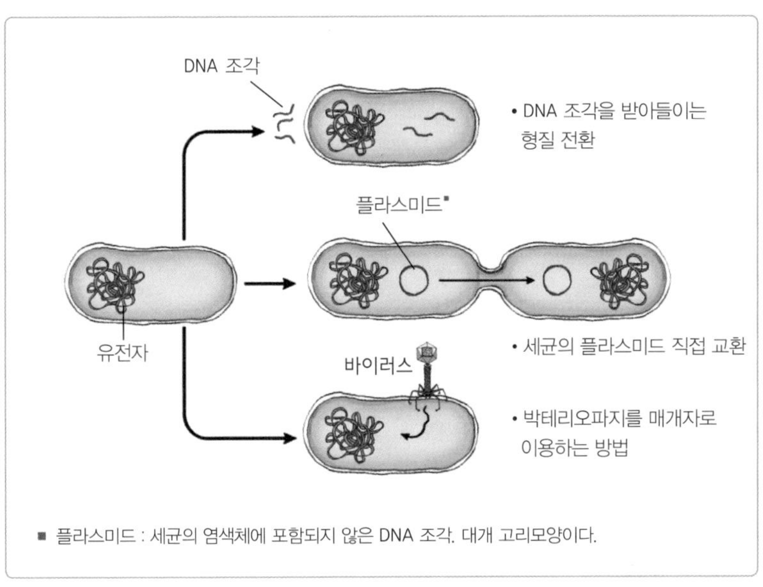

〈그림 1〉 세균의 수평적 유전자 교환

세균들은 주위에 떠다니는 DNA 조각을 받아들이기도 하고(형질전환), 플라스미드라는 유전자 덩어리를 서로 교환하기도 하며, 세균에 붙어 사는 바이러스(박테리오파지)를 매개체로 이용해 유전자를 주고받기도 한다.

다. 바다나 흙에 사는 미생물에 비해 우리 몸에 사는 미생물들은 25배나 더 자주 유전자를 교환한다.[3] 유전자 교환을 하려면 일단 가까이 있어야 할 텐데, 자연환경에 비해 우리 몸에는 세균의 밀도는 매우 높기 때문이다. 특히 장이나 구강처럼 밀도 높은 특정 부위에 사는 미생물들은 자연환경에 사는 미생물보다도 50배나 더 자주 유전자를 교환한다.

수평적 유전자 전달의 좋은 예는 대장균(*E. coli*)이다. 식품오염이나 배탈, 설사의 주범으로 자주 언론에 오르내리는 대장균은 이런 오명에 상당히 억울할 것이다. 대장균은 대장의 대표 세균도 아니고(대장의 대표 세균은 박테로이데스이다), 평소에는 전체 장 세균의 0.1% 미만으로 양도 많지 않으며, 우리 몸에 해롭지도 않다. 오히려 평소 대장균은 우리 몸에 필요한 비타민 K를 만들어 우리에게 선사하고, 다른 병인성 세균이 내장에 살지 못하도록 견제한다. 우리와 선의의 공생관계에 있는 녀석인 것이다. 다만 세포분열 주기가 20분 내외로 매우 짧고 상당히 탄력적인 대사능력을 가지고 있어서 생명과학이나 관련 산업에서 오랫동안 자주 사용되어 왔고, 식품의 불결함을 측정하는 지표로서 유명할 뿐이다.

문제는 장 미생물 사이의 평형 상태가 깨질 때이다. 평소 조용히 지내던 대장균은 전체 세균 무리의 균형이 깨지면 수가 빠르게 늘어난다. 대장균은 매 20분마다 세포분열이 가능하기 때문이다. 이와 동시에 수평적 유전자 교환으로 변이도 빠르게 일어난다. 세포분열 과정에서 돌연변이가 일어나고 이런 돌연

대장균

변이 유전자가 수평적 교환 과정을 통해 빠르게 전달되면, 배탈과 설사를 일으키는 대장균 무리가 탄생한다. 이 돌연변이들이 계속 분열하고 번져 나가면, 우리 장 환경은 순식간에 바뀌면서 장염이 진행된다. 실제로 우리 몸에 유익한 대장균과 장염을 일으키는 대장균, 요로 감염을 일으키는 대장균의 유전자를 비교했더니, 놀랍게도 40% 정도만이 같은 유전자를 공유하고 있고 나머지 60%는 달랐다.[4] 또 61종 대장균의 유전자를 비교했을 때에는 이들 모두가 함께 가지고 있는 공통 유전자는 6%에 불과했다.[5] 유전자 변화가 빠르고 다양하게 벌어진다는 것이다.

수평적 유전자 교환으로 가장 걱정되는 부분은 항생제 내성이다. 항생제라는 혹독한 환경 변화에서 돌연변이를 통해 살아남은 세균은 자신의 유전자를 다른 세균들에게 나누어 준다. 더 많은 내성균이 실시간으로 출현하는 것이다. 그래서 1950년대까지도 황색포도상구균에 감염된 경우에는 페니실린으로 어렵지 않게 퇴치할 수 있었지만, 불과 10여 년이 흐른 1960년대 말에는 80%에 이르는 황색포도상구균이 페니실린에 저항성을 보였다.[6] 긴 인류의 역사에서 10년이나 20년은 찰나에 불과하지만, 세균에게는 우리가 헤아리기 힘들 만큼 많은 세대가 바뀌고 유전자 교환이 일어나는 영겁의 시간이다.

3 신호 주고받기
쿼럼센싱

빛을 내는 오징어가 있다. 하와이안 오징어(Hawaiian bobtail squid)인데, 이 오징어는 저녁 무렵이 되면 빛을 낸다. 이런 능력은 당연히 과학자들의 주목을 끌었고 연구의 대상이 되었다. 결과는 아주 흥미로웠다. 이 빛은 오징어의 몸체, 빛을 내는 곳에 공생하고 있는 세균들 때문에 생기는 것이다. 오징어에 붙어 사는 세균들은 그 숫자가 일정 수준 이상이 되면, 그 모든 세균들이 동시에 빛을 발하고, 이 빛이 오징어 몸체 밖으로 나오는 것이다.

세균 입장에서 보면 지구만큼 넓은 오징어 몸에서 어떻게 동시에 이런 일을 벌일 수 있을까? 이건 마치 지구에 사는 모든 사람들이 동시에 불을 밝혀 저 먼 우주에서 그 빛을 보게 만드는 것과 같다. 그렇다면 두 가지 가능성이 제기된다. 밤이 되면 대부분의 사람들이 저절로 불을 밝히는 것처럼, 어떤 환경이 세균들로 하여금 동시에 불을 밝히게 만들었

하와이안 오징어

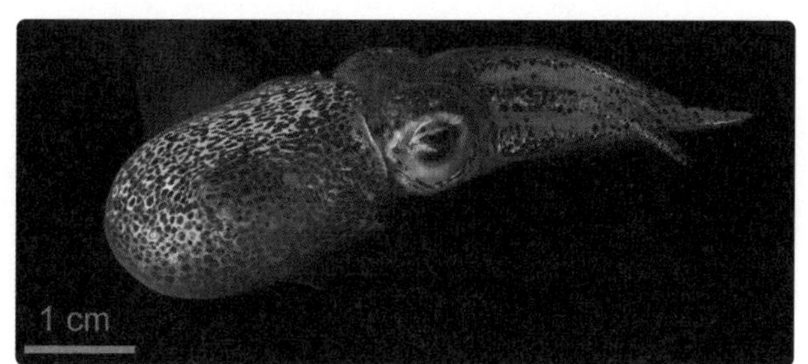

을 수도 있다. 또 다른 가능성은 전 지구적인 이벤트를 위해 사람들이 약속을 하고 불을 밝히는 경우처럼, 세균들도 일정한 신호를 주고받아 일제히 불을 밝힌다는 것이다.

이 문제는 세균들이 주위로 내보내는 물질의 정체가 밝혀지면서 풀렸다. 세균들은 주위로 신호전달물질을 계속 내보낸다. 우리 몸으로 보면 호르몬과 비슷한 것이다. 또 세균들의 세포에는 신호전달물질을 인지할 수 있는 수용체가 있어 신호물질의 농도를 인식한다. 신호물질이 증가하면 자기 주위에 자기와 비슷한 세균들의 수가 많아졌다는 것을 감지하는 것이다. 그렇게 서로 신호를 주고받는 세균들은 주위에 퍼져 있는 신호물질의 농도가 일정 수준 이상이 되면 동시에 행동을 감행해 빛을 낸다. 지구 전체에 통신망이 작동되어 일제히 불이 켜지는 것과 같은 것이다.

동시 발광 미생물은 이미 1970년에 발견되었다.[1] 그리고 1999년에 미국 프린스턴 대학의 연구진들이 하와이안 오징어에 붙어 사는 세균인 비브리오 피셔리(*Vibrio ficheri*) 가 AI(자가유도물질)이라는 신호전달물

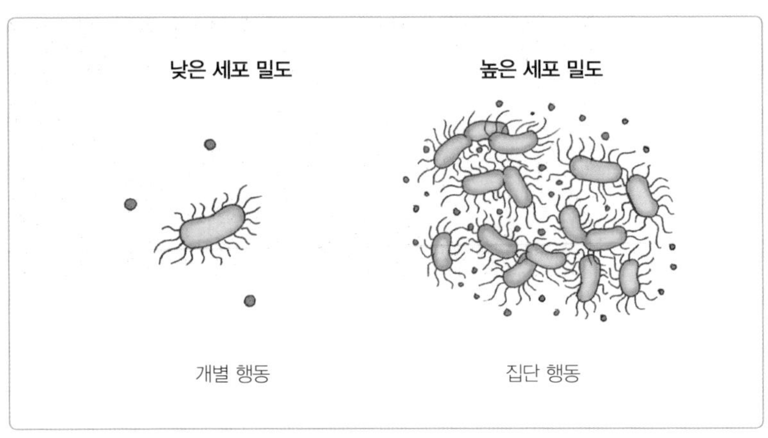

〈그림 1〉 세균의 쿼럼센싱

세균의 수가 적으면 개별적으로 행동하다가 수가 많아지면 신호를 주고받으며 집단 행동을 한다.

질을 이용해 서로 신호를 주고받는다는 것을 밝혀냈다.[2] 그리고 세균들이 신호를 주고받는 것을 '쿼럼센싱'이라 불렀다. 쿼럼(quorum)이란 의사결정에 필요한 정족수라는 뜻으로, 쿼럼센싱은 세균들이 함께 행동하는 데 필요한 정족수가 찼음을 감지(sensing)하고 공동 행동에 나선다는 의미이다(그림 1).

쿼럼센싱은 비브리오 피셔리의 경우처럼 같은 종 사이에서만 일어나는 것은 아니다. 종(species)이 다른 세균들 사이에서도 일어나고, 소속된 계(kingdom)가 다른 생명체들 사이에서도 일어난다. 심지어 생물 분류 영역이 다른 미생물 사이에서도 쿼럼센싱이 일어난다. 진핵생물에 속하는 진균의 일종인 캔디다(Candida albicans)와 원핵생물인 세균 녹농균(*P. aeruginosa*)도 서로 신호를 주고받는다. 또 해양에 사는 미생물과

해초도 신호교환을 통해 공생관계를 유지한다.[3] 쿼럼센싱을 통해 생물들은 자신들의 군집을 유지하고 생존력을 높이며, 독성을 키우기도 하고 항생제 내성 유전자를 교환하기도 한다.

우리 몸의 다양한 세균들도 서로간 신호를 주고받으며 군집을 유지한다. AI-2라는 분자가 세균들 모두가 두루 사용하는 신호전달물질로 알려져 있다. 이 분자는 우리 장에 사는 수많은 미생물들이 서로 신호를 주고받으며 균형을 유지하도록 돕고, 항생제 투여 후 몰살당한 장 미생물들이 복원되는 데에도 쓰인다.[4] 대장 세균들은 AHL(acylhomoserin lactone)이라는 신호물질을 주고받는다. 이 분자는 장염이 있는 사람은 물론 건강한 사람의 대변에서도 검출된다. 장 미생물들도 장 점막에서 군집을 이루려면 쿼럼센싱이 필요했을 것이다. 충치를 만드는 세균인 무탄스(*S. mutans*)는 잇몸질환을 일으키는 악그레가티박테르 악티노마이세템코미탄스(*A. actinomycetemcomitans*)라는 세균과 신호를 주고받으면 증식이 활발하게 일어나도록 활성화된다.[5] 이것은 잇몸질환이 있으면 충치가 더 잘 생길 수 있다는 것을 암시한다.

또 쿼럼센싱은 우리 몸 미생물과 암세포가 대화하는 수단이기도 한다. Phr0662라는 이름이 붙은 쿼럼센싱 단백질은 암세포가 더 증식하게 하고 암세포 주위로 혈관이 더 자라 들어가게 한다. 세균과 우리 몸의 세포가 대화하고, 이것이 암 세포들이 전이되는 데도 관여한다는 것이다.[6]

미생물이 주고받는 신호는 이처럼 광범위하게 이루어진다. 특히 바이오필름처럼 군집을 이루고 있는 곳에서는 쿼럼센싱이 더욱 활발하게 일어난다. 그래서 세포 하나짜리 원핵생물이 군집을 이룰 때에는 마치 다세포 생물처럼 행동한다. 또 자기와 다른 세균, 다른 미생물, 다른 개체를 구별하면서 좀 더 나은 생존조건을 위한 전략을 구사한다. 이런 면에서도 세균은 우리 인간과 크게 다르지 않다는 생각이 든다.

4

멀리 이주하기

위치이동

장 주위에는 수많은 림프샘이 있다. '장간막 림프샘(Mesenteric Lymph Nodes)'이라고 부르는 것인데, 음식에 섞여 장으로 들어온 미생물들을 1차적으로 검색하는 창구 역할을 한다. 만약 장 점막을 뚫고 들어오는 세균이 있다면 즉시 면역 세포를 내보내 제거하는 것이다. 당연히 림프샘에는 세균이 들어가지 못한다고 생각하는 것이 자연스럽다. 하지만 이것도 사실이 아니었다. 건강한 사람의 장간막 림프샘에서도 세균이 발견된다.[1] 동물의 경우도 마찬가지다.[2]

이곳에서 발견되는 세균은 가까운 장에서 이주해 왔을 것으로 추정된다. 세균이 세포를 직접 뚫고 지나왔거나 세포 사이를 비집고 들어왔을 것이다. 이렇게 조직 안으로 들어온 세균은 혈관을 타고 간으로 가서 온몸으로 돌거나 근처에 있는 림프샘에 도착했을 것이다.

이렇게 세균이 원래 있던 곳(장)에서 다른 곳(간이나 림프샘)으로 이동

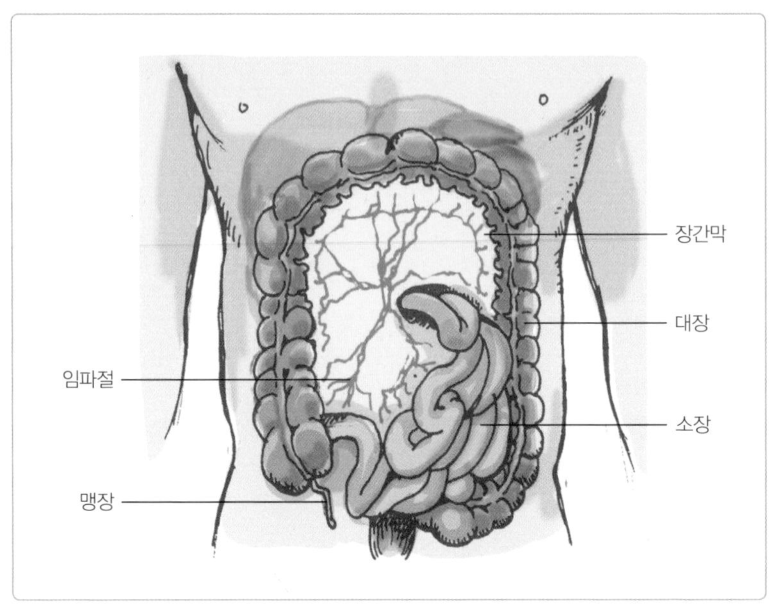

〈그림 1〉 장간막과 장간막임파샘

하는 것을 세균의 '위치이동(bacterial translocation)'이라고 한다. 일찍이 1979년에 처음으로 세균의 위치이동에 대한 보고가 발표되었는데, 이때는 살아 있는 세균이 위치이동한 것만 한정하다가, 최근에는 살아 있지 않더라도 세균의 DNA나 세균의 성분(지질다당류, Lipopolysaccharide, LPS)이 발견된 경우도 위치이동으로 본다.[3]

건강한 혈관에서도 미생물이 발견된다는 잇따른 연구들도 세균의 위치이동을 뒷받침한다(1장 7. 혈관 미생물 참고). 세균이 위치를 이동하려면 혈관이나 림프샘의 도움을 받아야 하기 때문에 혈관에서도 세균이 발견되는 것은 당연한 일이다. 물론 그렇게 발견되더라도 그 양은 많지 않을 것이고, 인체의 생리적 작용에 의해 제거되거나 조절될 것이다.

문제는 병을 일으키는 세균이 혈관이나 림프샘에 침투했는데, 그것을 방어해야 할 우리 몸의 상태가 약하거나 침투한 세균의 양이 증가할 때이다. 장이나 간에 문제가 생기면, 장에 원래 살던 세균의 수가 증가한다.[4] 장에 사는 전체 세균 군집의 균형이 깨지는 것이다. 또 장에 염증이 생겨 장 세포 사이의 결합이 느슨해져 있거나 면역력이 약해져 장 주변 면역세포의 순찰기능이 떨어지면, 침투하는 세균의 양도 증가한다. 그렇게 침투한 세균은 간문맥■을 통해 1차로 간에 도착해 간경화를 일으킨다. 간경화의 주원인으로 음주나 고지방식 등이 지목되었으나, 최근 들어서는 장 미생물 군집의 변화와 그로 인한 세균의 과한 위치이동, 세균의 간 침투, 간에서의 염증반응 등이 또 하나의 주요 원인으로 부각되고 있다.[5] 그렇게 간에 영향을 미친 세균이 간에서도 제압되지 않는다면, 이제는 전신을 돌며 여러 악영향을 미칠 수 있다(그림 2).

어떤 이유에서든 장에 문제가 생겨 세균이 점막을 뚫고 들어오는 현

■ **간문맥**

위와 장, 췌장를 포함해 소화와 흡수에 관련되는 모든 기관들의 정맥이 모여서 간으로 향하는 큰 정맥 줄기를 말한다. 흡수된 영양소들을 간에 보관하고 독성 물질이나 미생물을 간에서 검색하기 위함이다. 모든 정보의 대문 격인 포털(portal)사이트처럼, 간문맥(肝門脈)은 간으로 가는 정문을 역할을 하는 정맥(portal vein)이라는 뜻이다.

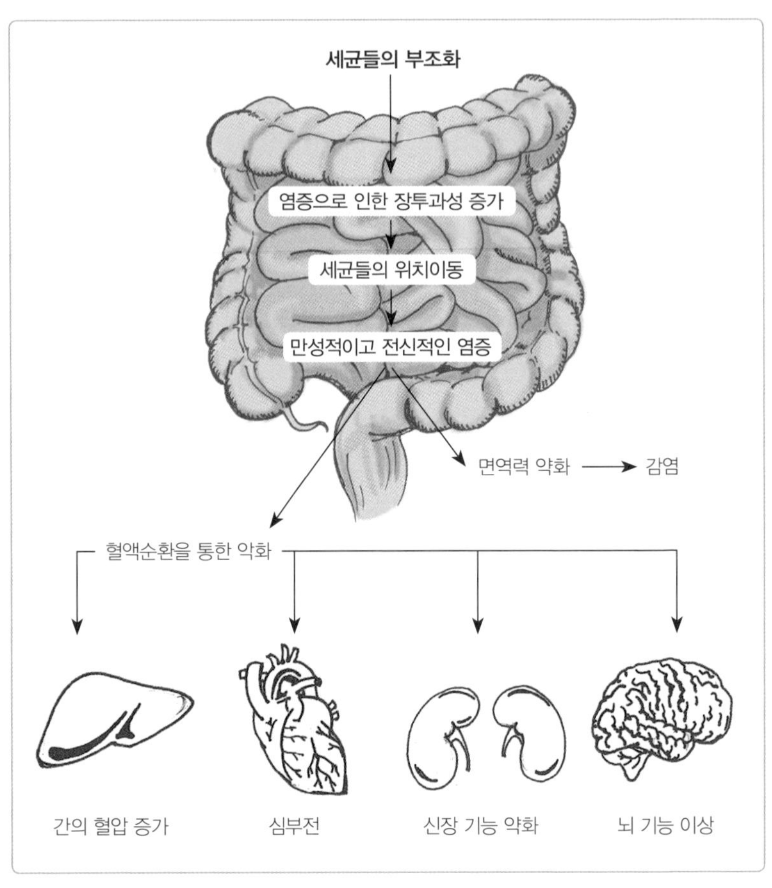

〈그림 2〉 세균의 위치이동[4]

상을 '장누수증후군(leaky gut syndrome)'이라고 부르기도 한다. 장에 누수(漏水)가 생겼다는 것인데, 참 적절한 이름이라는 생각이 든다. 하지만 이 이름은 의학계에서 공인된 것은 아니다. 인터넷으로 검색을 해보면, 이 말은 자연의학이나 대체의학을 하는 사람들이 여러 현대병을 치료히는 데 대증요법 외에 좀 더 근본적인 원인을 찾자는 취지에서 만든 것인 듯하다. 이런 사고는 미생물에 대한 지식이 늘어남에 따라 점점 더 설득력을 키워갈 것으로 보인다. 예를 들어, 아토피 같은 질환의 경우 현재로서는 원인도 모르고 스테로이드제 외에는 마땅한 치료법도 없는데, 장의 투과성이 증가함에 따라 세균의 위치이동이 일어나 생길 수 있다는 설명이 가능하게 된 것이다.[6] 그러면 당연히 아토피나 천식 같은 질병에 대해서도 장 건강을 체크해 보고, 자연친화적이고 신선한 음식을 잘 먹고 잘 싸라는 권고를 따라야 할 것이다.

피부에 살던 세균들도 전신적으로 위치이동하며 문제를 일으킬 수 있다. 대표적인 예가 피부 상주균인 황색포도상구균이다. 2013년 한 동물실험에서 피부에 황색포도상구균을 접종하자 혈관을 통하지 않고도 직접 림프샘이나 신장, 췌장 같은 심부기관에까지 이동한 것이 관찰되었다.[7] 쥐의 피부에 있던 세균들이 불과 2~3분 사이에 림프샘에 도착하고 1시간 이내에 간과 비장에까지 도착하기도 한다.[8] 화상 등으로 피부가 벗겨지기라도 하면 세균의 위치이동은 훨씬 더 많이 일어난다. 화상으로 숨진 사람의 75%가 패혈증과 같은 세균 감염과 연관되어 있다. 피부 세균이 폐나 간, 소화관을 침범한 것이다.[9]

입속 미생물도 위치이동을 한다. 잇몸에 염증이 생기면 장에서와 마찬가지로 구강 점막의 방어벽 역시 뚫린다. 잇몸누수증후군(leaky gum syndrome)이라고나 할까. 그러면 구강의 세균들 역시 당연히 그 틈을 비집고 조직이나 혈액 안으로 더 잘 들어간다. 균혈증과 위치이동이 더 잘 일어난다는 말이다. 또 잇몸병이 생기면 칫솔질과 같은 작은 자극에도 피가 난다. 피가 난다는 것은 혈관이 열린다는 것이다. 이때 구강 미생물은 세포를 뚫거나 세포 사이를 비집고 들어갈 필요도 없이 바로 혈관으로 들어가 위치이동을 시작한다.

최근의 한 동물 연구는 진지발리스가 잇몸 장벽을 뚫고 간에까지 도달한다는 것을 보여준다.[10] 특정 표식자를 붙인 진지발리스를 쥐의 구강에 넣었더니 구강과 간 모두에서 표식자를 붙인 진지발리스가 발견된 것이다. 진지발리스가 구강의 약한 조직을 뚫고 들어가 혈관을 타고 간에 도달했다는 것 외엔 달리 설명할 방법이 없다.

간에 도달한 진지발리스는 장누수증후군의 세균들처럼 간 기능을 손상시킨다. 간은 혈액 속에 떠다니는 당들을 포집해서 글리코겐이라는 지방을 합성해야 하는데, 진지발리스는 그 기능을 방해한다. 그러면 혈액 속에 당이 계속 떠다니는 당뇨병이 새로 생기거나 악화된다. 간경화 환자 가운데 치주질환이 있는 경우가 그렇지 않은 경우보다 사망률이 높은 사태가 벌어지기도 한다.[11]

장누수증후군이나, 피부 화상, 혹은 잇몸병은 세균의 위치이동이라는 관점에서 보면 비슷한 환경으로 볼 수 있다. 외부 미생물이나 물질의 방어막인 가장 바깥쪽의 피부나 점막이 벗겨짐으로써 더 많은 세균이 더 쉽게 위치이동을 감행할 기회가 생긴 것이다. 한마디로, 우리 몸의 누수다. 그리고 더 많은 세균의 위치이동이다.

5

경쟁자 죽이기

박테리오신, 마이코신, 박테리오파지

우리 몸 안에서는 세포와 세균이 끊임없이 경쟁과 공존의 줄다리기를 벌인다. 백혈구뿐만 아니라 우리 몸 모든 세포들은 세균을 죽일 수 있는 항균물질을 분비한다. 침에도 땀에도 항균 물질이 포함된다. 스스로 생명을 보호하기 위함이다. 독버섯이 독을 통해 자신을 보호하고 뱀과 벌이 나름의 필살기로 자신을 보호하는 것과 같은 이치다.

또 미생물들끼리도 경쟁한다. 먹을 것을 두고, 정착할 곳을 두고 경쟁은 계속된다. 심지어 다른 세균을 죽일 수 있는 물질을 분비해서 상대를 제압하고 자신을 보호하기도 한다. 그런 필살기 덕에 오랜 진화의 시간을 거쳐 지금까지 살아남은 것이다.

세균(bacteria)을 잡아먹는(phage) 바이러스가 있다. 박테리오파지(Bacteriophage, 줄여서 파지)라고 불리는 바이러스이다(1장 9. 참고). 세균을 침범하는 파지는 헤르페스나 에이즈 바이러스처럼 우리 몸 세포를 침범하는 바이러스보다 훨씬 더 우리 몸에 많다. 파지는 세균의 몸 안으로 들어가 빠르게 자신의 유전자를 복제한다. 또 세균의 몸 안에 있는 여러 단백질 재료들을 이용해 자신의 몸통을 만든다. 그런 다음 유전자와 몸통을 결합해 새로운 파지들을 대량으로 만들어 세균에서 탈출한다. 이때 세균의 세포벽이 터지면서 세균은 죽어 버리고, 파지들은 다른 먹잇감 세균을 찾아 흩어진다.

파지에 대비해 세균은 세균대로 살아남을 방법을 찾아낸다. 파지가 공격하면 많은 세균들이 몰살당하지만 개중에 몇몇은 살아남는다. 살아남은 세균들은 자신을 혹독하게 괴롭혔던 바이러스의 유전자를 아예 자기 유전자 속으로 집어넣는다. 기억하기 위함이다. 나중에 다시 바이러스가 침투하면 그 유전자를 읽어 기억하고 있는 유전자와 대조한다. 그리고 일치하면 그 바이러스를 잘라버리는 것이다. 일종의 면역기능이고 생명의 자기 보존능력이다. 이런 파지와 세균의 상호견제는 생명들 사이의 오래된 전쟁이고 군비경쟁이다.[1] 바이러스를 잘라버리는 세균의 무기는 크리스퍼(CRISPR)라는 단백질인데, '유전자 가위'라는 별명으로 불리며 생명과학계의 가장 뜨거운 이슈 중 하나이기도 하다.

세균들끼리도 경쟁한다. 심지어 다른 세균을 죽일 수 있는 항균물질인 박테리오신(bacteriocin)을 만들어 다른 세균을 억제하고 자신의 생존과 번식에 유리한 환경을 만든다. 우리 몸의 각 부위에 사는 상주 미생물들도 늘 항균물질을 만들어 다른 세균을 견제한다. 구강에 사는 사슬알균이 만들어내는 박테리오신은 감기나 폐렴을 일으키는 세균들을 견제하는 역할을 한다.[2] 여성의 질에 압도적으로 많이 사는 유산균인 락토

바실러스의 박테리오신은 다른 세균을 억제하여 세균성 질염을 방지한다.[3]

결과적으로 박테리오신은 세균을 죽인다는 면에서 항생제와 같은 효과를 갖는다. 방법도 같다. 박테리오신 역시 항생제처럼 세균의 세포벽을 터트려 죽인다. 이런 이유로 과학자들과 의사들은 물론 산업계에서도 박테리오신에 주목한다. 하지만 박테리오신은 세균의 생체 내에서 합성된 단백질로 항균범위가 좁아 특정 세균에 대해서만 효과를 보인다. 그래서 의료산업보다는 식품산업에 주로 쓰인다. 하지만 항균 범위가 좁다는 것은 상대적으로 범위가 넓은 항생제에 비해 단점이기도 하겠지만, 장점이 될 수도 있다. 내성이 생길 가능성이 줄기 때문이다. 이런 이유로 최근 박테리오신의 쓰임새가 확대되고 있는 중이다(표 1).

박테리오신의 대표적인 예는 유산균의 일종인 락티스(*L. lactis*)가 만드는 니신(Nisin)이다. 락티스는 치즈를 만드는 유산균으로 우유에서 유당을 분해해 유산을 만든다. 이 과정에서 니신을 만들어 치즈에 다른 미생

〈표 1〉 박테리오신과 항생제 비교[11]

특징	박테리오신	항생제
적용범위	음식	질병 치료
합성	세포 내 리포좀에서 합성	대사산물
작용	좁은 범위	광범위
독성	없음	있음

물들이 살지 못하도록 막는 것이다. 인류가 알든 모르든 니신은 오랫동안 치즈의 천연 보존제 역할을 해왔고, 지금은 세계에서 가장 많은 나라에서 허가받아 쓰이는 식품보존제다. 우리가 치즈를 먹으면 결과적으로 그 안에 있는 니신도 함께 섭취하게 되니, 니신은 인류가 가장 오랫동안 섭취해온 천연 항균물질인 셈이다. 염증성 장염이나 변비 등을 치유하는 데 프로바이오틱스가 효능을 보이는 것은 거기에 포함되어 있는 니신과 같은 박테리오신 때문일 수도 있다.[4]

니신은 구강 미생물의 제어에도 효과적이다. 실제 니신을 성분으로 한 가글액으로 동물실험을 한 결과 우수한 효과를 보였다.[5] 또 니신을 기본 성분으로 만든 구강케어 제품이 미국에서 특허를 낸 기록도 있다.[6] 특히 충치 예방효과가 있는 불소와 함께 쓰면 시너지 효과를 보인다는 보고도 있다.[7]

인간이 오래 섭취해온 유산균은 스스로의 생존과 번식을 위해 박테리오신을 만들어 다른 세균을 억제하는데(표 2), 결과적으로 그것이 숙주인 우리 생명에도 유리하다. 프로바이오틱스 미생물은 다른 병적 세균들이 장 표면에 붙지 못하도록 견제한다. 다른 세균들이 먹을 것을 미리 먹어치워 병적 세균이 굶어 죽게 하거나 박테리오신을 분비해 다른 세균을 죽이는 것이다.[3] 많은 사람들이 프로바이오틱스에 관심을 갖는 것은 이 때문이다. 먹을거리도 되고 내성의 위험이 덜한 천연 항생제도 되기 때문이다.

효모나 곰팡이 같은 진균(Myco)들도 항균물질(cin)을 만든다. 이것이 바로 마이코신(Mycocin)이다. 마이코신은 항생제의 원조다. 1928년에 플레밍이 최초로 발견한 항생제인 페니실린이 바로 곰팡이가 만든 항균물질이다. 진균의 일종인 푸른 곰팡이가 세균의 생장을 억제하는 것을 플레밍이 놓치지 않고 그 물질을 추출한 데서, 20세기 항생제의 시대가 시작된 것이다. 맥주나 와인, 천연 빵을 만드는 데 쓰이는 맥주효모는 마이코신을 통해 대장균(*E. coli*)의 성장을 억제하는 효과를 보인다.[9] 마이코신은 항생제를 대신해 여성의 질염 치료에 쓰기 위해 연구 중이기도 하다.[10]

미생물들은 협력하기도 하고 경쟁하기도 한다. 세균과 바이러스는 지구상 가장 오래된 전쟁을 벌이고 있고, 세균과 세균 그리고 진균과 세균 사이에서도 생존과 번식을 두고 경쟁이 벌어진다. 이들 미생물간의 협력과 경쟁은 우리 인간의 건강과도 깊은 관련이 있다. 이들의 협력과 경

〈표 2〉 유산균이 만드는 박테리오신[8]

박테리오신의 종류	박테리오신을 만드는 유산균
락타신 F	젖산간균 존소니이(*L. johnsonii*)
락토신 705	젖산간균 카제이(*L. casei*)
락토신 G	젖산간균 락티스(*L. lactis*)
락토코신 MN	락토코쿠스 락티스 var 크레모리스 (*Lactococcus lactis* var *cremoris*)
류코신 H	락토코쿠스 락티스(*Lactococcus lactis*)
플란타리신 EF, 플란타리신 W, 플란타리신 JK, 플란타리신 S	젖산간균 플란타륨(*L. plantarum*)

쟁으로 우리 몸속 미생물 군집이 평형을 이룰 때 우리 몸의 건강도 유지된다. 또 이들의 경쟁은 병적 미생물을 퇴치하면서 내성은 피할 수 있는 방법을 우리에게 제공하기도 한다.

3장

우리 몸과 미생물의 전쟁과 평화

이 장에서는 우리와 미생물의 '관계'에 대해 살펴볼 것이다. 세계와 생명에 대한 탐구가 시작된 이래 오랫동안 인간은 스스로를 우주의 중심이자 만물의 영장이라고 생각했다. 하지만 21세기에 들어서면서 우리 눈에는 보이지도 않는 미생물이 생명의 중심자리를 엿보고 있다. 미생물은 태초의 생명부터 지금 바로 이 순간 우리 몸에 이르기까지 모든 생명활동의 관장자이다. 우리 몸은 미생물과 더불어 생명활동을 이어간다. 또 우리 몸은 몸 세포와 온갖 미생물들의 전쟁과 평화가 끊임없이 진행중인 다이나믹한 공간이기도 하다. 이들이 아슬아슬한 곡예처럼 유지하는 동적 평형이 우리 몸의 건강과 질병을 만든다. 이 장을 통해 우리 몸에서 이루어지는 생명과정을 느껴보길 바란다.

1

생명나무에서 역전된 인간과 미생물의 위치

이 세계와 생명은 어떻게 구성되어 있을까? 또 거기에서 인간의 위치는 어디일까? 고대로 거슬러 올라가는 이 오래된 물음을 처음 던진 그리스 자연철학자들은 물, 불, 흙, 공기 등의 물질로 세계가 구성되어 있다고 보았다. 인간 역시 세계의 일부였고 같은 방식으로 설명되었다. 중세 신학자들은 창조주인 신이 이 세계의 모든 존재 중 인간만을 특별히 여겨 신의 영혼을 불어 넣었다고 설명했다. 인간은 신이 창조한 이 세계의 중심이며 만물의 영장이라는 것이다. 중세 사람들에게 인간과 이 세계의 관계를 설명해 보라고 한다면, 아마도 〈그림 1〉과 같은 답을 주었을 것이다. 중세판 생명나무(tree of life)라 할 만한 이 그림은 모든 생명을 잉태하고 키워내는 인간(혹은 인간의 형상을 한 태모)을 형상화한 것이다. 인간이 모든 생명의 중심이고 관장자인 것이다.

유럽에서 중세 천년을 이어온 인간 중심 세계관에 균열이 시작된 것은

〈**아담의 창조**〉 미켈란젤로, 1511~1512년

〈**그림 1**〉 **중세의 생명나무**

중세의 사람들에게 인간은 신이 신의 영혼을 불어넣어 창조한 만물의 영장이고, 모든 만물을 잉태하는 태모이다.

찰스 다윈

16세기였다. 과학자들이 관측의 결과를 기반으로 지동설을 제기한 것이다. 지동설은 교회와 신학자들이 받아들일 수 없는 주장이었다. 그들에겐 인간이 이 세계의 중심인 것처럼 지구는 우주의 중심이었다. 우주는 지구를 위해 존재하고, 지구는 인간을 위해 존재한다. 그것이 만물의 영장인 인간을 특별히 여긴 창조주의 뜻이다. 지동설은 이 같은 믿음과 논리를 정면으로 부정하는 출발점일 수밖에 없다. 지구는 태양 주위를 도는 여러 행성 중 하나에 불과하다는 주장은 교회뿐만 아니라 성서를 부정하는 것이었다. 종교가 느꼈을 위협과 거기에서 비롯된 박해가 짐작될 것이다. 하지만 막강한 힘을 가진 종교도 관측을 바탕으로 세워진 과학이론을 무너뜨리지는 못했다.

19세기 중반에는 다윈이 다시 한 번 세상에 큰 충격을 안겼다. 갈릴레

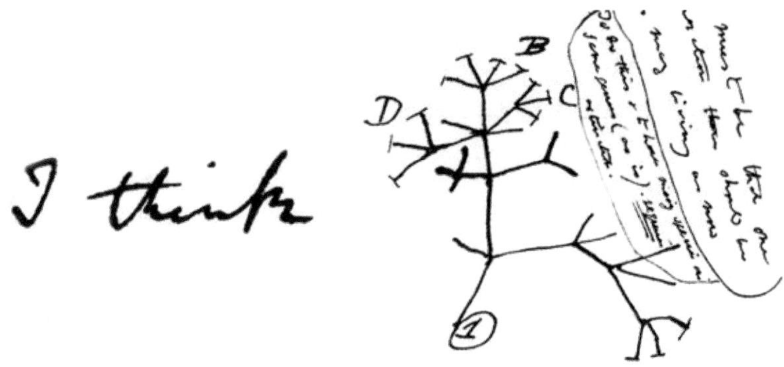

〈그림 2〉 1837년 다윈이 스케치했다는 생명나무

이가 우주의 중심이 지구라는 믿음을 무너뜨렸다면, 다윈은 만물의 중심이 인간이라는 믿음을 흔들었다. 인간은 진화의 산물이고, 다른 여러 생명체와 생명의 근원을 공유한다는 주장을 내놓은 것이다. 비글호를 타고 떠난 탐사에서 돌아온 다윈은, 수집한 샘플과 관찰 기록을 바탕으로 수많은 동물과 식물 종들을 분류하면서 지구상에 이처럼 다양한 종들이 존재하는 이유를 생각했을 것이다. 그의 방대한 관찰 기록은 하느님이 일일이 창조했다는 종교적 가르침으로는 설명되지 않았을 터다. 그보다는 환경에 적응하며 생존하는 과정에서 다양하게 분화되어 왔다는 설명이 더 타당하게 보였을 것이다. 창조가 아닌, '자연선택과 적자생존'으로 요약되는 '진화'라는 개념이 등장했다. 다윈은 이들 생물들의 진화적 연관을 따져 보려 했다. 그리고 1837년에 "내 생각엔……(I think……)"이라는 단서를 달아 주저함을 보이면서도 생물들 사이의 관련성을 스케치했다. 다윈의 스케치는 마치 줄기에서 뻗어 나가는 나뭇가지처럼 보인다. 최초의 생명나무(tree of life)가 그려진 것이다(그림 2).

갈릴레이가 활동하던 16세기에 비하면 과학이 상당히 발달한 다윈의 시대에도 진화론은 자연스럽게 받아들이기 어려운 것이었다. 다윈 역시 충분히 짐작하고 있었다. 다윈이 진화에 대한 책을 모두 저술해 놓고도 그것이 줄 충격 때문에 번민을 거듭했다는 것은 잘 알려져 있다.

하지만 다윈 이후 유전학과 생물학은 급격히 발달했고, 1953년 왓슨과 크릭에 의해 DNA라는 생명과 유전의 실체가 드러나면서 다윈의 학설은 새로운 전기를 맞았다. DNA의 유전정보가 RNA로 옮겨가고 그것이 전달되어 생명활동의 재료인 단백질이 합성된다는 중심 도그마(central dogma, 유전정보의 흐름을 나타내는 분자생물학의 기본원리)는 세포 하나짜리 세균에서 식물과 동물, 만물의 영장인 인간까지 모두 공유한다는 사실이 밝혀진 것이다. 이로써 현대 생물학에서는 더 이상 인간을 특별한 생명, 혹은 만물의 영장으로 보지 않는다. 인간은 걸어 다니는 원숭이일 뿐만 아니라, 뭉쳐진 세균이고, 걸어 다니는 국화이고, 도구를 다루는 강아지이다. 인간은 다른 종의 동물뿐만 아니라, 식물과 유전자를 공유하고, 심지어 세균과도 공유한다는 것이 분명해진 것이다. 이것은 인간을 비롯한 모든 생물체가 생명의 근원을 공유한다는 다윈의 주장을 뒷받침하는 것이기도 하다.

다윈의 스케치 이후 생명나무는 독일의 생물학자 헤켈(Ernst Heinrich Haeckel, 1834~1919)을 비롯한 많은 학자들에 의해 수정과 수정을 거

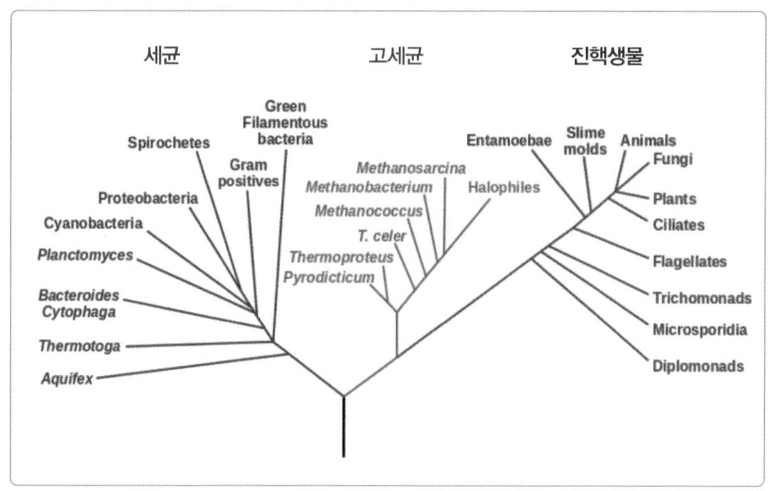

〈그림 3〉 칼 워즈의 3영역 생명나무

이 생명나무에 의하면, 이 지구상의 생물은 세균과 고세균 그리고 진핵생물, 이렇게 3개의 영역으로 나뉜다. 인간을 포함하는 동물과 식물, 진균 등은 진핵생물에 속하고, 세균과 고세균은 모두 단세포 원핵생물이지만, 세포벽의 구조와 성분 등이 달라서 별도의 영역을 차지한다.

듭했다. 그러다가 1977년 칼 워즈(Carl Woese, 1928~2012)가 고세균을 새로운 영역으로 제안하면서 정립된 3영역(domain) 이론이 현재 주류를 이루고 있다(그림 3).

미생물을 포함한 모든 생물체의 정체를 DNA를 통해 밝히는 분자생물학의 발달은 생명나무의 판도에도 큰 변화를 가져오는 중이다. 2016년 허그(Laura A. Hug) 등이 제안한 새로운 생명나무를 보자(그림 4). 일단 무수히 다양한 종들이 보인다. 특히 세균이 다양해 전체 다양성의 2/3 정도를 차지한다. 세균 중에는 배양도 어렵고 크기도 작으며 유전자도 작아서 다른 세균에 붙어 살아가야 하는 종들도 많이 발견되는데, 이들을 미배양세균(Candidate phyla radiation, CPR)으로 분류한다.[1] 또한 고세균과 진핵생물은 세균으로부터 분리되어 진화하다가 갈라진 것으로 보인다. 세균에 비해 고세균과 진핵생물이 진화적으로는 더 가깝다는 것이다.

21세기 들어 거대 바이러스(giant virus)도 발견되고 있다.[2] 우리 눈에 보이지 않을 뿐 아니라 심지어 세균보다도 거의 1/1,000배 정도로 작은 바이러스에게 '거대하다'는 수식어를 붙이는 것은 형용모순 같기도 하다. 하지만 지금도 계속 발견되는 거대 바이러스는 나노미터(nm) 수준인 보통의 바이러스에 비해 수백 배나 크다. 심지어 바이러스가 숙주로 삼는 세균보다 큰 경우도 있고, 세균보다 더 많은 유전자를 가진 경우도 있다. 이런 거대 바이러스들이 계속 발견되면 생명나무에 또 하나의 영역, 즉 제4의 영역이 추가될지도 모른다.[3]

19세기 중반 다윈이 시작한 생명나무는 과학과 생물학의 발달과 함께 지속적으로 변해왔고 앞으로도 변해갈 것이다. 그 과정에서 생명나무는 지구에 사는 다양한 생물체들을 보다 포괄적으로 보여주고, 진화적 뿌리와 계통은 물론 진화적 친소관계까지 보여줄 것이다.

이제 우리가 궁금한 것은 우리 인간의 위치이다. 오랜 기간 만물의 영장으로 여겨졌고, 현재도 기나긴 진화의 정점에서 무소불위의 힘으로 생태계를 압도하고, 지구를 스스로의 목적에 따라 가공해온 우리 인간의 생물학적 위치는 어디일까? 또 그 위치는 어떻게 변해 왔을까?

현대의 생명나무에서 인간은 3영역 가운데 하나인 진핵생물 한 모퉁이에 차지하는 동물계(Animal kingdom)에 속한다. 무수히 다양한 생명

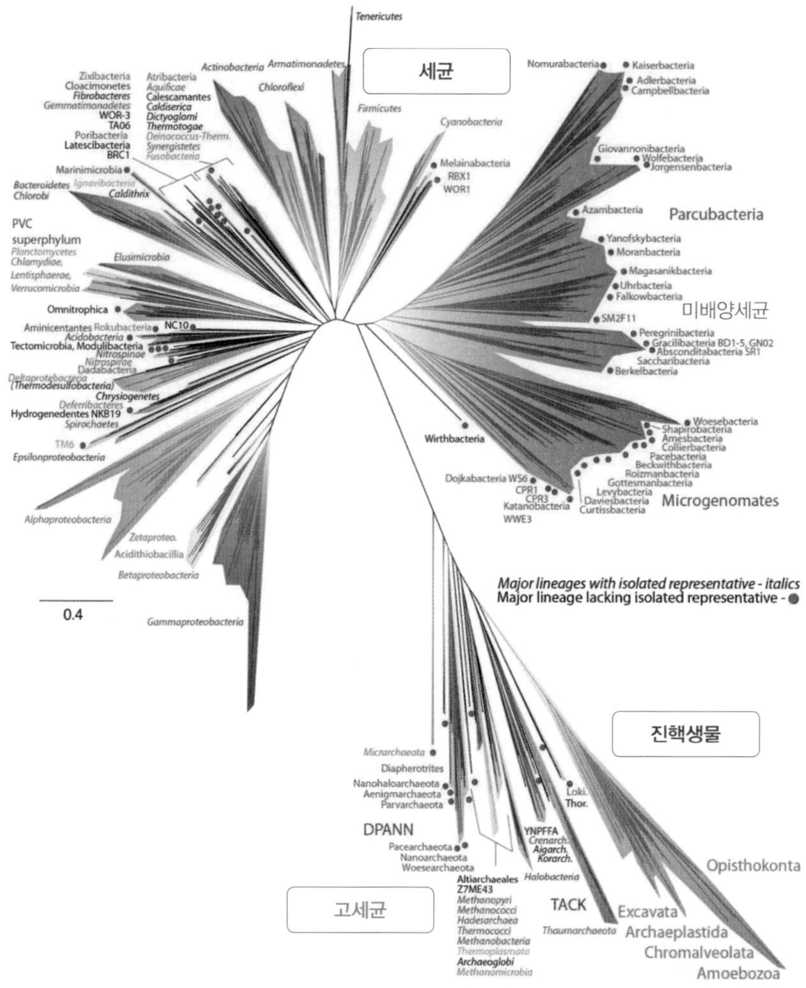

〈그림 4〉 분자생물학에 근거한 새로운 계통수

2016년 허그를 비롯한 17명의 과학자들이 참여해 새롭게 정리한 '생명의 나무'이다. 이 그림에서는 세균과 미배양세균이 생물 다양성의 2/3을 차지하고, 나머지가 고세균과 진핵생물이다. 우리 인간이 속한 진핵생물은 매우 작은 부분일 뿐이다.

들을 포괄하는 생명나무에서 눈에 띄지 않을 만큼 미미한 존재가 되어 버렸다. 중세 사람들의 세계관을 담은 생명나무에서 인간이 차지하고 있었던 태모의 자리는 다윈의 시대까지도 존재 자체를 몰랐을 뿐 아니라 개념조차 없었던 세균의 몫이 되었다. 생명나무에서의 위치가 완전히 뒤바뀐 것이다.

미생물은 인간을 포함한 이 지구상에 존재하는 모든 생명체의 근원일 뿐만 아니라 가장 오래 전부터 존재해 왔으며, 이 지구상에 존재하는 모든 생명 중 가장 많은 영역을 차지한다. 당연히 모든 생명체들의 유지에도 핵심적 역할을 한다. 이 지구상 그 어느 곳도 미생물로부터 자유로운 존재나 공간은 없다. 우리 몸속에도 무수히 많은 미생물이 존재한다. 말 그대로 미생물은 보이지 않는 지구의 주인이며, 보이지 않는 생명의 운영자인 것이다. 우리 몸속에서도 미생물은 보이지 않는 주인일 수 있고, 보이지 않는 운영자로 우리의 생명과 건강에 영향을 미치고 있다. 이것이 과거의 신화나 신에 의지해 세계와 생명을 보는 데서 벗어난, 현대의 여러 과학적 발견에 기초한 세계관이자 생명관이다.

우리 몸과 미생물의 평화

2 통생명체

미생물로 보면, 나는 여전히 원시인

1장에서 소개했듯, 나는 2017년 8월에 내 입과 코에서 채취한 샘플과 대변샘플을 유전자 검사 회사인 천랩(CHUNLAB)에 보내 내 몸 세균을 분석했다. 내 피부와 구강과 장에 사는 미생물은 상당히 다양하다. 이런 분포는 건강한 사람의 뚜렷한 특징이다. 특히 재미있는 것은 내 장에 프레보텔라가 거의 45% 정도를 차지하며 압도적으로 많다는 것이다(1장 3. 참고). 최근 연구에 의하면, 라이프스타일이 아프리카 원주민처럼 수렵채집을 하는 사람들에게는 프레보텔라가 23%~53% 정도로 많다가, 농경생활을 하는 사람들에게서는 10% 내외로 줄고, 서구형 도시 생활로 가면 대폭 준다. 대신 박테로이데스가 그 자리를 차지하고 세균의 다양성은 떨어진다.[1]

나는 일산이라는 도시에 살고 있지만 내 몸 미생물은 수렵채집인의 것이다. 도시형이라 할 수 있는 박테로이데스를 내 장에서는 찾아볼 수 없다. 서울에 약속이 있어 한번 나갔다 오면 매우 피곤함을 느끼고 돌아오는 길에는 산에 가고 싶어지곤 하는데, 아마도 그 느낌의 출처가 박테로이데스가 없고 프레보텔라가 많은 내 장에서의 외침이 아닌가 싶다. 늘 먹는 것에서 식이섬유를 신경 쓰고 시간 나는 대로 산행을 하는 그간의 생활이 반영된 것일 수도 있다. 다행이고 기분 좋은 일이다.

어렸을 적 나는 시골에서 자랐다. 궁핍한 집에 먹을거리도 넉넉치 않았지만 그 시절은 아팠던 기억이 거의 없다. 친구들과 어울려 산에서 칡을 캐거나 논두렁에서 개구리를 잡고, 고구마 밭을 서리하거나 시냇물에 풍덩 들어가 물고기를 잡았다. 이런 것들이 모두 우리의 간식이 되었다. 밥상도 소박했다. 잡곡이 쌀보다 더 많고 김치나 채소, 된장찌개 정도가 밥상의 단골이었다.

1970년만 해도 우리는 대부분 그렇게 먹었다. 그런데 어느덧 그처럼 소박하고 거친 음식이 웰빙 음식으로 대접받는 시대가 되었다. 사람들이 인스턴트 음식, 특히 정크푸드의 해악에 눈을 떴기 때문이지만, 이유는 그뿐만이 아니다. 미생물의 관점에서 보아도 예전에 우리가 늘 먹던 음식이 더 좋은 음식이다. 덕분에 어렸을 적 내 몸속의 미생물들은 '웰빙'형으로 자리 잡았을 것이다. 참 다행스러운 일이다.

서울에 올라와 생활하면서 내 몸속의 미생물들은 격변을 겪었을 것이다. 무엇보다 먹을거리가 바뀌었고 생활환경도 바뀌었다. 특히 1시간 정도 만원 버스에 실려 학교를 오가야 했던 고등학교 시절이 힘들었다. 고래서일까? 고등학생이던 나는 내내 감기를 달고 살았다. 학교 가는 버스 정류장 앞에 의원이 있었는데, 그곳 의사선생님은 늘 "넌 기관지가 약해" 하면서 약을 지어주었다. 아마도 항생제였을 것이다. 약을 먹으면 설사와 변비가 반복되었는데, 항생제 부작용이었을 것으로 짐작된다. 지금은 "가벼운 감기에 무슨 항생제냐"며 펄쩍 뛰는 사람들이 많겠지만, 당시에는 이상한 일도 아니었다. 1970~80년대의 우리나라에는 흔히 '마이신'이라고 부르는 항생제를 거의 만병통치약처럼 생각하는 사람들이 많았고, 그만큼 처방도 잦았다. 그 시절은 내 몸속에 사는 세균들에게는 빙하기 같은 시기였을 것이다.

해마다 서너 차례 감기몸살에 시달리는 생활은 그후로도 계속되었다. 특별히 분명한 문제의식이 있었던 것은 아니지만 체력이 예전 같지 않다고 느끼기 시작한 30대 후반부터 생활에 변화를 주었다. 거창한 것은 아니다. 가능한 약을 멀리 하고, 특히 항생제를 멀리 하고, 운동을 생활화하려고 노력했다. 또 음식에도 주의를 기울였다.

많은 사회인들이 그렇듯이, 나 역시 40대에는 사회적 성취에 힘을 쏟았다. 병원을 계속 확장했고 사회적 관계도 넓히려 했다. 당연히 부하가 컸다. 주 6일을 아침에 출근해 고개를 들면 저녁이 되는 진료생활을 거의 15년을 했다. 직원들이나 다른 원장들과의 회식자리도 많았고 술도 자주 마셨다. 이런저런 모임에도 많이 나갔다. 그래도 별 탈 없이, 아니 한번도 몸이 좋지 않아 결근하거나 조퇴하는 일 없이 지금까지 일을 계속하는 것에 감사하는데, 그 이유를 추정해보면 30대 후반부터 시작한 생활의 변화가 큰 힘이 된 듯하다. 특히 40대 후반 들어서는 일을 좀 줄이고 틈만 나면 산을 다니는데, 그 이후 체력과 건강이 더 좋아졌다고 느낀다. 기분 좋은 일이다.

40대 후반이 되면서 소화기능이 약하다고 느껴 지금은 아침식사를 과일과 커피로 대신한다. 아침을 꼭 먹어야 한다는 사람도 있지만 스스로 느끼는 몸의 상태는 다르다. 나의 경우 하루 두 끼만 먹을 때 속이 훨씬 더 편하고, 간혹 어떤 이유로 아침을 먹는 날이면 하루 종일 속이 더부룩하다. 대신 하루 동안 먹는 음식의 전체적인 균형을 의식한다. 점심때 탄수화물을 많이 먹었으면 저녁에는 좀 참고, 점심때 단백질을 적게 먹었다면 저녁때 찾아 먹으려 신경 쓴다. 짜인 식단에 내 몸을 맞추는 것이 아니라 내 몸의 반응에 주의를 기울이며 하루 동안 '먹을 것'을 결정하는 것이다.

무엇보다 신경 쓰는 것은 식이섬유다. 아침에 먹는 과일뿐만 아니라 점심이나 저녁때 반찬으로 채소를 어느 정도 먹었는지 늘 의식한다. 가끔 찾아오던 변비 때문에 시작된 습관이다. 그런데 최근의 연구들을 살펴보면 식이섬유가 장 건강에 얼마나 중요한지 더욱 분명해진다. 결과적으로 내 건강을 위한 식습관이 나와 함께 살고 있는 미생물의 건강도 챙기는 것이었다.

인간과 미생물의 공존

인간과 미생물의 공존은 언제부터 시작되었을까? 써놓고 보니 우문(愚問)이다. 미생물은 어디에나 살고, 어느 때나 살았다. 46억 년 전에 탄생한 지구에 생명이 등장한 것은 38억 년 전으로 추정되는데, 미생물은 그 태초의 생명이다. 그것이 진화에 진화를 거쳐 대다수는 세균이나 고세균 혹은 효모로 분화하고, 그 중 극히 일부가 서로 뭉쳐 다세포 생물로 분화하면서 식물과 동물이 되었다. 그리고 동물 중 일부가 인간으로 분화되었다.

이렇게 진화와 분화를 거치는 동안 지구상의 모든 생명체는 서로 기대어 살아왔다. 미생물 역시 마찬가지였다. 지구는 전체가 미생물의 서식공간이다. 미생물은 산천초목의 모든 흙에, 식물과 동물의 몸 곳곳에서 살아간다. 꼭 생태계(ecology)라는 인간의 언어로 표현하지 않더라도, 서로 영향을 미치면서 기대어 살아가는 동안 변화하며 존재하는 것이 생명이다.

우리 인간도 기대어 살아왔다. 인간들끼리도 기대어 공존해 왔고, 의식하지 않았지만 다른 생물과도 기대어 살았다. 더구나 길게는 수백만 년, 짧게는 수십만 년 정도로 추정되는 인류의 역사에서 우리 인간은 다른 생물들과 그저 공존해온 것은 아니다. 적극적이고 의식적으로 영향을 미치며 길들이기를 시도했다. 야생식물을 길들여 농사를 짓고 야생동물들을 길들여 목축을 시작했다. 아마도 인간이 가장 먼저 길들인 동물은 야생 늑대에서 순종적인 종을 골라 길들인 개일 테다.

미생물은 어떨까? 인간의 눈에 처음 발견된 것이 17세기이므로, 인간이 미생물을 이용하거나 길들인 것은 그 이후일 것이라고 생각하는 사람이 많을 것이다. 하지만 인간이 미생물을 이용한 역사는 상당히 길다. 미생물의 존재는 몰랐지만, 인간은 오래 전부터 발효를 이용해 음식을 보관하는 방법을 찾아냈다. 술을 만든 기록은 대략 7,000년 전으로 거슬러올라간다고 하니, 그때부터 효모가 인간의 삶 안으로 들어와 있었던 것이다. 효모의 종류도 선택되었다. 맛없는 와인이나 맥주나 막걸리는 사람들의 선택을 받지 못했을 테니 거기에 들어 있는 효모는 사라지고, 인간의 입맛에 맞는 술을 만들어낸 효모는 모주에 보관되어 다음 세대로 전달되었을 것이다. 치즈와 요구르트를 만드는 유산균들 역시 마찬가지다. 수천 년의 역사 동안 이들 음식을 만드는 주역인 세균(유산균)들도 진화에 진화를 거듭했을 것이다. 그 와중에 인간의 건강과 입맛에 맞는 음식을 만들어내는 종은 보존되었을 것이고 개체수가 늘었을 것이다.

야생 늑대와 개가 다른 것과 마찬가지로, 이런 음식을 만드는 유산균들과 같은 종이라도 자연에서 발견되는 야생의 미생물은 유전자가 다르다. 유산균은 우유에 포함되어 있는 유당을 분해해서 산을 만드는데, 이들은 야생에서처럼 먹을 것을 찾아 헤맬 필요가 없다. 인간이 풍부한 영양분이 있는 우유를 제공하기 때문이다. 그래서 야생 미생물이라면 필요할 수도 있는 유전자가 퇴화된다. 예를 들어, 인간의 장에서 소화를 돕는다 하여 프로바이오틱스로도 시판되는 젖산간균(*Lactobacillus*)이나 비피도박테리움(*Bifidobacterium*)의 여러 종들은 야생의 같은 종들에 비해 유전자의 상당 부분이 퇴화된 상태다.[2] 인간의 대장에도 이들이 먹고 살아갈 영양분은 충분한 것이다.

냉장고의 발명은 인간과 서로 기대어 살면서 공진화해온 몸속의 미생물에 대단히 큰 영향을 미친 사건이었다. 냉장고는 19세기 후반 더 맛있는 맥주를 만들기 위해 발명되었지만, 지금은 냉장고 없는 생활을 상상하기 힘들 만큼 필수적인 물건이 되었다. 이제 음식을 보관하는 문제는 냉장고가 도맡게 된 것이다. 자연스럽게 우리는 그 전보다 발효음식을 훨씬 덜 먹게 되었고, 이것은 우리 몸속 미생물에 많은 영향을 주었다. 결과적으로 음식을 통해 미생물이 장으로 흡수되는 주요원천이 차단된 것이다. 발효음식 섭취 전후의 장내 미생물들을 비교한 연구들이 많지 않아 더 추세를 지켜봐야 하겠지만, 김치나 된장과 같은 토속 발효음식보다는 육류의 섭취가 느는 식습관의 변화와 함께 대장암은 물론 당뇨 등과 같은 대사성 질환이 느는 것이 이런 미생물의 변화와 연관이 있을 것이다.

냉장고의 발명보다 더 큰 사건은 항생제의 등장이다. 항생제는 인간과 미생물의 오랜 공존에 가장 큰 변화를 가져왔다. 1928년 플레밍(1881~1955년, 영국 세균학자)에 의해 처음 발견된 항생제는 1940년대에 대량생산되어 2차 세계대전 당시 수많은 병사들의 목숨을 구했다. 그 후 만병통치약처럼 군림하며 20세기 의학이 달성한 성과 가운데 가장 앞자리를 차지했다.

하지만 미생물, 그 중에서도 항생제의 타깃이 되는 세균의 입장에서 보면, 항생제의 등장은 평화로운 삶터에 핵폭탄이 떨어지는 것과 같다.

알렉산더 플레밍

살아남는 것은 극히 일부이다. 혹독한 환경에서도 살아남을 만큼 적응력이 뛰어난 개체는 어디든 있을 수 있다. 살아남은 개체는 분열을 통해 자신의 유전자를 빠르게 퍼뜨린다. 머잖아 그런 유전자를 가진 개체들이 다수를 점하게 된다. 인류 가운데 극히 일부가 수십만 년 동안의 추위와 배고픔과 야생의 위협에서도 살아남아 73억 명의 인간을 지구상에 퍼뜨렸듯이, 항생제라는 혹독한 환경에서 살아남은 세균들이 지구상에 퍼져 나가는 것이다.

내성균은 이렇게 등장한다. 게다가 실시간으로 유전자를 교환하는 세균의 능력까지 가세하면 내성 유전자를 가진 세균의 수는 더 빨리 늘어난다. 이것이 오늘날 인류가 다시 세균의 도전에 맞닥뜨린 이유이다. 환경과 생명의 상호반응, 생존을 향한 생명의 놀라운 진화능력을 감안하면 항생제 내성세균의 출현은 지극히 당연한 이치일 것이다. 어쩌면 내성균은 인간이 오랜 세월 공존해온 미생물과 맺은 무언의 합의를 항생제로 깨버린 대가일지도 모른다.

통생명체

미생물은 우리 몸에서 떼어내어 생각할 수 없을 만큼 우리 몸에 깊은 영향을 준다. 오히려 둘을 통합적으로 생각하는 것이 여러 모로 합리적일 것이다. 그래서 등장한 개념이 통생명체(holobiont)라는 개념이다.[3] 통생명체는 본래 린 마굴리스(Lynn Margulis, 1938~2011년, 미국의 생물학자)라는 유명한 과학자가 제안한 것으로, 생태계에서 공생관계를 이루는 서로 다른 종들을 지칭하는 말이다. 미생물학의 발달과 함께 인간과 인체 미생물을 통합해 파악하는 개념으로는 제격이다.

미생물을 인체의 일부로 보는 견해도 있다. 장이나 간, 폐와 같은 장기(organ)에 비유하면서, 새롭게 밝혀지는 미생물들의 영향을 "잊혀진 장기(forgotten organ)의 부활"이라고 묘사하기도 한다.[3] 하지만 미생물을 특정 기능을 하는 장기에 비유하는 것은 적절해 보이지 않는다. 미생물은 몸 전체에 살고 있고 우리 몸과 주고받는 영향 역시 몸 전체에 걸쳐 있기 때문이다. 또 우리 몸속 장기는 우리 몸과 유전자가 같은 데 반해 몸속 미생물은 유전자가 다르기도 하다. 몸속 미생물을 부분적인 장기에 비유하는 것은 전체와 부분으로 양분하는 서양식 사고의 연장일 수도 있다는 느낌이 든다.

초유기체(superorganism)라는 표현도 종종 보인다.[5] 언론에서나 학술지에서 인간과 인체 미생물을 포괄하는 개념으로 사용하는 것이다. 초유기체는 원래 개미들처럼 동일한 종(species)에 속하는 개별 생명체들이 고도로 조직화된 군집을 이룰 때 사용하는 말이었다. 우리 몸과 몸 속 미생물이 긴밀한 관계에 있는 것은 사실이지만, 종이 다른 둘 관계를 표현하기에는 적절해 보이지 않는다. 이런 사정을 모르지 않을 텐데도 초유기체라는 말을 사용하는 것은 신을 잃어버린 근대 이후 초인(superman) 같은 초월자를 기다리는 서양인들의 무의식이 반영된 것이 아닌가 생각되기도 한다.

이에 반해 통생명체라는 개념은 인간이라는 존재를 인간을 둘러싼 환경과의 다이내믹한 상호관계를 통해 파악하려는 시도다. 태어날 때부터 물려받은 유전자는 바꿀 수 없지만, '나'라는 존재는 고정되어 있는 것이 아니다. 내가 겪는 수많은 경험과 노력, 인내와 의지에 의해서 바뀐다. 나의 염원에 의해 환경이 바뀌고, 그 환경에 의해 내가 바뀐다. 나는 유전자에 의해 운명이 결정되어 있는 것이 절대 아니다. 다양한 환경에서 생명을 유지하기 위한 후천적 반응이 동일한 생명체의 특정 유전자를 작동하게 하거나 작동하지 않게 할 수도 있다. 이것을 연구하는 학문이 후성유전학(epigenetics)이다. 그렇게 되면, 외부로 드러나는 나의 모습(표현형)이 달라지고, 이것들은 나의 자식들에게도 유전될 수 있다. 높은 나무 위의 열매를 따먹기 위해 후천적으로 목이 길어진 기린의 목은 유전되지 않는다는 다윈이나 멘델의 '공식적인' 유전학은 현재 도전받고 있는 중이다.

우리를 둘러싼 여러 환경 중, 우리 존재와 가장 밀접한 환경은 단연 우리 몸속 미생물들이다. 우리 몸속에 사는 미생물들은 환경이라고 부르는 것도 애매할 정도로 우리와 밀접하다. 우리가 태어날 때부터 우리 존재 안에 포함되어 있는 미생물이라는 환경은 우리와 하나로 통합(intergration)되어 우리의 생존과정에 관여한다. 이처럼 환경과 인간, 그 중에서도 인간의 몸속 미생물과 인간을 통합적으로 보려는 개념이 바로 통생명체인 것이다.

환경을 통제하듯, 우리 몸속 미생물 역시 일정 부분 통제할 수 있다. 어떤 미생물을 살게 할 것인가는, 우리가 어디서 살고 무엇을 먹으며 무엇을 입는지에 영향을 받는다. 또 어떻게 샤워를 하고 어떻게 칫솔질을 하느냐에도 영향을 받는다. 물론 항생제 복용은 더 큰 영향을 미친다. 당연히 몸속 미생물도 후대에 전달된다. 부모의 비만을 초래하는 미생물은 아이에게 전달되어 아이도 비만해질 가능성을 높인다. 담배를 피우거나 칫솔질을 잘하지 않는 부모의 구강 미생물도 아이에게 전달된다.

이쯤 되면 떠오르는 사람이 있다. 1800년대 초 진화론의 태동에 큰 기여를 한 프랑스 동물학자 라마르크(Jean Baptiste Lamarck, 1744~1829년)이다. 더 많이 사용하는 근육이 더 발달한다는 용불용설(用不用說)이나 후천적으로 길어진 기린의 목도 유전된다는 획득형질 유전론을 주장한 프랑스의 동물학자이다. 지금까지 라마르크의 주장은 틀리고, 라마르크보다 한 세대 후에 등장한 다윈(1809~1882년)은 옳다고 알려졌지만, 최근 들어 이에 대해 재조명이 이루어지고 있다.[6] 라마르크에게는 후천적 환경이 미치는 능동적 역할을 잘 포착했다는 재해석이, 다윈 역

라마르크

시도 후천적 환경의 유전을 인정했다는 재해석이 이루어지고 있는 것이다. 물론 이 두 사람의 시대에는 몸속 미생물이라는 개념은 없었지만 말이다. 분명한 것은, 모든 것을 유전자로 돌리는 유전적 결정론이나 환원론(reductionism)은 생물학의 발달과 함께 점점 발 붙일 곳이 없어 보인다는 점이다. 대신 환경과 나, 미생물과 나의 다이내믹한 동적 흐름을 강조하는 통생명체 개념이 그 자리에 들어서고 있다.

우리는 생물계(生物界, biosystem, 생물이 자연과 어우러져 살아가고 있는 시스템)에서 인간으로서 정체성을 갖는다. 하지만 이것이 다는 아니다. 우리는 우리 몸을 하나의 우주로 삼으며 생명을 영위하고 있는 수많은 미생물들과 함께 존재하는 통생명체(Holobiont)인 것이다.

우리 몸과 미생물의 전쟁

감염과 염증

염증

모든 생명은 생존과 번식이 1차적 존재 이유이다. 생존과 번식을 위해 협력하기도 하고 경쟁하기도 한다. 3장에서 보았듯이, 우리 몸의 미생물들 역시 군집을 이루어 서로 협력하고, 서로 챙겨주며, 신호를 주고받고 공동행동을 감행한다. 또 한편으로는 경쟁을 통해 자신의 생명을 더 강하게 유지하려 하고, 심지어 다른 경쟁자들을 죽이기까지 하며 자신을 보호한다. 당연한 생명의 이치다.

세포 하나짜리 미생물이 이럴진대, 하물며 우리 인간은 오죽하겠는가. 훨씬 더 강력한 자기 보존 능력이 있다. 우리 몸을 이루는 모든 세포들도 스스로를 보호한다. 미생물이 침투하려 하면 세포들은 항균 물질을 꺼내 방어한다. 이 방어에 실패하면 매크로파지(Macrophage, 대식세포)라는 또 다른 세포의 도움을 받아 미생물을 제거한다. 대식세포를 포함한 여러 면역세포들은 진화과정에서 우리 몸에 들어와 상비군으로 육성된 것들이다.[1] 이 상비군들은 각각 역할을 나눠 세균을 빠르게 퇴치하기도 하고, 만성염증이나 헤르페스처럼 길게 잠복하는 바이러스에 대처하기도 한다. 또 이들 세포들은 미생물과의 전쟁터에 나가면서 후방에 신호 분자들을 대량으로 쏟아내, 혈액이나 림프액을 통해 몸 구석구석 돌아다니는 면역세포들을 문제의 장소로 집결시킨다.

이것이 염증(inflammation)이다. 염증은 한마디로, 외부 미생물에 대해 스스로를 지키려는 생명의 보존본능이다. 현대의학에서는 우리 몸이 스스로를 지키는 면역체계 중 가장 기본적인 반응이라고 염증을 이해한다. 보통 면역을 선천적으로 갖고 태어나 미생물을 포함한 여러 자극에 동일한 세포와 분자들이 반응하는 선천면역과, 이 세계 수많은 생명체들 중 한번 침투했다 나간 것을 기억해 방어하는 후천적 면역으로 나누는데, 염증은 선천 면역의 기본 중 기본이다.

미생물과 관련해서 19세기와 20세기의 과학은, 병을 일으키는 '특정' 미생물이 침투했을 때 이에 대해 반응하는 것을 염증이라 이해했다. 예를 들어, 건강한 사람의 폐에 폐렴사슬알균(*S. pneumonia*)이 침투하면 폐렴이 된다. 염증이 생긴 것이다. 그래서 치료하려면 폐렴사슬알균을 죽일 수 있는 항생제를 먹어 박멸해야 한다. 탄저병은 탄저균이 일으키고, 콜레라는 콜레라균이 일으킨다는 식이다. 세균이 원래 많이 산다고 알려진 구강에서의 대표적 염증인 치주염(잇몸병) 역시 특정 세균을 주범으로 지목했다. 내가 학교 다니던 1980년대에, 악그레가티박테르 악티

루이 파스퇴르

노마이세템코미탄스(*Aggregatibacter actincetemcomitans*)라는 매우 긴 이름의 세균이 치주염의 원인으로 지목되었고, 시험에 늘 등장해서 외우느라 힘들었던 기억이 난다.

도전받은 미생물학의 아버지

코흐와 더불어 1880년대에 소위 미생물학의 황금기를 열어젖힌 파스퇴르는 늘 확대경을 들고 다녔다고 한다.[2] 음식점에서 식사를 하기 전에도 접시에 확대경을 들이댔다고 하니, 미생물에 대한 그의 경계심과 호기심을 짐작할 만하다. 그들의 시대에 인류는 1670년대 레이우엔훅이 관찰한 미소동물(animalcules)을 처음으로 질병과 연결하고, 이들이 맥주와 와인의 생산자임을 알았다. 또 배양을 처음으로 시도하고 체계화한 시기도 이때다. 미생물이 본격적으로 과학과 의학 속으로, 인간의 생활 속으로 들어온 것이다.

파스퇴르가 실험실에서 그랬던 것처럼 나 역시 진료실에서는 늘 세균 감염에 신경 쓰지만, 이것이 파스퇴르처럼 일상생활에까지 연결되지는 않는다. 오히려 나는 여러 사람이 함께 숟가락을 넣어 찌개 먹기를 좋아하고 미생물 가득한 흙바닥에 철퍼덕 앉는 것이 편하다. 또 산에서 어디가 긁히더라도 바로 연고를 찾지 않는다. 환자들에게도 가능하면 항생제를 먹지 말 것을 권하고, 심각한 감염이 아니면 항생제를 처방하지 않는다.

미생물에 대한 인류의 지식과 태도는 코흐의 시대에서 우리가 사는 지금까지 130여 년의 세월이 흐르는 동안 많이 변해왔다. 특히 최근에는 거의 180도로 달라졌다. 코흐나 파스퇴르의 시대에는 세균이 탄저균, 결핵균, 콜레라균처럼 질병을 일으키는 특정 세균을 지칭하는 말이었으나, 지금은 우리 몸 어디에나 있는 우리의 동반자라는 생각이 함축되어 있다. 그들의 시대에 세균은 질병의 원인이었으나, 우리의 시대에 세균은 질병의 원인이 될 때도 있지만 대다수는 우리 면역을 촉진하고 우리 건강을 돌보는 존재들이다. 그들은 접시에 배양하면 모든 세균의 정체를 파악할 수 있다고 보았지만, 우리는 배양되지 않는 세균이 더 많음을 안다. 그들에게 세균은 없애야만 하는 존재였으나, 우리에게 세균은 우

로베르트 코흐

리와 DNA를 공유하는 또 하나의 생명체로서 공존해야 하는 존재이다.

세균에 대한 인식은 염증과 질병을 이해하는 이론에도 반영되었다. 세균과 질병의 관계를 밝힌 질병세균설(germ theory)의 토대가 된 저 유명한 코흐의 가설(Koch's postulates)은 질병에 대한 당시 사람들의 인식을 잘 보여준다. 코흐와 파스퇴르는 그 전 사람들과는 달리 질병이 나쁜 기운이나 하느님의 저주가 아니라는 것을 알았다. 그들은 질병이 세균으로부터 왔다고 주장했고, 실제 탄저균, 결핵균, 콜라라균을 발견해 그 주장을 증명했다. 근대 미생물학의 아버지라 불리는 코흐의 가설은 이렇다.

1. 같은 병에 걸린 모든 환자들에서 같은 균이 검출될 것
2. 검출된 균들이 배지에서 순수 배양될 것
3. 배양된 균을 건강한 숙주에 넣을 때 같은 병에 걸릴 것
4. 배양된 균을 넣은 숙주에게서도 같은 균이 검출될 것

이것은 탄저병은 탄저균이, 결핵은 결핵균이, 콜레라는 콜레라균이 만든 것처럼, 특정 세균이 특정 질병을 만든다는 것을 전제한 것이다. 그래서 내가 기침을 심하게 하는데 그 원인이 세균성 폐렴이라고 판단하려면, 나에게서 폐렴균이 검출되어야 하고, 그 균을 배양액에서 키워서 다른 사람에게 주입하면 똑같이 기침으로 고생해야 하며, 그 사람에게서도 같은 폐렴균이 검출되어야 한다는 것이다.

코흐의 가설은 전자현미경도 없고 광학현미경의 발달도 지금과는 비교할 수 없는 수준이었던 1880년대에 세균과 질병을 연관 짓는 최상의 논리였다. 그래서, 너무 당연한 얘기로 들린다. 이의 연장으로 20세기 과학은 특정 질병에 대한 특정 세균을 찾아 연관시켰고, 그런 연관이 밝혀지지 않으면 그 질병은 감염질환이 아닌 것으로 분류했다. 질병을 감염성 질환, 유전적 질환, 생리적(physiological) 질환으로 분류한다면, 특정 미생물과 잘 연관이 안되는 천식, 고혈압, 당뇨 등과 같은 질병은 감염성 질환이 아닌 생리적, 유전적 질환으로 여겨온 것이다.

하지만 지금 관점에서 보면, 코흐의 가설은 허점이 많다. 먼저 한 종의 세균이 여러 증상을 나타낸다면 정확한 파악이 어렵다. 예를 들면, 화농성 사슬알균(*Streptococcus pyogens*)은 한곳에만 영향을 미치지 않는다. 피부는 물론 목구멍(인후두), 나아가 전신적인 감염을 일으킨다. 이런 세균에 노출되면 증상이 여럿이라 코흐의 가설로는 증명하기 어렵다. 또 실험실에서 배양하기 어려운 세균들도 너무 많다. 최근 들어 계속 추가되고 있는 CPR(candidate phyla radiation)에 속하는 세균들은 지금까지는 한번도 배양된 적이 없다.[3] 크기도 작고 대사능력도 없는 CPR은 바이러스처럼 다른 세균에 기대어 살기 때문에 앞으로도 배양이 어려울 것이다.

무엇보다 미생물은 우리 몸 어디에나 살고 또 언제나 산다는 것을 최근 유전자 분석기법이 확실하게 보여주고 있다. 또 우리 몸 미생물들은 기회가 생기면 감염을 일으키기도 하지만, 대개는 평소 아무 문제 없이 잘 산다. 우리 몸에 사는 미생물을 상주세균, 유해균, 유익균으로 나누는 것도 너무 순진한 발상이다. 이것은 편 가르기 좋아하는 인간의 사고가 미생물에 투영된 것에 불과할 수 있다.

1장에서 살펴보았듯, 우리 몸에서 미생물로부터 자유로운 곳은 없다. 피부나 호흡기, 소화기는 물론이고, 혈관이나 자궁, 태반, 심지어 가장 안쪽의 뇌마저도 자유롭지 않다. 그래서 무균 상태의 몸에 병을 일으키는 특정 세균이 침투한다는 전제에서 출발하는 코흐의 가설은, 우리 몸 미생물을 이해하는 데 너무 단선적이다. 특히 우리 몸속에 엄청난 규모로 상주하는 세균에까지 코흐의 가설을 적용하기는 어렵다. 미생물과 우리 건강의 관계 혹은 미생물과 질병의 관계에 대한 설명 방식에도 커다란 변화가 일어나고 있는 것이다. 이루 말할 수 없이 인류 건강에 기여한 미생물학의 아버지가 130년 만에 도전받고 있다.

우리 몸에 늘 미생물이 살고 있다면, 염증은 대체 어떻게 이해해야 할까? 염증은 왜 생기고, 어떤 때에 심해지며, 어떻게 대처해야 하는가? 이 문제에 대해 21세기 과학이 고심을 거듭하는 가운데, 코흐의 가설에 도전하며 등장한 대표적 개념이 생태이론(ecological theory)이다

미생물에 대한 생태적 사고

생태이론 역시 특정 세균이 특정 질병을 일으킨다는 것을 인정한다. 헬리코박터균은 위염이나 위암을 일으키고 폐렴균은 폐렴을 일으키며, 유두종바이러스는 자궁경부암을, 간염 바이러스는 간염이나 간암의 원인이 된다. 이들은 단독으로 질병을 일으킬 만큼 충분한 독성을 가지고 있을 것이다.[4] 하지만 한 종의 세균만으로는 설명할 수 없는 질병도 많다. 또 염증의 원인이 바깥에서 침입한 세균이 아니라 원래 우리 몸에 있던 상주세균인 경우도 많다. 미생물이 많이 사는 장과 구강의 질병들이 특히 그렇다. 나는 몸이 찬 환경에 노출되면 바로 목이 따끔거리고 감기 기운을 느끼는데, 내 편도를 붓게 하는 사슬알균은 새로 침입한 것이 아니라 내 몸에 원래 살던 것이다. 입술을 부르트게 만드는 헤르페스는 한번 우리 몸에 들어오면 계속 잠복해 있다가 우리가 피곤할 때 모습

을 드러낸다. 또 장염을 일으키는 살모넬라가 음식에 섞여 우리 장 안으로 들어와 설사가 심해져도, 장 안에는 살모넬라만 있는 것이 아니다. 개체수가 그 전보다 적을 뿐 다른 세균들도 여전히 그곳에 있다.

생태이론은 우리 몸 전체를, 혹은 장이나 구강, 폐와 같은 몸의 각 부위를 하나의 생태계로 간주한다. 이들 생태계에서는 여러 미생물들이 생태적 조화를 이루고 있다. 이런 상태를 평형(homeostasis) 혹은 조화(symsbiosis)라고 표현한다. 지구에 빙하기가 시작되면 지구 생태계에 큰 변화가 일어나는 것과 마찬가지로, 인간의 면역 상태나 환경이 변하면 평형 상태의 미생물 군집에 변화가 일어난다. 평형이 흔들리는 것이다. 또 질병을 일으키는 세균이 침범하여 개체수를 대폭 늘리거나 분란을 일으켜도 전체 미생물 군집의 생태적 평형이 깨진다. 이럴 때 질병이 생긴다는 것이다. 즉, 생태이론은 질병의 원인을 특정 외부 미생물의 침범에서 찾지 않는다. 대신 질병의 근저에는 원래 우리 몸에 살던 다수 미생물의 부조화(dysbiosis)가 존재한다는 것이 그 핵심이다(표 1).[5]

〈표 1〉 세균에 대한 지식과 인식의 변화

	코흐의 시대(19세기말~20세기)	우리의 시대(21세기)
건강한 몸	무균 상태	39조의 세균이 사는 상태
질병 원인 세균	바깥에서 침입한 세균	상주 세균, 침입 세균 모두 가능
질병	질병 세균의 침입으로 벌어진 일	세균 군집의 평형이 깨진 상태
질병 참여 세균	특정 세균	특정 세균, 상주세균 모두 가능

미생물의 부조화 때문에 생기는 우리 몸 염증의 예를 쉽게 찾을 수 있다. 잇몸질환이 이름도 긴 악그레가티박테르 악티노마이세템코미탄스라는 특정 미생물에 의해 생긴다는 논리는 폐기된 지 오래다. 이 세균이 있어도 잇몸질환이 생기지 않는 경우도 있고, 잇몸질환이 있는 사람에게서 이 세균이 검출되지 않은 경우도 많다. 이 특정 세균만으로는 잇몸질환을 도저히 설명할 수 없고, 코흐의 가설이 적용될 수 없는 것이다. 대신 잇몸질환은 구강에 원래 살던 여러 미생물 군집의 균형이 깨질 때 생긴다는 것이 생태이론이다. 코나 코곁굴(부비강), 폐에 생기는 염증들 역시 대부분 원래 살던 미생물 군집의 평형이 흔들릴 때 생긴다.[6] 염증성 장질환들 역시 원래 장에 살던 특정 미생물이 어떤 조건에서 수를 대폭 늘려 평형이 깨질 때 생기고, 조산과 같은 임신의 여러 문제들 역시 태반이나 자궁에 원래 사는 미생물들 탓일 수 있다. 우리 몸을 늘 돌고 있는 혈액들 역시 미생물에 자유롭지 않으며, 우리 몸의 가장 안쪽인 뇌 역시 미생물에 일상적으로 노출될 수 있다. 오히려 바깥세계에서 우리 몸 청정지역에 미생물이 침범해 염증이 생기는 경우가 극히 예외적이다.

또 생태이론과 관련해서 21세기 과학과 의학이 주목하고 있는 것은, 그전에는 미생물이나 염증과는 상관없을 것이라고 생각한 많은 질병들에 미생물이 영향을 미치고 있다는 점이다. 대표적으로 2014년부터 시작해 지금도 진행중인 제2차 인간미생물프로젝트(HMP)가 그것인데, 이들은 당뇨나 임산부의 조산 등에 미치는 미생물의 영향에 대해 주목하고 있다. 이 프로젝트는 지금도 진행형이지만, 이들 문제들에 미생물이 연관되어 있다는 연구는 지속적으로 나오고 있다. 자가면역질환으로 분류되던 아토피나 류머티즘 관절염의 경우도 자기(self)를 바깥에서 침투한 타자(non-self)로 인식해서 면역기능이 피부나 관절을 공격해서 생기는 것으로 여겼지만, 최근 들어 이런 질병들 역시 미생물들과 관련되어 있다는 연구들이 쌓여가고 있다.[7] 치주염과 아주 흡사한 장염 역시 마찬가지다. 장에 염증이 생겨 통증이 심하고 피가 나고 소화도 안 되는데, 내시경으로 들여다보아도 별 이상이 없는 경우가 있다. 예전에는 이런 경우를 제대로 설명하지 못했다. 지금 생각해 보면, 장내에 대량 서식하는 미생물과 염증을 연관시키지 못한 것이 오히려 의아할 정도다.

암 역시 마찬가지다. 암은 조절되지 않는 세포가 대량 증식한 것인데, 원인으로는 유전자의 돌연변이가 흔하게 언급된다. 예를 들어, APC라고 부르는 유전자의 돌연변이는 대장암 위험을 높인다. 이 유전자 돌연변이는 10~40년 동안 먹은 것, 호르몬, 스트레스 등의 여러 환경적 요인에 반응하다가 어느 순간 세포 증식을 시작해 대장을 막아간다.[4] 나의 아버지를 돌아가시게 한 간암은 VEGFA라는 유전자 돌연변이가 있을 때 위험하고[8], 인도에서 가장 많이 발생하는 구강암은 PIK3CA라는 유전자 돌연변이와 연관이 깊다.[9] 또 여러 암들은 p53이라는 항암유전자의 결핍이나 변이로 설명되기도 한다.

그런데 암이나 질병의 원인이 유전자에 있다는 설명은 허망함을 느끼게 만든다. 암의 예방을 위하여 우리가 할 수 있는 것이 없기 때문이다. 그렇다고 유방암 유전자인 BRCA 유전자가 있다고 해서 자신의 유방을 '예방적'으로 절제해 버린 안젤리나 졸리처럼 나의 간을 떼어 버리고 싶지도 않다. 또 한편으로 이런 설명은 오해의 소지도 있다. 실제로 암의 원인이라고 지목된 유전자중 확정된 것은 없다. 설사 나의 유전자에 문제가 있다 하더라도 간암이나 구강암에 반드시 걸리는 것은 아니다. 다만 걸릴 가능성이 상대적으로 높다는 것뿐이다. 게다가 우리 유전자는 중복(redundancy)을 통하여 하나의 유전자에 문제가 있거나 유전자 자체가 없더라도 그것을 커버해줄 장치를 마련하고 있다.[10] 무엇보다 후성유전학은 유전자가 실제로 발현되는 것은 후천적 환경의 영향을 받는다는 것을 보여준다. 특정 유전자가 발현되어 암이 되는 것은, 먹는 것, 숨쉬는 것, 운동과 같은 생리활동은 물론 우리 몸의 호르몬을 변화시키는 정신적 의지에 의해서도 변화될 수 있다는 것이다.[11]

특히 유전자의 후천적 '환경'이라는 것을 찬찬히 들여다봐야 한다. 유전자의 환경이란, 거시적 단위인 인간이라는 생명체로 보면 먹는 것, 숨쉬는 것 등일 테지만, 미시적 단위인 세포로 보면 달라진다. 세포에게 환경이란 먹고 숨쉬는 것에 포함되어 우리 몸 안으로 들어온 미생물이나 첨가물, 중금속 같은 것이다. 따라서 암의 원인으로 유전자 돌연변이와 환경을 든다면, 그 환경 안에는 당연히 미생물이 포함될 수밖에 없다. 그래서 최근에는 약 20%의 암이 미생물과 같은 감염 때문에 생기는 것으로 추정한다.[12] 대표적인 예가 헬리코박터 감염이 주 원인인 위암과 유두종바이러스가 주범인 자궁경부암이다. 대장암에 대해서도 대장 미생물의 불균형으로 초래되는 염증성 장질환이 주요한 원인 가운데 하나로 지목되고 있고, 구강암 역시 구강 세균과의 연관성이 밝혀지고 있다. 그에 따라 미생물의 불균형, 염증, 암으로 이어지는 순차적 과정이 암의

원인을 밝히는 병인론(pathogenesis)에서 한 자리를 차지하고 있다.[13]

미생물과 염증 그리고 암으로 이어지는 암 병인론은 예전에는 전혀 다른 것이라 생각했던 염증과 암 사이의 경계를 낮추었다. 외부 미생물에 대한 몸의 방어작용인 염증과 몸 세포의 과잉증식인 암은 전혀 다른 성질의 것이 아닌, 외부 자극에 반응하는 우리 몸의 엇나간 반응들이고, 염증은 암의 한 특징이기도 하며 암의 확산과정에서 거쳐가는 과정이라는 것이다.[14]

다시 생각해 보는 염증

진화론적으로 보면, 외부물질의 퇴치에 앞장서는 우리 몸의 대식세포를 포함한 백혈구들은, 실은 바깥에서 우리 몸으로 들어온 것이다.[1] 원핵세포가 미토콘드리아나 엽록소를 집어삼키는 공생을 통해 진핵세포로 진화했듯이, 이들 백혈구들 역시 바깥에서 우리 몸으로 들어와 공생하는 것이다. 어느 순간 시작된 공생이 진화 과정에서 서로의 생명유지에 보탬이 된다는 것이 확인되면서 아예 우리 몸이 스스로 백혈구를 생산해 혈액 속에 집어넣어 순환시킴으로써 스스로의 생명 유지를 돕게 했을 것이다.

염증은 나와 외부 미생물의 전쟁이고, 나라는 생명체와 또 다른 생명체들 간의 전쟁이다. 그런데 좀 더 자세히 보면 염증은, 나를 이루고 있는 세포 그리고 대식세포처럼 내 안에 이미 들어와 공생상태에 있는 세포와, 이제 새로 침투한 세포의 전쟁이라고 할 수 있다. 터줏대감과 신참의 전쟁이랄까. 그래서 이 전쟁에서는 대개 터줏대감이 이긴다. 아니 이겨야 한다. 그렇지 않으면 나라는 생명체는 생명을 유지할 수 없을 것이다.

또 이들 터줏대감에는 우리 몸에 사는 미생물도 포함된다. 우리 몸속 미생물들 역시 우리에게 들어와 서로간 공생의 이득이 확인되면서 우리 몸에 자리잡은 녀석들이다. 이 터줏대감들에게도 외부 신참들이 들어와 새로이 자리잡는 것은 싫은 일이다. 그래서 신참이 들어오기 전, 우리 몸이 방어를 잘 하도록 미리 면역기능을 훈련시키고, 신참이 발을 못 붙도록 미리 자리를 차지한다. 그래도 안 되면 전쟁을 벌인다. 자신의 필살기인 박테리오신을 분비해 상대를 죽이려 한다. 물론 아주 드문 경우이지만 이 전쟁 이후에 신참이 상주 미생물로 자리 잡아서 긴 진화과정에서 터줏대감의 후보가 되기도 한다.

이렇게 우리 몸의 염증을 재해석해 보면, 염증이란 우리 몸과 우리 몸속 여러 생명체들이 여러 화학물질을 무기로 우리 몸을 전쟁터 삼아 벌이는 전쟁이다. 그래서 염증은 '양날의 칼'이다.[15] 염증은 외부 생명체로부터 우리를 지켜주는 과정이지만, 그것이 심해지면 우리를 파괴하기 때문이다. 잇몸병이 심해지면, 턱뼈가 녹아내린다. 류머티스 관절염은 뼈를 파괴하고, 비염이나 아토피, 장염은 피부와 점막을 파괴한다. 그래서 염증을 치료할 때도, 양날의 칼 양쪽을 모두 무디게 하는 약을 쓴다. 외부 생명체을 제어하기 위해 쓰는 대표적인 약이 항생제이다. 부위에 따라 사는 세균이 다를 수 있어 항생제의 종류가 다를 수는 있지만,

외부 침범자가 세균일 때는 항생제를 쓰는 것은 모두 동일하다. 항곰팡이제, 항기생충제, 항바이러스제제 등도 침범자의 종류에 따라 쓴다. 외부 생명체에 반응하는 우리 몸을 무디게 하기 위한 약은 항염제(anti-inflammatory drug), 혹은 소염제다. 이것은 염증이 진행되는 특정 과정을 차단하는 것인데, 염증과정을 차단할 때 통증도 차단되는 경우도 많아 흔히 소염진통제라고 부른다.

그런데 생각해 보면 염증이 양날의 칼이라는 것은 아이러니가 아닐 수 없다. 외부로부터 자기를 지키는 과정이 왜 자기를 파괴할 만큼 과하게 되는 것일까? 과한 것이 자기를 파괴한다면, 생명체는 스스로 진화하여 그 과함을 조절했을 텐데도 말이다. 이것에 대해서는 면역세포들이나 우리 몸 미생물들 자체가 외부에서 온 것들이라는 점을 하나의 힌트로 삼을 수 있다.[16] 우리 몸을 구성하는 터줏대감인 면역세포나 지원군이 되기도 하는 상주 미생물, 또 새로 침입한 신참 미생물들 역시 우리 몸과 늘 신호를 주고받기는 하지만, 각각 자율적 생명체라는 것이다. 생사가 걸린 전투를 벌이는 전장의 병사들에게는 전쟁터를 살필 여력이 없다. 전쟁터가 파괴되는 것은 이들에게는 2차적인 문제다. 우선 급한 것은 살아남는 것이다. 우리 몸에서 벌어지는 전투가 격해지면 전쟁터인 우리 몸도 상처를 받게 되는 것이다.

전투가 벌어지면 터줏대감이 초반에 승기를 잡아 우리 몸이 다시 평온해지기를 바라야겠지만, 늘 우리 바람이 이루어지는 것은 아니다. 만약 터줏대감이 밀리는 것 같으면, 우리는 터줏대감의 편을 들어 외부 생명체를 막아야 한다. 일단 항생제라는 폭탄을 투여할 수 있다. 하지만 전투가 더 격해지면 터줏대감도 말려야 한다. 항생제와 함께 항염제(소염제)를 투여하는 것이다. 그게 우리가 우리를 지키는 길이다.

물론 이것은 상책이 아니다. 그보다 더 좋은 방법은 평소에 터줏대감들을 안정시키는 것이다. 좀 센 신참이 들어와도 터줏대감들이 흥분하지 않고 상황을 정리할 수 있도록 튼튼하게 해주는 것이다. 좋은 공기를 마시고, 과식하지 말고, 너무 피곤하게 일하지 말아야 한다. 오랫동안 우리 몸을 삶의 터전으로 삼아온 터줏대감들이 계속 평온한 삶을 유지하도록, 우리 몸을 튼튼하게 만들어야 하는 것이다.

4

염증을 부르는 선동가 세균
진지발리스

염증을 부르는 핵심세균

염증과 암의 원인을 우리 몸 미생물 군집 전체의 균형과 부조화에서 찾으려는 연구는 또 다른 갈림길에 서게 된다. 우리 몸에 살던 미생물 중 좀 특이한 녀석들이 있기 때문이다. 이들은 원래 우리 몸에 적은 수가 산다. 그러다 환경이 바뀌면 개체수를 늘려 전체 미생물 군집의 균형을 깬다. 또 이들은 개체수를 많이 늘리지 않으면서도 전체 세균의 평형을 깨뜨리기도 한다. 주위에 살던 다른 미생물을 꼬드기거나, 미생물을 격퇴하러 오는 우리 몸의 면역세포를 대신 차단하거나, 우리 몸을 파괴하면 쏟아지는 영양소를 주위에 나눠 주기도 한다. 그래서 이 녀석이 나타나거나 수가 증가하면 평화롭던 미생물 세계에 지각변동이 일어나고, 그만큼 우리 몸의 방어세포들도 바빠지고 힘들어진다. 결과적으로 염증이 심해지는 것이다.

상주세균 가운데 이런 녀석들이 있다는 것을 학자들이 놓칠 리가 없다. 많은 학자들이 이들에 대해 연구했고, 이들에게 특성이 잘 반영되는 별명을 붙였다. 조종자(bacterial driver)[1], 알파버그(alpha bug)[2], 핵심세균(keystone pathogen)[3] 같은 이름을 붙인 것이다. 이 이름들은 조금씩 다른 특징들을 담고 있지만, 염증을 일으키는 데 핵심적인 역할을 한다는 의미에서 이 책에서는 핵심세균이라고 부르기로 하겠다. 핵심세균의 대표적인 예는 장에 사는 후라길리스(*B. fragilis*), 갈로리티쿠스(*S. gallolyticus*)를 포함한 몇 종과, 구강에 사는 뉴클레아툼(*F. nucleatum*), 진지발리스(*P. gingivalis*)이다. 이런 핵심세균들까지 감안하면, 미생물이 우리 몸에 침투하여 염증을 일으킬 때는 크게 3가지 방식이 모두 동원된다(표 1).

잇몸주머니 안 플라그에 서식하며 잇몸병을 일으키기도 하는 뉴클레아툼(*F. nucleatum*)이 대장암에서 늘 발견된다는 것은 상당히 인상적이

〈표 1〉 질병을 일으키는 미생물의 3가지 방식[2]

방식	예
단일 세균	헬리코박터 파이로리, 결핵균, 간염 바이러스
미생물 군집	장염, 잇몸병의 다양한 미생물 군집
미생물 군집 속의 핵심세균	후라길리스(*B. fragilis*), 갈로리티쿠스(*S. gallolyticus*), 뉴클레아툼(*F. nucleatum*), 진지발리스(*P. gingivalis*)

다. 이것은 장염 환자에서도 많이 발견되는데, 특히 대장암이 있는 곳에서 훨씬 더 많이 발견된다. 대장 세포와 서로 견제하고 영향을 주고받으며 암의 진행에 관여하는 것으로 보인다.[4] 또 이것은 임산부의 태반에서 발견되기도 하고,[5] 조산과 사산의 원인균으로 지목되기도 한다.[6]

핵심세균의 대표, 진지발리스

뉴클레아튬의 다양한 영향에도 불구하고 구강미생물 중 대표적인 핵심세균은 아무래도 진지발리스(*P. gingivalis*)이다. 진지발리스는 보통때는 그 수가 많지 않아 기껏해야 전체 잇몸주머니 안 세균의 0.1% 미만이다. 그런데 위생관리가 되지 않아 잇몸 안에 세균들이 점점 증식하여 산소가 적어지면, 산소를 싫어하는 혐기성 세균인 진지발리스가 그 수를 대폭 늘려 평소에 비해 1만 배가량 늘어난다.[7]

진지발리스가 증식을 시작하면 당연히 인체도 그에 대한 방어에 나선다. 백혈구, 그 중에서도 중성구들이 달려오는데, 진지발리스는 중성구들을 불러들이는 면역신호를 차단한다.[8] 요행히 신호가 전달되어 백혈구들이 몰려왔다 해도, 백혈구들이 여러 병적 세균들을 잡아먹는 과정에서 꼭 필요한 보체(complement)를 교란시켜 방해한다. 결과적으로 진지발리스가 출현하고 증식하면 다른 세균들도 대폭 증가하게 된다.[9]

또 진지발리스는 혼자 행동하지 않는다. 무균 쥐에 진지발리스만 감염시키면 염증이 일어나지 않는다. 진지발리스에게는 자신을 따라 함께

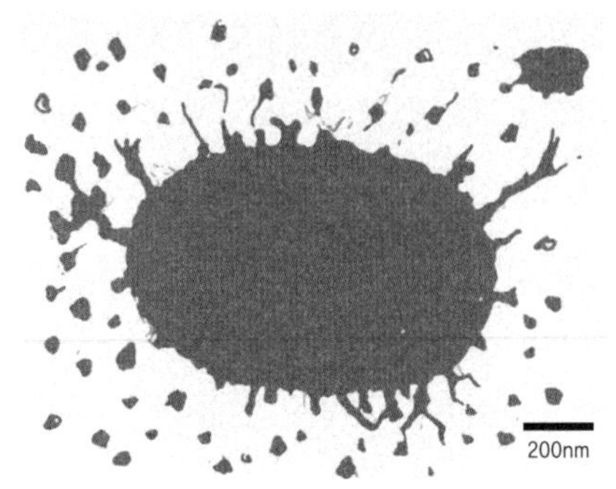

진지발리스

진지발리스는 그람 음성이고 운동능력이 없으며, 혐기성이다. 또 크기는 1μm 정도이고 타원형이다. 진지패인이라는 강력한 효소와 돌기, 세포벽 성분인 지질다당류(LPS) 등이 진지발리스의 독성을 높인다.

행동할 세균들이 필요하다.[10] 함께 행동할 세균들을 불러모으고 그들을 행동에 나서도록 부추기기 위해, 진지발리스는 백혈구의 증식과 기능을 약화시키고 다른 세균들이 숙주를 침투하고 증식하도록 돕는다. 진지발리스 세포벽의 돌기는 구강의 상주세균 중 하나인 고르도니(*S. gordonii*)가 바이오필름을 형성하는 데 필요하다.[11] 고르도니는 거기 붙어 살아간다. 또 진지발리스는 역시 요주의 세균인 포르시시아(*T. forsythia*)가 숙주의 표피세포를 침투하도록 돕는다.[12]

진지발리스가 직접 우리 몸 세포 안으로 침투하기도 한다. 그러면 항생제를 써도 죽일 수 없다. 항생제는 숙주 세포를 죽일 수 없고, 그래서도 안 되기 때문이다. 또 진지발리스는 숙주세포 안의 물질들을 대사해서 에너지로 사용하며 살아갈 수도 있다. 상황이 이쯤 되면 숙주세포는 스스로 죽음으로써 감염의 확산을 막는다. 이것을 세포자살(apoptosis)이라고 하는데, 진지발리스는 이것마저도 방해한다. 이 모든 과정을 통해 진지발리스는 병적 세포를 늘리고 결과적으로 자신도 증식한다.[13]

진지발리스가 증식을 시작하고 통제를 넘어서면, 잇몸 안 상주세균들 마저도 통제가 되지 않을 만큼 대폭 수를 늘리게 된다. 보통 1,000배가량 늘어난다고 알려져 있다. 결과적으로 잇몸 안 세균들은 아주 큰 변화를 겪게 된다.[14]

이처럼 독특하면서도 위험한 진지발리스의 능력은, 진지발리스가 만들어내는 진지패인(gingipain)이라는 강력한 단백질 분해효소와 돌기 등 세포벽이 가지는 여러 분자적 특징에서 비롯된다. 세균을 포함한 모든 생명체는 생명활동을 위해 많은 효소를 만들어낸다. 진지발리스가 만드는 진지패인은 필요한 영양분을 모으고 분해해서 에너지로 사용하게 하는 핵심적인 역할을 하는 효소이다. 진지패인은 우리 잇몸뼈 안의 콜라겐과 단백질을 분해해서 영양분으로 삼고, 염증반응으로부터 치유되는 것을 방해한다. 또 진지발리스가 세포 안으로 침투했을 때, 세포 속에 있는 트랜스페린(transferrin)이라는 물질을 분해해서 진지발리스가 필요한 철분을 사용하도록 만든다. 그 외에도 다른 세균들의 세포 침투를 돕고, 숙주의 면역신호 물질들을 분해해서 면역기능을 방해한다.

또 진지발리스의 세포벽을 이루는 지질다당류(Lipopolisaccharide, LPS)는 그 자체로 대표적인 내독소(endotoxin)이다. 내독소는 세균 안에 들어 있는 독소로, 밖으로 분비되지 않다가 세균이 죽어서 파괴될 때에야 비로소 밖으로 나온다. 그래서 진지발리스는 항생제나 다른 면역작용에 의해 파괴되더라도, 그 파괴의 산물인 LPS가 내독소로 작용하여 인체의 면역반응을 촉발시키고 교란시킨다. 진지발리스의 세포벽 돌기 역시 독성에 큰 영향을 미친다. 돌기는 진지발리스가 숙주의 조직에 들어붙고 침입해서 군집을 이루는 데 쓰인다. 숙주의 세포로 침입해 들어갈 때, 스스로를 보호하는 수포를 만들기도 한다.

온몸으로 뻗어가는 진지발리스

진지발리스는 염증을 일으키는 핵심세균으로 꼽힐 만한 자격을 넘치도록 갖추었다. 실제로 우리 입속에서 잇몸질환을 일으키는 데 핵심적인 역할을 한다. 하지만 더 큰 문제는 입속에만 머물지 않고 전신을 돌며 곳곳에서 문제를 일으킨다는 것이다. 대표적인 것이 심혈관 질환이다. 심혈관 질환과 잇몸병 사이의 관련성을 밝히는 논문이 2007년에는 73개이던 것이 2014년에는 4,000개 가까이 늘어났는데, 여기에 관여하는 대표적인 세균으로 연구자들이 지목하는 것이 바로 진지발리스다.[15]

지난 10여 년간 심혈관 분야 역시 커다란 변화를 겪고 있다. 혈관을 막아 동맥경화를 일으키고 급기야 뇌와 심장에 경색을 일으키는 원인인 죽종■이 왜 만들어지는지에 대한 설명이 바뀌고 있는 것이다. 지금까지는 우리가 익히 들어왔듯이 지방이 혈관 내에 쌓여서 혈관을 막는다고

■ **죽종**

동맥의 혈관 벽에 세포 부스러기, 지방, 칼슘, 결합조직 등이 쌓여 자라는 것으로, 플라그의 일종이다.

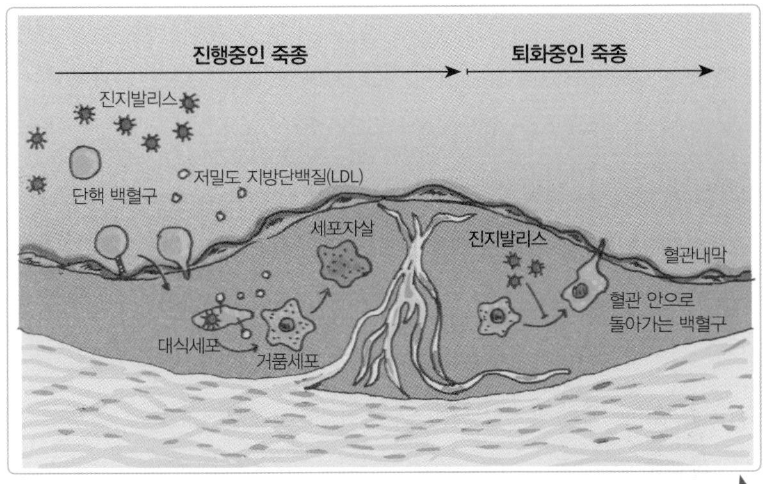

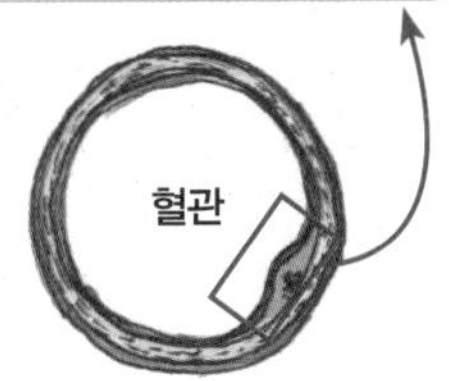

〈그림 2〉 혈관내막의 염증반응에 의해 일어난 죽상경화증

혈관내막에 진지발리스가 침범하면 여러 면역세포들(대식세포)의 반응이 연쇄적으로 일어나고, 그 결과 혈관내막에 죽종(플라그)이 생겨 혈관이 막히는 죽상경화증으로 진행될 수 있다.

설명해 왔다. 그래서 우리가 건강검진을 받을 때 콜레스테롤이나 혈관 내 여러 지방(HDL, LDL)이 혈관 건강을 체크하는 중요한 지표로 등장한다.

하지만 최근에는 죽종의 주요한 원인으로 혈관 내벽에 생기는 염증반응이 꼽히고 있다. 혈관을 크게 확대해 보면 몇 개의 층으로 나뉘는데, 그 중에서 가장 안쪽에 있는 혈관내막에 염증이 생기면서 혈관을 막는다는 것이다. 우리 피부에도 상처가 생기면 붓고 딱지가 생기듯이, 혈관 속에서도 같은 일이 벌어지며 혈관을 막는다.[15]

그럼 혈관내막에 염증반응이 생기는 까닭은 무엇일까? 여러 원인이 있

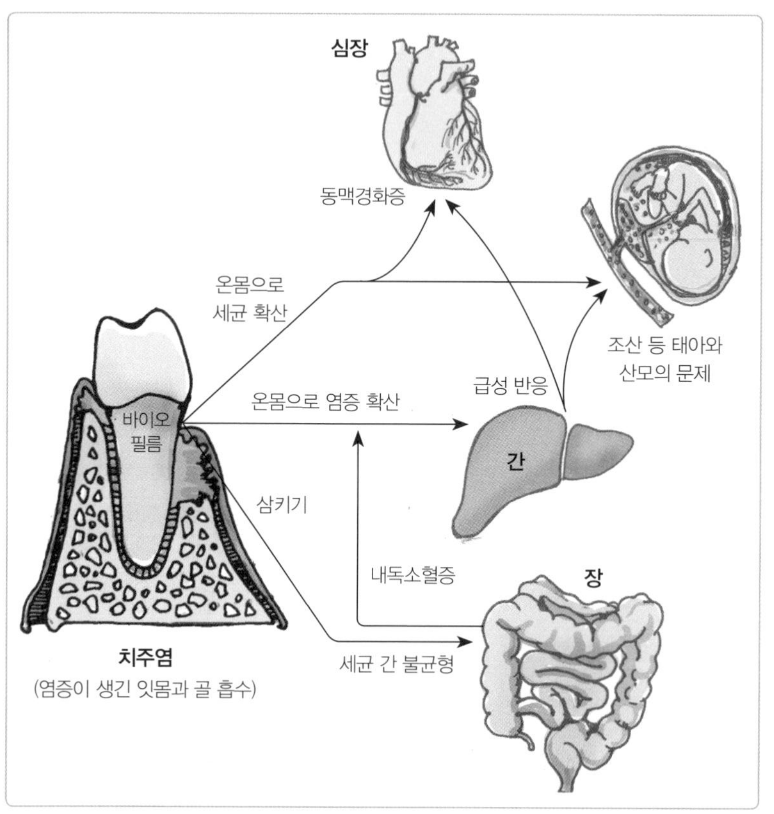

〈그림 3〉 진지발리스가 우리 몸 곳곳에 미치는 영향

잇몸질환을 일으키는 핵심세균인 진지발리스는 우리 몸 곳곳으로 이동해 문제를 일으키는 핵심세균으로 꼽힌다. 심혈관이나 임신 관련된 문제, 간과 소화관의 질병을 일으키는 핵심세균으로 거론된다.[21]

겠지만, 당연히 세균이 그 가운데 하나로 지목된다. 그리고 거기에 구강미생물도 이름을 올린다. 진지발리스를 비롯한 잇몸주머니 속의 세균들이 혈관 내피세포나 혈관의 근육을 침범하고 감염시킬 수 있다는 것이다.[16]

이런 결과는 동물실험에서도 드러났다. 진지발리스를 접종한 돼지에서 관상동맥 질환이 유발된 것이다.[17] 또 진지발리스와 인간의 면역세포가 만났을 때 생기는 분비물이 동맥경화를 일으키기도 했다. 진지발리스를 노출시키면 면역세포인 대식세포는 진지발리스를 집어삼키면서 거품세포라는 것을 만드는데, 이것이 만들어내는 분비물이 동맥경화를 유발하는 매우 중요한 요인이 된다는 것이다.[18]

인체에서도 발견되었다. 심장에서 양쪽 목을 타고 올라가 얼굴과 뇌에 혈액을 공급하는 경동맥에 생기는 죽종의 플라그에서 진지발리스가 발견된 것이다.[19] 또 경동맥 죽종에서 떼어낸 50개의 시료 중 18~30%에서 진지발리스 등의 치주질환 세균이 발견된다는 보고도 있다.[20]

우리 입속에는 늘 많은 세균이 상주하지만, 뉴클레아툼과 진지발리스 정도는 기억할 필요가 있다. 잇몸질환의 핵심세균일 뿐만 아니라 몸 곳곳에서 문제를 일으켜 우리를 괴롭힐 수 있는 녀석들이기 때문이다.

4장

미생물과의 공존를 위하여

우리는 건강하고 평화로운 일상을 원한다. 하지만 지난 20세기 과학과 의학의 눈부신 발달에도 불구하고 우리는 여전히 많은 질병에 노출되어 있다. 왜 그럴까? 이 장은 그 원인 중 하나를 미생물을 터부시한 역사에서 찾아보았다. 1850년대부터 시작된 세균과의 전쟁 170년을 돌아보고, 인류의 탄생 이래로 유례 없이 자연과 생명에서 멀어진 우리의 생활방식을 반추했다. 그리고 이에 더해 좀 더 생명친화적인 생활방식과 식이습관을 제안했다.

1

세균과의 전쟁

170년의 교훈

불과 170년 전만 해도 런던의 템스강에는 똥덩어리가 떠다녔다. 지금 생각하면 아주 생소하고 끔찍한 일이지만, 당시 지구에서 가장 발달된 도시에서도 상하수도의 구분이 없어 상수원으로 사용하는 강물에 배설물을 흘려보냈다. 악취가 진동하는 것은 물론 콜레라를 비롯한 여러 질병이 기승을 부리는 것은 당연했다. 19세기 중반만 해도 미생물이 질병의 원인이라는 개념이 없어 공중보건이나 개인위생의 중요함을 알지 못했던 것이다. 미생물이 결핵, 콜레라, 흑사병의 원인이라는 것은 19세기 후반인 1880년대에 이르러서야 파스퇴르와 코흐에 의해 밝혀지기 때문이다.

브린 바너드는《세계사를 바꾼 전염병들》에서 이렇게 말한다.

"19세기 중반까지만 해도 런던은 하수구가 바로 식수의 원천이고, 돼지우리처럼 쓰레기가 도시 곳곳에 쌓여 있었다. 도시 사람들은 심지어 특권계급이라도 40세 정도밖에 살지 못했고, 시골 사람들이 오히려 더 오래 살았다. 병원에서도 의사들의 피 묻은 가운은 전문성의 상징이었고, 의사들도 손을 거의 씻지 않았다. 그래서 병원에서 아이를 낳는 여성들의 사망률이 길에서 아이를 낳는 여성들보다 높았다."

그럼에도 시대를 앞서가는 선각자는 늘 있는 법이다. 19세기 중반부터 일부 선각자들이 공중위생의 필요성을 인지하고 손 씻기와 환경위생의 중요성을 전파했다. 영국의 에드윈 채드윅(Edwin Chadwick, 1800~1890년)은 1848년 공공의료법을 통해 주거환경을 개선하고 효율적인 하수도를 만들었으며, 깨끗한 물을 마셔야 한다고 주장했다. 비슷한 시기 헝가리의 산부인과 의사 제멜바이스(Ignaz Semmelweis, 1818~1865년)도 병원에 손 씻기를 도입하여 산모의 사망률을 대폭 낮추었다.

19세기 이전에도 역병이 돌 때마다 치료를 위한 시도는 있었다. 하지만 대부분 효력이 없었다. 피를 흘리게 하거나 신에게 용서를 구하거나, 이상한 복장을 차려 입기도 했다. 말하자면 질병의 원인과는 아무런 상관이 없는 행위들을 한 것이다. 19세기 중반 채드윅과 제멜바이스 시대에 와서야 비로소 실효성 있는 방법들이 시도되었다. 그리고 이로써 미생물과의 전쟁이 시작되었다. 하지만 이들 선각자들조차도 미생물과 질병의 관계를 명확히 인지한 것은 아니다. 그저 질병을 일으키는 뭔가가 있다는 것을 감지하고, 이것을 주위 환경과 병원 그리고 인간의 몸에서 줄이기 위한 활동을 시작한 것이다.[1]

백신에 대한 개념이 분명히 선 것은 19세기 후반 파스퇴르와 코흐의 덕이다. 백신은 질병을 일으키는 미생물을 약하게 하거나 죽인 것을 몸에 주사해서 항체가 형성되게 하는 것이다. 물론 10세기 즈음에 중국에서도 말린 천연두 딱지를 환자의 콧속으로 불어넣어 증상을 완화시키는 요법이 있었고, 백신의 창시자라 할 수 있는 제너(Edward Jenner, 1749~1823년)가 우두(cowpox)에 걸린 소의 고름으로 천연두를 예방하는 종두법(Vaccination)을 제안한 것은 1798년이다. 하지만 이런 예는 모두 경험의 축적에서 비롯된 발견일 뿐이었다. 현대적 백신의 출발은 1880년대 파스퇴르가 배양을 통해 콜레라를 일으키는 세균을 밝히고 이를 예방할 수 있는 백신을 개발한 것이라 할 수 있다.[2] 그 후 빠르게 백신이 보급되었고, 여러 나라에서 백신 접종을 의무화하기 시작했다. 20세기 들어서는 수두나 볼거리, 디프테리아 등에 대한 백신도 개발되었다. 오늘날 우리나라에서도 어린 아이들은 의무적으로 접종해야 하는 백신이 정해져 있고, 성인들에게도 대상포진, 인플루엔자를 포함한 10종의 예방접종을 권장하고 있다.[3]

구강 미생물에 대한 논의는 1890년 미국 치과의사 밀러(Willoughby Miller, 1853~1907년)에 의해 시작되었다. 그는 《인간의 구강 미생물(Micro-organism of the Human mouth)》이라는 책에서 충치와 미생물의 관련성을 처음으로 제시했고, 충치가 세균들이 몸으로 침투할 수 있는 주요한 경로라고 설파했다.[4] 하지만 구강 위생관리가 일반화된 것은 한참이 지난, 제2차 세계대전 이후였다. 나일론 칫솔은 1930년대에 미국에서 개발되었고, 제2차 세계대전에 참전한 미군 군사들에게 보급되었다. 당시 군사들에게는 칫솔질이 의무화되었는데, 이들이 고국으로 돌아오고 나서 칫솔질이 미국 전역으로 퍼져 나간 것이다. 우리나라에 칫솔질이 보편화된 것 역시 미군들의 영향이었을 것이다.

구강 관리에서 치석을 제거하는 스케일링 역시 빼놓을 수 없다. 1943년 스웨덴에서 6,500명의 군인들의 구강상태를 조사했더니 이 가운데 자기 치아를 모두 가지고 있는 사람이 18명에 불과했다. 지금은 스케일링을 비롯한 구강관리에서 세계적으로 선두에 서 있는 이 나라에서도, 당시엔 잇몸에서 피나고 충치가 심해 결국 이가 빠지는 일이 다반사였던 것이다. 스케일링은 1950년대 들어서 스웨덴을 비롯한 북유럽 스칸디나비아 반도의 여러 나라들에서부터 보편화되기 시작했다.[5] 이곳의 치과의사들은 칫솔질을 보편화하고 치석 제거를 포함한 잇몸관리를 정기적으로 시행하여 잇몸병을 획기적으로 낮추는 데 성공했다.

비누로 세수를 하는 것이나 더러운 손을 씻는 것, 그리고 치약을 사용해 이를 닦는 것은, 세제로 때묻은 옷을 빠는 것이나 기름 가득한 프라이팬을 닦는 것과 원리적으로는 같다. 섞이지 않는 여러 물질들, 특히 기름과 물을 섞이게 하는 계면활성제(surfactant)를 필요로 하기 때문이다. 우리 몸을 씻는 데 가장 많이 쓰이는 계면활성제인 라우릴설페이트(Lauryl sulfate)가 치약이나 비누, 샴푸에 첨가된 것은 1930년대 무렵이다. 처음에는 천연 코코넛오일에서 추출했지만, 2차 세계대전 이후 석유추출물을 사용해 대량생산하며 가격을 크게 낮추었다. 이후 피부세포 파괴나 독성 등 여러 문제들이 보고되고 있기는 하지만, 계면활성제 세제는 오랫동안 우리 몸과 우리 주위환경을 더 잘 씻어냄으로써 세균을 낮추는 데 기여한 것은 분명하다.

항생제가 일상적으로 쓰이기 시작한 것 역시 2차 세계대전 무렵이다. 영국의 플레밍이 최초의 항생제인 페니실린을 처음 발견한 것은 1928년이지만 당시에는 푸른곰팡이로 페니실린을 대량으로 만들어낼 방법이 없었다. 1940년대 초반에 이르러서야 대량생산에 성공했고, 대량생산된 항생제는 2차 세계대전에서 많은 병사들의 목숨을 살렸다. 그리고 곧 폐렴을 잡은 스트렙토마이신이 발견되어 1950년대에는 항생제가 일상적으로 사용되기 시작했다.

21세기의 우리는 상하수도와 쓰레기 처리 시설이 잘 갖추어진 깨끗한 시멘트 도시 환경에 둘러싸여 공원에서조차 흙 밟을 일 없는 일상을 살아간다. 아침 저녁으로 샤워를 하며, 어릴 때부터 칫솔질의 중요함을 누누이 교육받고, 국가예방 접종표에 따라 만 12세가 되기 전에 10여 가지의 백신을 접종한다. 또 아이가 눈병이나 감기에라도 걸리면 아예 학교에 보내지 않는다. 어쩌다 상처가 나면 바로 항생제 연고를 바르고, 감기나 발치 후에도 세균의 감염을 염려해 항생제를 투여한다. 이렇게 더듬어 보면, 어림잡아 170년 정도 인류는 세균과의 전쟁을 치르고 있다.

그럼에도 우리는 여전히 안전하지 않다. 메르스(MERS)를 비롯한 세계적인 전염병이 다시 대두되고 있고, 백신이 준비되지 않은 신종 바이러스들이 끊임없이 출현하며, 심지어 우리나라에서도 후진국 병이라는 결핵이 다시 증가하고 있다. 항생제에 내성을 보이는 균들이 급격히 증가하며, 다시 항생제 이전의 시대로 돌아가는 것이 아니냐는 두려움까지 낳고 있다. 무엇보다 줄어드는 감염성 질환과는 정반대로 가파르게 늘고 있는 아토피 같은 면역질환들과 악성 암들은 현대의학의 발달과 함께 인간이 정말 더 건강해졌는지 의문을 던지게 한다.

왜 이런 모순이 벌어지는 걸까? 우리는 지난 170년간의 역사에서 무엇을 확인할 수 있었을까? 그 역사에서 무엇을 교훈 삼아야 할까?

일단 지난 역사를 통해 인류가 미생물로부터 일정 부분 스스로를 보호할 수 있음을 확인한 것은 반가운 일이다. 상하수도를 포함한 공중보건의 확장과 손 씻기, 샤워, 칫솔질 같은 개인 위생, 그리고 백신과 항생제의 개발을 통해 인류는 질병의 실체를 확인하고, 이를 일정 부분 방어하는 데 성공했다. 지구 역사상 그 어떤 생명체도 환경으로부터 획득한 자연면역을 넘어 이처럼 적극적인 방식으로 스스로를 방어한 사례는 없다.

그 덕에 우리가 감염병에 노출되는 빈도는 그전에 비해 눈에 띄게 줄었다. 내가 어렸을 적보다 눈병이 유행하는 경우도 훨씬 줄어들었고, 홍역이나 볼거리도 찾아보기 힘들 정도로 줄었다. 우리 치과에도 처음 개업한 20년 전만 해도 잇몸이나 사랑니 주위가 세균에 감염되어 얼굴 아래가 퉁퉁 부어 내원하는 사람들이 많았는데, 칫솔질에 스케일링까지 보편화되면서 이런 경우는 대폭 감소했다.

이것은 통계에서도 확인된다. 세계적으로 보아 지난 20세기 동안 감염질환은 확실히 줄었다. 〈그림 1〉은 1950년부터 2000년까지 50년간, 결핵이나 간염 같은 감염성 질환이 얼마나 줄었는지 보여준다.[6] 아마도 1850년대까지 통계를 확보해 그래프를 그린다면 더 드라마틱한 결과를 보여줄 것이다. 우리나라에서도 마찬가지다. 건강보험이 처음 시작된 해인 1977년과 그로부터 30년이 지난 2006년의 질병구조를 비교해 보면, 미생물의 영향이 큰 호흡기계 질환과 소화기계 질환이 각각 10%, 32.3% 줄어들었다.[7] 대신 그 자리를 노령화 사회가 되면서 증가할 수밖에 없는 심혈관질환이나 관절질환 등이 대체해 가고 있다(표 1).

그럼에도 불구하고 인류가 미생물로부터 자유로울 수 없다는 점을 지난 역사는 분명히 보여준다.

내 기억으로 어렸을 적 주위에서 아토피로 고생하는 친구들을 본 적이 없다. 하지만 한 세대가 지난 지금은 내 주위에 아이들의 아토피가 너무 심해서 아예 시골로 이주해서 살면서 치료하는 가족이 여럿 있다. 나 역시도 40대 이후에 귀 뒤와 눈 주위에 아토피가 생겨 술 한 잔 먹은 다음날이면 무척 가려웠는데, 산에 자주 다닌 뒤로 없어졌다.

이것 역시 통계로 확인된다. 우리나라 중학생의 경우 아토피로 진단

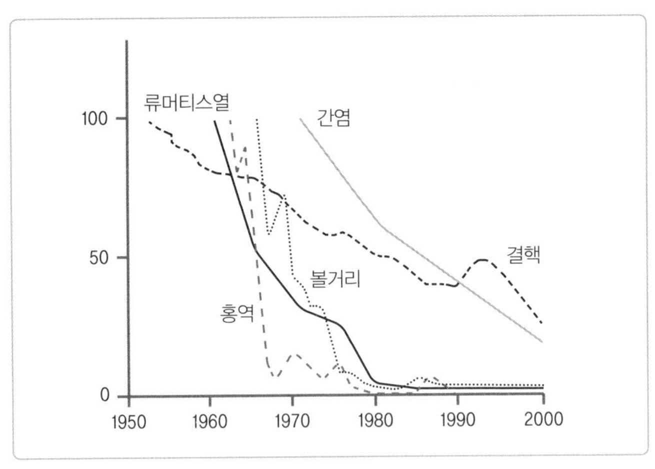

〈그림 1〉 감염성 질환의 발생 정도

지난 20년간 간염이나 홍역, 결핵은 대폭 감소했다.[6]

받은 적이 있는 경우가 1995년 7.3%에서 2010년 24.2%로 3배 이상 증가했다.[8] 15년 만에 이런 일이 일어날 수 있을까 싶을 정도다. 세계적으로도 지난 50~60년간 감염질환은 지속적으로 줄어듦에 반해 면역질환은 반대로 가파르게 증가하고 있다는 것을 보여준다(그림 2).[6]

〈표 1〉 지난 30년간 질병구조의 점유율 변화(1977~2006)[7]

구분	특정 감염성 및 기생충성 질환	신생물	정신 및 행동 장애	순환기계 질환	호흡기계 질환	소화기계 질환	근골격계 및 결합조직 질환	비뇨 생식기계 질환	손상, 중독 및 외인의 결과	기타
1977년(A)	4.9%	0.8%	1.0%	3.1%	27.9%	23.3%	2.5%	5.2%	3.4%	27.9%
2006년(B)	3.9%	1.4%	1.7%	9.1%	25.1%	15.8%	10.1%	4.5%	5.8%	22.6%
변화율 (B/A)	△25.6%	75.0%	70.0%	193.6%	△10.0%	△32.2%	304.0%	△13.5%	70.6%	△19.0%

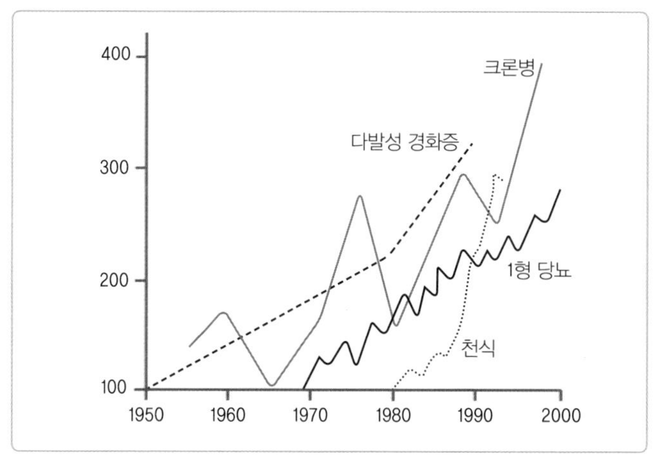

〈그림 2〉 면역질환의 발생 정도

지난 50년간, 천식이나 크론병 같은 면역질환들은 가파르게 늘었다.[6]

왜 이런 일이 일어나는 것일까? 한마디로 단정 지어 말할 수는 없다. 다만 한 가지 귀담아들어야 할 제안이 있다. 바로 위생가설(Hygiene Hypothesis)이다.[9] 위생가설은 우리 주위와 우리 몸에 미생물이 너무 없어서, 인류가 미생물을 박멸하려 해서 생긴 문제라고 말한다. 달리 말해, 우리 주위와 우리 몸이 너무 깨끗해서 면역질환이 증가한다는 것이다. 인간의 면역시스템은 외부 항원에 대해 스스로 면역을 키워야 하는데, 너무 깨끗해진 상태에서는 자신을 지켜야 할 필요가 줄고, 그러면 외부와의 상호작용에 의해 후천적 면역을 쌓아갈 기회를 잃게 된다는 것이 위생가설의 핵심이다. 그 결과, 아토피나 천식을 포함한 여러 면역질환이 증가한다는 것이다. 한 예로 2011년에 시골 지역인 정읍군과 도시화된 정읍시, 그리고 서울시의 아토피율을 조사한 결과, 서울이 28%로 가장 높고, 정읍시 23.2%, 정읍군 시골지역이 18.3%였다.[10] 정확히 도시화된 순서로 아토피가 많은 것이다.

역설적으로 보이는 위생가설은 최근의 미생물학 발전에 비추어볼 때 곱씹어볼 만한 제안이다. 미생물이 전혀 없는 무균 쥐가 면역의 발달이 더디다는 것은 이미 오래 전부터 널리 알려져 있다.[11] 산모가 항생제를 복용하거나 영유아 시기에 항생제를 복용하여 장 세균이 치명상을 입은 유아들은 이후 아토피나 천식의 발생율이 증가한다.[12] 또한 항생제를 쓰면 오히려 바이러스는 증가할 수도 있고,[13] 심지어 대장암에 노출될 위험도 늘어난다.[14] 계면활성제가 포함된 세정제를 너무 많이 쓰면 피부 미생물 군집을 교란시켜 피부에 트러블이 생기게 하고,[15] 화학적 계면활성제가 섞인 치약은 오히려 구강 염증의 원인이 되기도 한다.[16]

지난 170년 동안 인류가 세균과 벌여온 전쟁에서 인류가 목표로 한 바는 세균의 박멸이었다. '소독(消毒)'이란 말 자체가 '독'을 소멸시킨다는 말이 아닌가. 인류는 소독약을 병원에 사용했고 각 가정으로 확산시켰으며 도시환경 정화에 적용했다. 또 우리 피부와 입안에, 심지어 항생제라는 소독약을 우리 몸 전체에 대량 투여함으로써 세균의 박멸에 나섰다.

하지만 실제 우리가 한 것은 세균의 박멸과는 거리가 멀었다. 우리 피부와 구강의 세균은 아무리 깨끗하게 샤워를 하고 칫솔질을 해도 완전히 없앨 수는 없으며 살아남는 것은 곧 다시 번식한다. 항생제를 투여해서 그 수를 줄일 수는 있어도 완전히 없앨 수 없고, 그 중 일부는 또 살아남아 이번에는 더 센 세균들로 재등장한다. 결과적으로 인류는 세균들을 소독함으로써 감염성 질병에서 상당히 자유로워졌지만, 인체에서 우리 인간과 공존해야 하는 세균까지 없애는 과잉을 범했다. 그리고 그 과잉은 바로 우리를 향하고 있다.

이제 우리는 세균의 위험성과 필요성을 동시에 인식하고 있다. 그렇다면 세균과의 전쟁에서도 전략이 수정되어야 한다. 전면적인 전투 대신 적절하고 완화된 경쟁이 필요하다. 가장 먼저 항생제를 줄여야 한다. 세균 감염이 아니면 항생제를 금하고, 설사 세균 감염이더라도 심하지 않으면 곧바로 항생제를 투여하는 것을 경계해야 한다. 궁극적으로 우리가 목표로 해야 하는 것은 세균의 박멸이 아니라, 우리 몸의 면역력을 키우는 것이 되어야 하기 때문이다.

우리 몸에 화학 세정제를 쓰는 것도 다시 생각해보아야 한다. 화학 항균제를 듬뿍 넣은 치약으로 하루 세 번 입속 미생물을 뒤흔드는 것도 재고해야 한다. 무엇보다 우리의 삶이 자연으로부터, 흙으로부터 너무 멀리 떨어져 있다는 사실도 분명히 인식해야 한다.

나는 지난 20년 동안 항생제를 먹어본 적이 없다. 우리 병원을 찾는 환자들에게도 가능한 항생제를 처방하지 않으려 노력한다. 20대 이후로는 비누도 거의 쓰지 않는다. 아침저녁으로 물로 샤워하는 것만으로 충분하다고 생각한다. 치약도 가능한 순한 천연치약을 쓴다. 화학 치약을 쓰면 입이 화끈거린다. 또 시간이 나는 대로 산을 찾는다. 나에게 산은 현대 인간들만의 답답한 무생물의 시멘트에서 생명의 공간으로 들어가는 창구이다.

우리 인간의 몸은 미생물로부터 스스로를 보호하기 위해 부단히 능력을 키워야 한다. 지난 세기 동안 인류는 그 능력을 지원할 여러 수단을 마련해 왔다. 하지만 우리가 우리 몸을 위해 마련한 그 수단들은 역설적이게도 우리 몸의 능력이 성장하는 데 방해가 되었고, 이제 우리는 우리가 마련한 여러 수단들을 절제해서 사용해야 한다. 그렇지 않으면 우리는 다시 미생물로부터 위협받을 수 있다는 것이 170년 세균과의 전쟁이 주는 교훈이다.

2 가능한 약은 멀리 항생제는 더 멀리

약은 최소한으로

우리나라에서 가장 많이 팔리는 전문의약품은 항생제이다(표 1). 그 다음은 고혈압 약이고, 혈전 예방제, 소화제, 진통소염제가 그 뒤를 잇는다.

치과의사인 내가 고혈압 약이나 혈전 예방제를 처방할 일은 거의 없다. 다만 치료 전에 늘 환자들이 먹는 약을 체크하는데, 특히 아스피린이나 혈압약을 복용하는 노인들이 갈수록 늘고 있다는 생각을 하게 된다. 이는 통계로도 확인된다. 2016년 제약산업보고서에 의하면, 2015년은 2014년 대비 혈압약 3.7%, 혈전 예방제 4.5% 증가했다. 2014년은 더 증가폭이 컸는데, 전년 대비 혈압약 15.5%, 혈전예방제가 5.1% 늘었다고 한다.

특히 혈압약의 증가가 두드러지는데, 이와 관련해 눈여겨봐야 할 자료가 있다. 우리나라 고혈압에 대한 기준을 미국의 기준과 비교한 것인데(표 2), 이것을 보면 기준 자체가 다르고 우리나라의 경우에는 나이가 들수록 자연스럽게 높아지는 혈압에 대한 고려도 적다. 우리나라 고혈압학회 가이드라인의 가장 최근판인 2014년판은, 고혈압의 기준을 수축

〈표 1〉 전문의약품 약효군별 상위 10위 생산실적[1]

순위	약효분류	생산 증감률 (2014~2015)	대표 품목
1	항생제	4.2%	일동후루마린주사 0.5g
2	혈압 강하제	3.7%	아모잘탄정 5/50mg
3	동맥경화용	4.5%	플라빅스정 75mg
4	소화성 궤양용제	5.5%	알비스정
5	해열, 진통, 소염제	11.5%	조인스정 200mg

〈표 2〉 미국과 우리나라의 고혈압의 기준

	우리나라 기준	미국 기준
수축기 혈압	140 이상	기준 없음
이완기 혈압	90 이상	90 이상
나이에 대한 고려	80세 이상, 150 / 90 이상	60세 이상, 150 / 90 이상
결과	고지방식으로 심혈관 질환이 더 문제되는 미국보다 우리나라의 고혈압 기준이 더 넓어, 우리나라에서 고혈압 환자가 더 양산될 수 있다. 예를 들어, 65세에 수축기 혈압이 145라면 미국 기준으로는 고혈압이 아니지만 우리나라 기준으로는 고혈압 환자가 된다.	

기 혈압 140 이상, 이완기 혈압 90 이상이라고 정해서 발표했다.[2] 또 80세 이상은 150, 90 이상으로 정했다. 이에 반해, 미국 심장협회의 가이드라인은 60세 이상의 경우 수축기 혈압 150 이상, 이완기 혈압이 90이상일 때를 고혈압으로 정하고, 60세 이하의 경우에는 이완기 혈압이 90 이상일 때만 고혈압으로 하고 수축기 혈압에 대한 가이드 수치는 정하지 않았다.[3] 이것은 비단 가이드라인 수치로만 그치는 것이 아니다. 우리나라 기준은 미국 기준보다 훨씬 많은 고혈압 환자를 양산하고 고혈압 약을 처방하는 근거로 쓰일 수 있다. 예를 들어, 65세에 수축기 혈압이 145라면 미국 기준으로는 고혈압이 아니지만 우리나라 기준으로는 고혈압 환자가 된다.

3위 혈전 예방제로 쓰이는 아스피린은 내가 학교 다닐 때만 해도 진통소염제로만 배웠다. 다만 대표적인 부작용에 위출혈과 지혈지연이 포함되어 있었다. 하지만 1990년대부터 아스피린은 부작용이었던 지혈지연이 주요한 쓰임새로 둔갑해 혈전 예방제로 대량 처방되고 있다. 아스피린은 최초의 합성의약품으로 1899년부터 독일 제약회사 바이엘(Bayer)사에 의해 세계적으로 판매되었다. 그러다 1950년대 말 타이레놀이 개발되고 1962년에 이부프로펜(Ibupropen)이 등장하자, 아스피린은 대표진통제로서의 입지가 크게 흔들리고 판매량이 격감하게 된다. 그러자 바이엘 사는 1960년대에서 1980년대에 걸쳐 새로운 임상실험을 진행했고, 1990년대부터 항응고제로 다시금 부활하게 된다.[4] 이후 아스피린은 염증을 낮추고 항암효과가 있는 것으로 알려지고, 심지어 미국 의사가 쓴 어떤 책에는 만병통치약으로 묘사되기도 한다.[5]

혈전을 예방하는 것은 좋은 일이지만, 만약 사고로 뇌나 몸속 어느 부분에서 출혈이 생긴다면 어떤 일이 벌어질까? 지혈이 안 되는 것이 무엇을 의미하는지는 말할 필요가 없을 것이다. 또 아스피린의 부작용이 주작용으로 둔갑한 것처럼, 또 다른 어떤 작용이 부작용이나 주작용으로 등장할지 모른다. 이런 면에서 나에겐 아스피린 역시 경계 대상이다.

4위 소화제는 소화가 되지 않아 스스로 사 먹기도 하지만, 항생제와 진통소염제를 처방하면서 함께 처방되어 자기도 모르게 먹게 되는 약이다. 진통소염제의 부작용 중 하나가 위를 자극해서 통증과 궤양, 출혈을 일으킬 수 있고 항생제 역시 그 부작용으로 설사와 변비를 일으키기도 해서, 진통제와 항생제를 처방할 때에는 위막을 보호하기 위해 늘 소화제가 따라붙는다. 항생제와 진통소염제에 딸려 나가는 소화제는 실은 완전히 병 주고 약 주는 식이다.

감염이 생겼을 때, 혹은 감염을 예방하기 위해 처방되는 항생제나 진통소염제를 곰곰이 따져보면 그 타깃이 서로 반대방향을 향한다. 감염 혹은 감염으로 인한 염증이란, 바깥에서 침투한 세균이 우리 몸을 침범해서 대폭 증식할 때 그것을 처치하기 위해 우리 몸의 전투병들(면역세포들)이 달려가 벌이는 격렬한 전투이다. 이때 항생제는 세균이라는 적을 물리치는 약이고, 소염제는 너무 흥분한 우리 몸의 전투병들을 진정시키는 약이다. 진통소염제는 통증을 가라앉히는 진통 개념과 우리 몸의 염증반응을 가라 앉히는 소염 개념을 함께 묶은 약으로, 보통 염증의 증상에 통증이 포함되기 때문에 같이 보아도 무방하다. 타이레놀을 제외한 대부분의 진통소염제가 이 두 가지 기능을 함께 가지고 있다.

진통소염제에 위통이나 출혈과 같은 여러 부작용이 있다는 것은 잘 알려져 있다. 하지만 좀 더 근본적으로 보면, 통증은 몸의 문제를 뇌에 알려주는 자연스러운 문제인지 과정이고, 염증 자체도 우리 몸의 자연스러운 방어기전이자 생리과정이라는 점을 기억해야 한다. 미시적으

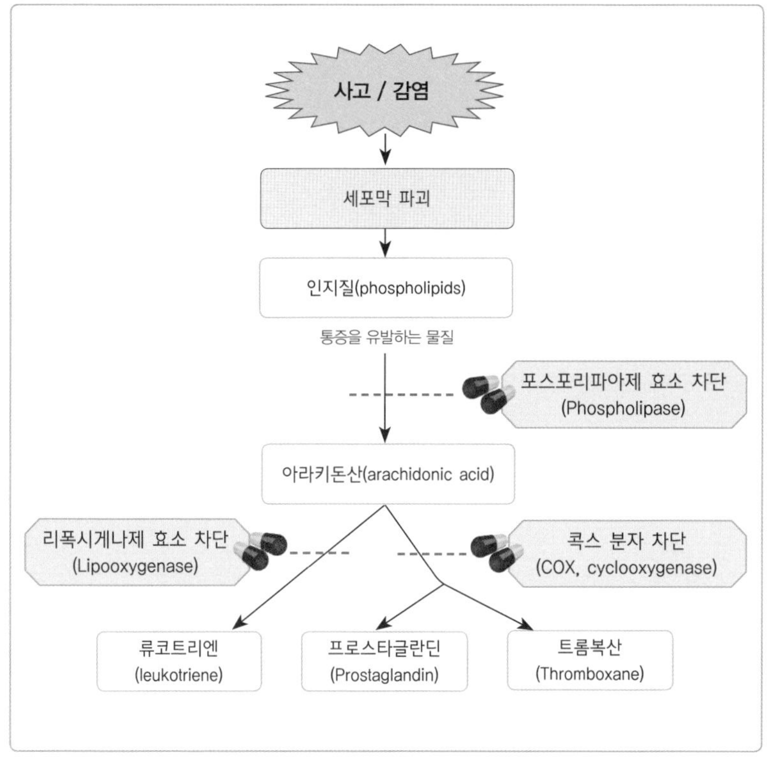

〈그림 1〉 진통소염제의 기능

진통소염제나 스테로이드는 우리 몸의 방어기전인 염증의 과정 중 특정 부분을 차단하는 약제들이다. 감염이나 사고로 부상을 당하면 손상된 세포막이 터지며 나오는 인지질부터 아라키돈산을 거쳐 프로스타글란딘에 이르는 일련의 과정을 겪는다. 진통소염제는 이 과정을 중간에서 차단한다.

로 보면 염증이나 통증은 우리 몸 조직 내에서 여러 효소와 분자들이 협업하는 일련의 과정에서 벌어지고, 진통소염제는 이 일련의 과정 가운데 중간과정을 차단한다. 우리가 가장 많이 먹는 진통소염제는, 이 과정에서 콕스(COX, cyclooxygenase)라는 분자를 차단하고, 대표적인 소염제인 스테로이드는 포스포리파아제(Phospholipase)라는 효소를 차단한다(그림 1). 그 결과로 통증을 유발하는 물질인 프로스타글란딘(Prostaglandin)이 생산되지 못한다. 말하자면, 진통소염제는 통증만 느끼지 못하게 할 뿐 통증의 원인을 해결하는 것은 아니라는 말이다.

통증이 심한데도 진통제를 쓸 수 없는 것은 마취제 없이 수술하는 것처럼 상상하기 어려운 일이다. 스테로이드 같은 소염제 역시 필요한 경우만 쓴다면 참으로 유용한 약이다. 하지만 이것 역시 오래 복용하면 몸의 정상적인 기능을 축소시켜 큰 문제를 일으킨다는 것은 잘 알려져 있다. 비슷한 작용인 진통소염제 역시 스테로이드만큼은 아닐지라도 몸의 정상적인 과정을 차단한다는 점에서 가능한 경계해야 할 약이다.

특히 멀리 해야 할 약, 항생제

전문의약품 실적 1위 항생제를 보자. 세균 감염이 심한 경우나 감염이 전신적으로 퍼질 위험이 있는 경우, 또 전신적으로 퍼진 감염이 생명을 위협할 경우, 당연히 항생제를 써서 우리 몸을 보호해야 한다. 한 항생제가 안 들으면 다른 항생제를 쓰고, 이것도 저것도 안 들으면 여러 개를 함께 쓰는 복합항생제 요법을 통해서라도 우리 몸을 보호해야 한다. 하지만 문제는 너무 쉽게 너무 빨리 그리고 너무나도 많은 항생제가 쓰이고 있다는 것이다. 다음 예를 보자.

- 아이가 감기에 걸려 소아과를 가서 약을 3일치 처방받았다.
- 치과에서 사랑니를 빼고 약을 3일치 처방받았다.
- 피부과에서 머리카락 이식술을 받고 약을 일주일치 처방받았다.
- 발목 뼈가 부러져 핀을 박고 5일 입원 후 퇴원할 때 약을 7일치 처방받았다.

이 4가지 경우 항생제가 포함되어 있을 확률은 얼마나 될까? 80% 이상이다. 의원급 가정의학과, 내과, 소아청소년과, 이비인후과 그리고 일반의원을 각각 2개씩 10곳을 1년간 추적 조사한 결과, 감기를 의미하는 상기도감염에 80% 이상 항생제를 처방했다. 또 항생제 투약일수는 내과가 3.34일로 가장 많았고, 소아청소년과 3.08일, 이비인후과 3.01일 순이었다.[6] 치과에서도 사랑니 발치나 임플란트 수술처럼 피를 보는 관혈(觀血) 시술 후에는 관행적으로 항생제를 처방한다. 감염이 이미 존재해서가 아니라 감염이 생길까 우려되어 예방적 처방을 하는 것이다. 피부과는 내가 직접 경험한 얘기다. 앞머리가 빠져 머리카락 이식수술을 받고 약을 처방받았는데, 거기에는 항생제가 포함되어 있었다. 네번째 사례는 가깝게 지내는 간호사가 겪었던 얘기다. 수술 후 퇴원한 지 며칠이 지났는데도 항생제가 포함된 약을 먹고 있었다. 실은 이런 사례가 아니라도 곳곳에서 이런 일이 벌어지고 있다.

그럼 이 4가지 경우 항생제가 포함된 처방은 정당할까? 여러 과학적 근거나 학회의 권고안에 의하면, 이 4가지 경우 모두 항생제의 오남용에 해당될 가능성이 크다. 우리나라 질병관리본부가 대한이비인후과학회, 대한가정의학과학회, 대한소아과학회 등 여러 학회의 자문을 받아 작성, 배포한 '소아 급성상기도 감염의 항생제 사용지침'에 의하면, 감기에는 항생제를 사용하지 않을 것을 강력히 권고한다.[7] 감기가 발열, 인후통, 콧물, 기침, 쉰 목소리 등의 증상을 보이는 급성 인두편도염까지 진행된 경우에도 이는 대개 바이러스성 질환이므로 항생제 처방을 권고하지 않는다. 급성 인두편도염이 A군 사슬알균 감염으로 확진되는 상황이라도 자연 치유될 수 있기 때문에 항생체 치료의 필요성에 의문이 제기될 수 있으나, 추가 감염 예방을 위해 항생제 치료를 권한다고 하였다.

이를 뽑은 경우나 피부과 수술이나 정형외과 수술은 미생물 입장에서 보면 모두 같다. 우리 몸 내부가 노출되어 세균이 침투하기 쉬운 환경이 된 것이다. 그래서 이런 경우 항생제를 미리 투여하여 감염을 예방하기도 한다. 소위 수술 전 예방적 항생제 투여를 한다는 말이다. 그런데 이런 경우는 피부 절개를 시작하기 전 30분에서 2시간 사이, 1회에 한해서만 항생제 투여를 권고한다.[8] 추가 투여에 대한 근거는 없다. 이득도 없다. 따라서 발치나 피부과 수술, 정형외과 수술의 경우, 시술 후 뚜렷한 감염의 징후가 없는데도 항생제를 며칠씩 투여하는 것은 불필요한 일이다. 모두 감염이 '이미' 있어서 처방한 것이 아니라, 그럴까 봐 '미리' 항생제를 투여한 것이다.

항생제 남용은 우리만의 문제가 아니다. 항생제 내성에 대한 경고가 끊이지 않는데도, 세계적으로 아직도 약 30~50% 정도의 항생제가 불필요하게 사용되고 있다.[9] 전체 항생제 사용량의 약 10% 정도가 처방되는 치과 영역에서는 상황이 더욱 심각하다. 90% 이상의 치과 항생제 처방이 합리적이지 않다는 지적이 있을 정도다.[10]

항생제 남용의 위험은 내성균의 출현으로 다시 우리를 향한다. 미국에서 1993~1997년 사이 불과 5년 만에 페니실린에 저항성을 보이는 폐렴균이 14%에서 25%까지 증가하였으며, 200만 명이 넘은 환자들을 감염시켰다.[11] 인간의 피부나 장에 상주해 있다가 조건이 변하면 기회감염성 감염원이 되기도 하는 포도상구균(*Staphylooccus*) 중 여러 항생제에 내성을 갖는 균주(MDR, MultiDrug Resistan strain)가 많아지고 있는 것은, 인류가 언제든지 항생제 개발 이전의 시대로 돌아갈 수 있음을 의미한다.[12] 실제로 미국 질병관리본부(CDC)에 의하면, 2011년 한 해 동안 다제내성균인 MRSA(Methiciline resistant Staphylococcus aureus)에 감염된 사람이 8만 명에 이르고, 그 중 1만 2,285명이 사망에 이른 것으로 나타났다.[13] 항생제를 만병통치약처럼 여긴 1970년대에는 21세기에 이르면 인류는 모든 감염질환으로부터 해방될 것이라는 예언까지 있었으나,[14] 최근의 상황은 정반대로 향하고 있다고 할 수 있다. 이런 이유로 세계보건기구(WHO)는, 항생제 내성문제는 더 이상 미룰 수 없는 '인류 건강에 대한 지대한 위협'으로 받아들여야 한다고 경고하며, 이를 해결하기 위해 여러 전문가와 국가의 참여를 촉구하고 있다.[15]

우리나라 역시 항생제 문제는 심각하다. 한국은 항생제의 생산량과 사용량이 OECD 국가들의 평균보다 많다. 2004년 건강보험청구자료에 따르면, 하루에 인구 1,000명당 항생제 투여인구가 23.6명인데, 이는 독일의 13.1명, 영국의 14.7명, 덴마크의 15.0명, 스웨덴의 16.3명에 비해 상당히 높은 수준이다.[16] 특히 세팔로스포린(cephalosporin) 계열의 항생제는 덴마크, 노르웨이, 스웨덴 등의 국가보다 수백 배 이상 많이 사용되었고, 그 외 의약품도 사용량이 많았다.[17] 항생제 내성문제는 더욱 심각하다.[18] 페니실린 G와 에리스로마이신 A에 대한 폐렴균의 내성률이 상대적으로 높은 아시아 국가들 중에서도 우리나라는 가장 높은 수준이다.[19] 우리나라 질병관리본부에서는 2016년 11월 30일, 2011년 이후 국내에서 수집한 대장균 · 폐렴 · 막대균 등 장내 세균 9,300주 중에서 MCR-1 유전자 돌연변이로 카바페넴과 콜리스틴 항생제에 대해서도 내성이 생긴 3주의 세균이 발견되었다고 밝혔다. 항생제 '최후의 보루'가 사실상 무너진 셈이다.[20]

상황이 이런데도 왜 일선 의료현장에서 항생제 남용이 근절되지 않을까? 항생제 처방을 줄이면 인센티브까지 주겠다는 보건복지부의 방침에도 항생제 처방이 쉽게 줄지 않는 이유는 무엇일까? 이 난맥상의 원인을 한 마디로 말하기는 어렵다. 다만 치과의사로서 내 마음을 들여다보면 추측은 가능하다. 항생제는 의료인들에게 마치 '보험' 같은 느낌을 주는 방어책으로 쓰이는 면이 있다. 항생제를 처방하면 감염의 위험이 상대적으로 줄어들기 때문에 감염에 따르는 책임으로부터 자유로울 수 있다. 반면 항생제 내성으로 인한 위험은 즉각적이고 직접적으로 나타나지 않는다. 전형적인 도덕적 해이(moral hazard)이다.

우리 눈에 직접 보이지 않지만, 항생제는 다른 약들과는 성격이 다르다. 진통제든 혈압약이든 항암제든 그 효과는 복용하는 사람에게 한정된다. 약이 들으면 본인에게 다행이고, 안 듣거나 부작용이 생겨도 본인에게만 한정된다. 하지만 항생제는 다르다. 내성균이 생기면 너에게서 나에게로, 의사에게서 환자에게로, 환자에게서 의사에게로, 환자에게서 환자에게로 퍼져 나간다. 우리 모두의, 인류 전체의 문제인 것이다.

우리 몸의 생명과정, 미생물과의 공존에서 문제는 언제든지 생길 수 있다. 생명과정이란 본래 그런 것이다. 그렇다고 너무 빨리 너무 자주 그리고 너무 쉽게 생명과정에 개입하지는 말아야 한다. 우리 몸에는 이미 그것을 해결할 힘이 존재한다는 것을 좀더 믿어보자.

3 오래된 것과의 조화
잘 먹고 많이 움직이기

《총, 균, 쇠》의 저자이면서 세계적인 지성으로 꼽히는 재레드 다이아몬드(Jared Diamond)는 2013년 다시 주목할 만한 책을 집필했다. 《어제까지의 세계》라는 책인데, 자신이 살고 있는 실리콘밸리와 남태평양 뉴기니섬을 오가며 관찰한 기록의 산물이면서 '오늘'을 살고 있는 서구인들에게 보내는 조언이기도 하다. 그의 결론은 최첨단 문명사회가 행복한 삶의 실마리를 찾고자 한다면, 그 강력한 비책이 '어제'의 세계에 있다는 것이다. 오늘의 시민은 그 누구도 도시의 청결함, 침대의 안락함, 법률과 치안과 병원이 주는 안전감, 언제든지 구할 수 있는 먹거리를 포기할 수 없다. 그러면서도 한편으로는 서로에게 적대적이고 소비할 무언가를 게걸스럽게 찾으며, 더 외로워하고 더 소외감을 느낀다. 건강으로 보아도, 오늘의 시민들은 어제의 원주민에 비해 훨씬 뚱뚱하고 당뇨와 고혈압에 시달리며, 심장병과 여러 암에 시달린다. 이런 문제를 해결하기 위해서는 오늘의 현대사회 전체가 어제의 전통사회의 교훈들을 즐겁게 찾고 받아들여야 한다는 것이다.

나는 이 책의 결론에 전적으로 동의한다. 나 역시 현대의 많은 질병들이 오래된 것들과의 조화에 실패했기 때문이라 생각한다. 이 책의 주제와 관련해서 좁혀보면, 과거에 비해 훨씬 더 먹고 훨씬 덜 움직이기 때문이다. 문제의 근본이 거기 있다면, 해결책 역시 거기서 찾아야 한다. 비만을 비롯한 여러 질병에 대해 DNA 분석을 포함한 많은 '미시적', '과학적' 해석과 대책이 나오고 있지만, 그런 것들은 거시적 상식에 대체하지 못한다. 좀 더 구체적으로 보자.

첫째, 먹는 것

구석기 다이어트(Paleolithic diet)라는 말이 있다. 1만 년 전 농경이 시작되기 전, 우리의 조상인 호모사피엔스가 수렵 채집하면서 먹었던 것과 같은 식단을 만들어보라는 얘기다. 당시 호모사피엔스는 야생의 동물들과의 힘겨운 결투를 통해 고기를 얻었고, 밀림의 숲을 헤매면서 열매를 땄으며, 개울가에서 흐르는 물을 이겨내며 물고기를 잡았다. 그리고 그렇게 얻은 식재료를 최소한으로 가공하여 가능한 자연 그대로 섭취했을 것이다.

이런 식습관은 농경이 시작되어 쌀, 밀, 옥수수 같은 탄수화물의 섭취가 대폭 늘면서 한번의 변화를 겪었다. 농경이라는 안정적인 탄수화물 공급처를 확보함으로써 인류가 하나의 종으로 한번 더 성공하고 진화하는 계기가 되었을 것이다. 그리고 또 한번의 변화는 200~150여 년 전부터 시작되어 지금도 진행중인, 산업혁명 이후부터 현재까지 인류의 부엌을 대신하고 있는 대규모 식품산업의 탄생에서 시작되었다. 그 과정에서 우리의 음식은 전보다 훨씬 더 정제되고 달콤해졌다.

그래서 21세기를 살아가는 우리가 먹는 음식은 산업혁명 이전은 물론 40~50년 전과도 아주 다르다. 모든 것이 정제(精製)되어 있다. 대표적인 탄수화물 섭취원인 쌀과 밀가루는 껍질을 완전히 제거하고 먹거나 그걸 다시 고운 가루로 갈아 먹는다. 심지어 고기도 아주 다르다. 가끔 시골마을로 놀러가서 먹는 토종닭은 도시에서 사먹는 치킨보다 훨씬 질기다. 현대의 산업화된 축산업은 마치 공장처럼 운영된다. 소, 돼지, 닭을 우리에 가두고 움직임을 최소한으로 줄이고 지방을 적절히 만들어 육질을 부드럽게 한다. 채소나 과일 역시 야생의 것에 비해 식이섬유의 양이 훨씬 적다. 알려진 바로는 상품화된 채소와 과일(4.2g/100g)보다 야생 상태의 것(13.3g/100g)에 식이섬유가 3배 이상 많다.[1]

우리 인류가 먹어온 음식이 이처럼 큰 변화를 겪은 적은 일찍이 없었다. 인류의 DNA는 변화된 환경에 적응하느라 전에 없이 분주하다. 환경과 유전자 간의 부조화도 빈번히 일어난다. 그로 인한 심혈관 질환이나 당뇨, 비만, 대장암과 같은 만성질환(혹은 시민화된 질환, disease of civilization)이 크게 늘고 있다. 이것이 부조화이론(discordance hypothesis)이고, 이 이론이 구석기 다이어트라는 말을 등장시켰다.[2]

좋은 예가 있다. 1984년 호주의 영양학자 오데아(Kerin O'Dea)는 고혈압이나 당뇨에 시달리는 호주 원주민들을 7주 동안 오지의 고향으로 돌려보내 사냥과 채집 등 원래의 라이프스타일대로 살게 했다. 현재 도시에서 살아가는 호주의 많은 원주민들과 아메리카의 많은 인디언들이 비만과 당뇨와 고혈압에 시달린다. 극히 최근까지도 초원을 달리고 사냥하던 생활이 짧은 기간에 자동차를 타고 햄버거를 먹는 것으로 바뀌었기 때문이다. 오데아의 관찰기간은 길지 않았지만 결과는 확실했다. 불과 7주 만에 혈압도 대폭 낮아졌고 당뇨도 좋아진 것이다. 널리 알려져 있지만 쉽게 잊고 사는 상식이 7주 만에 재확인되었다. 먹는 것과 사는 방식이 많은 만성질환에 영향을 미친다는 것이다.[3] 이것은 20만 년 동안 이어온 호모 사피엔스의 DNA와 300년도 되지 않은 현대 자본주의, 그리고 50년도 되지 않은 오늘날 식습관의 불일치를 드러내는 아주 사소한 예일 뿐이다.

구석기 다이어트는 이런 배경에서 탄생했다. 구석기 다이어트라는 말은 1985년 이튼(Eaton)이 유명한 의학저널 〈NEJM(New England Journal of Medicine)〉에 〈구석기 영양(Paleolithic nutrition)〉이라는 논문을 게재하면서 사용되기 시작했다.[4] 이튼 역시 현대의 많은 질병들이 부조화에서 온다고 보았다. 1만 년 전 혹은 최대 400만 년 전에 출현하여 인류의 한 조상으로 꼽히는 오스트랄로피테쿠스에 비해 별로 변하지 않은 유전자와 현대의 급변한 음식(영양)의 불일치에서 현대의 질병이 온다는 것이다. 그런 의미에서 이튼은 다시 구석기 시대의 밥상을 상상하며 식이습관을 고쳐볼 것을 권고한다. 수렵 채집인들은 현대인에 비해 포화지방이나 소금, 정제된 탄수화물은 훨씬 적게 섭취하고, 단백질이나 식이섬유는 훨씬 많이 섭취했다(표 2).

어찌 보면 상식과도 같은 이런 얘기의 함의는 분명하다. 가능한 가공식품과 고지방식품은 줄이고 가능한 자연식을 하라는 의미일 것이다. 또 당시의 인류가 대부분 식물성 음식을 먹고 약간의 곤충이나 동물에서 얻은 육식을 섭취했던 것처럼, 가능한 채식 위주로 먹으라는 권고다.

〈표 1〉 현대의 권장 섭취량과 구석기인들의 영양 섭취량[1]

		권장량		구석기인 추정 섭취량
		1990년 이전	현재	
영양소				
첨가된 설탕, % 일일 에너지		55~60	45~65	35~40
탄수화물, % 일일 에너지		15	〈10	2
섬유질, g/d		—	38 남; 25 여	〉70
단백질, % 일일 에너지		10~15	10~35	25~30
지방, % 일일 에너지		30	20~35	20~35
포화 지방, % 일일 에너지		〈10	〈10	7.5~12
콜레스테롤, mg/d		〈300	〈300	500+
에이코사펜타엔산과 DHA, g/d		—	0.65	0.7~6.0
비타민 C, mg/d		60	90 남 ; 75 여	500
비타민 D, IU/d		400	1000	4000(햇빛)
칼슘, mg/d		800	1000	1000~1500
나트륨, mg/d		2400	1500	〈1000
칼륨, mg/d		2500	4700	7000
생체지표				
혈압, mm HG		140 / 90	115 / 75	110 / 70
혈청 콜레스테롤, mg/dL		200~240	115~165	125
체성분, %	여성	—	〈31% 비만	35~40 : 20~25
	남성	—	〈26% 비만	45~50 : 10~15
신체활동, kcal/d		—	150~490	〉1000

그래서 많은 논란에도 불구하고, 구석기 다이어트는 30년이 지난 지금에도 지속적인 관심과 학술적 연구대상이 되고 있다. 단 4일간의 구석기 라이프스타일을 경험한 13명이 몸의 여러 면에서 현격한 변화를 보여준 연구가 특히 인상적이다.[5] 그간의 임상비교연구를 모아본 검증 논문에

〈표 2〉 구석기 식단과 현대 서양식단의 비교[1]

	구석기 식단	현대 서양 식단
전체 에너지 섭취	많음	적음
칼로리의 밀도	매우 낮음	높음
음식물의 크기(dietary bulk)	큼	작음
전체 탄수화물 섭취	낮음	많음
설탕 첨가 / 정제된 탄수화물	매우 적음	매우 많음
당부하지수	비교적 낮음	높음
과일과 채소	두 배로 많음	절반 정도
항산화력	더 높음	더 낮음
섬유질	많음	적음
용해성 : 비용해성	대략 1 : 1	〈1 비용해성
단백질 섭취	많음	적음
전체 지방 섭취	대체로 비슷함	
혈중 콜레스테롤을 증가시키는 지방	적음	많음
전체 불포화지방	많음	적음
오메가6 지방산 : 오메가3 지방산	대체로 비슷함	오메가6이 더 많음
장쇄지방산	많음	적음
콜레스테롤 섭취	비슷하거나 많음	비슷하거나 적음
미량영양소 섭취	많음	적음
나트륨 : 칼륨	〈1	〉1
산-염기 충돌(acid base impact)	염기성 혹은 산성	산성
유제품	오직 모유만	평생 동안 높음
곡물	최소	상당함
유리수(free water) 섭취	많음	적음

서도 구석기 다이어트는 현대 만성질환의 총합인 대사증후군 개선에 효과를 보였다.[6]

구석기 식단, 아니 구석기까지 갈 필요도 없이, 내가 어렸을 적의 밥상과 지금의 밥상을 비교하면 많은 것이 달라졌다. 가장 많이 감소한 것은 식이섬유다. 우리 몸과 우리 몸속 미생물에 꼭 필요한 식이섬유가 음식이 산업화되는 과정에서 가장 많이 없어진 것이다. 이것이 내가 늘 식이섬유에 신경 쓰는 이유다. 30대 때까지도 가끔씩 겪었던 변비에서 탈출하고 아침마다 쾌변을 보는 이유이기도 하다. 먹을 때 쌀 것도 염두에 두어야 한다. 이것이 우리 건강도 챙기고, 우리 몸속 미생물도 챙기는 일이다.

둘째, 내 몸속의 발효

발효와 부패, 이 둘은 실은 같은 것이다. 둘 다 미생물이 자기 생존과 번식을 위하여 주위 환경에서 얻을 수 있는 탄수화물이나 단백질을 대사하여 여러 산물을 만드는 과정이다. 그 생화학 과정의 결과물이 인간의 관점에서 유익하면 발효이고 독성이면 부패일 뿐이다.

그러면 인간에게 유익한 것인지 독성을 갖는 것인지는 어떻게 구분될까? 독이란 인간 내부에 그 대사산물을 처리할 효소나 생화학 반응이 없는 것을 의미한다. 더 근본적으론 그런 효소나 화학작용을 만들 유전자가 없다는 의미이기도 하다. 반대로 인간은 발효로 만들어진 산물을 이용하고 처리할 유전자를 오래 전부터 가지고 있다. 그런 유전자 돌연변이를 가진 개체가 생존하고 번식하여 자연선택을 통해 지금의 우리가 존재한다는 의미이기도 하다. 그렇게 '발효'나 발효음식은 인간 유전자와의 상호반응을 통해 유익함이 검증된, 시간의 지난함을 통과한 결과물이다.

대표적인 발효음식은 된장이나 김치, 서양의 치즈나 포도주 등으로, 모두 산소가 부족한 혐기성 환경에서 미생물들이 만든 대사의 결과물(유산, 알코올)이다. 치즈를 만든 기록 가운데 가장 오래된 것이 약 5000년 전의 것이라고 하니, 그 기간동안 인간은 발효음식과 발효를 일으키는 미생물들과 공생을 해온 셈이다.

발효는 인체 내, 특히 장에서도 일어난다. 산소호흡을 하는 인체 내에서 발효가 일어난다는 것이 생소하게 느껴질 수도 있으나, 장은 혐기성 환경이며 장에서는 발효가 매우 중요한 과정이다. 발효를 통해 장 미생물의 생태계가 유지되고, 장 세포가 에너지를 얻고 건강을 유지한다. 식물이 가지는 가장 대표적인 탄수화물인 셀룰로스를 포함해 많은 다당류(NSP, nonstarch polysaccharide)를 소화할 능력이 인간에게는 없다. 이것을 소화해주는 것은 다름 아닌 장 미생물이고, 구체적으로 장 미생물의 발효과정이다. 자연적인 화학구조나 요리과정에서의 화학구조의 변화, 또 입에서 잘 씹히지 못해 소장에서 소화 흡수되지 못하고 대장까지 흘러가는 저항성전분(resistant starch)의 해결책 역시 발효다.[7]

장내 미생물들은 셀룰로스나 돼지감자의 이눌린과 같은 탄수화물들을 발효시켜서 자신들에게 필요한 에너지를 얻고, 부산물로 단쇄지방산

(short chain fatty acid)과 같은 최종산물을 만들어 우리에게 선사한다. 단쇄지방산은 에너지로도 쓰이고 염증을 완화시키며 혈관을 확장하고 장의 운동과 상처를 치유하는 데 중요한 역할을 한다. 그래서 발효 가능한 식이섬유 음식을 지속적으로 섭취하는 것은 장내 미생물 군집을 단쇄지방산을 많이 생산하는 종으로 바꾸는 일이기도 한다. 또 단쇄지방산이 많이 생산되면 장 세포간 결합도가 높아져 장누수현상이 방지되고 결과적으로 인체의 방어막이 튼튼해진다. 반대로 지방이 많은 음식을 섭취해 기회성 감염이나 질병을 유발하는 세균들이 더 많이 자라는 환경이 되면, 장 세포의 방어막도 약해지고 결과적으로 장에 잦은 염증을 유발하게 된다.[8]

음식의 변화는 빠르다. 특히 현대 산업화된 식품의 변화는 더욱 그렇다. 그에 반해 인간 유전자의 변이는 느리다. 그 느림에 맞춰 음식을 받아들여야 한다. 그 느림의 속도에 맞는 음식, 오래된 음식은 현대의 패스트푸드에 비해 검증되었고 더 안전하다. 발효음식과 식이섬유가 많은 과일과 채소가 그런 식품이다. 또 장염이나 변비로 고생하거나 항생제 부작용으로 장 기능에 이상이 있는 경우, 인류와 오랜 세월 동안 공존하며 생존과 건강을 함께 해온 미생물들을 엄선해 놓은 프로바이오틱스도 보충제 역할을 할 수 있다. 김치나 치즈, 와인과 같은 식품의 발효에 작용하는 오래된 미생물과 프로바이오틱스 미생물은 실은 같은 종이기 때문이다.

셋째, 움직이는 것

많이 움직이는 것, 운동을 하는 것이 건강에 좋고, 특히 나이가 들수록 근육운동이 필요하다는 것은 이제 더 이상 되풀이할 필요 없는 상식이 되었다. 나 역시 운동을 해야겠다는 마음을 먹은 이후 다양한 운동을 경험했다. 30~40대에는 호수공원을 자주 뛰었고, 한동안은 다른 사람들과 어울려 배드민턴을 치며 땀을 흠뻑 흘린 후 시원한 맥주를 나눴다. 또 몇 년은 주위의 권유로 골프 연습장과 필드를 누볐고, 한때는 스킨스쿠버로 남태평양의 거북을 마주 하기도 했다.

하지만 50대에 들어서면서는 두 가지만 한다. 산행과 피트니스. 피트니스를 하는 이유는 진료 자세가 허리와 어깨를 꾸부정하게 해서 자주 뭉치고 아프기 때문이다. 대부분의 치과의사들이 겪는 직업병이다. 나이 들면서 근육운동이 필요하다는 것도 또 하나의 이유다. 한번 갈 때 30분 정도, 주 3회 이상의 근육운동을 규칙적으로 하고 있는데, 이 운동을 시작한 후 나는 한번도 허리나 어깨 통증에 시달린 적이 없다. 50대가 되면 많은 사람들이 오십견으로 고생하는데, 그런 경우 병원의 도움을 받더라도 기본은 스스로의 근육운동이라고 조언하고 싶다. 물론 그런 일이 생기기 전에 미리미리 운동을 해서 근육을 키워 놓는 것이 가장 좋다.

무엇보다 추천하고 싶은 운동은 산행이다. 나는 몇 해 전부터 주말이나 휴일에는 거의 매일 산행을 한다. 그 덕에 아토피도 없어졌고, 체력도 좋아졌으며, 굵은 종아리도 얻었다. 또 쉬는 날 책을 보거나 심지어 술을 한잔 할 때도 가능한 산 근처에서 하려고 한다. 산행은 비단 운동만을 의미하는 것이 아니다. 내게 산행은 도시에서 벗어나 나를 해방시키고 숨통 틔우는 시간이다. 나무가 뿜어내는 산소를 내 몸에 담고 내가 토해내는 이산화탄소를 나무가 담는 호흡 맞추기 시간이다. 지구적 차원에서 이뤄지는 동물과 식물의 공존을 나무와 내가 체험하고 구현하는 시간이다.

산에는 눈에 보이는 나무나 바위틈의 이끼, 버섯, 가끔 나를 놀라게 하는 뱀, 귀찮게 따라붙는 파리나 벌만이 있는 것이 아니다. 산속 흙에는 다양한 미생물들이 살고 있다. 흙은 지구상 가장 거대한 미생물의 서식처다. 땅에 있는 미생물을 따로 모아 쌓아올리면 지표면이 1.5m 올라간다고 한다.[9] 땅속의 미생물은 이 세계의 온갖 잡동사니를 분해해 지구 차원에서 재활용 하게 한다. 또 공기 중에 흩어져 있는 질소를 포집해 고정시켜 식물에게 제공한다. 공기 중 80%를 차지하는 질소가 미생물에 포집되어 콩과식물에 제공되지 않으면, 우리는 콩은 물론 두부나 두유를 먹을 수 없다. 무엇보다 흙속의 미생물은 산소를 만들어 생명이 숨쉬게 한다. 시아노박테리움(*Cyanobacterium*)은 지구 초기부터 지구상 공기에 산소를 불어넣어 산소 농도를 20% 정도로 끌어올린 주역이다. 미생물이 없다면 나를 포함한 모든 생명은 시작될 수도 없었고 유지될 수도 없다.

현대인들이 모여 사는 도시에는 흙이 없다. 길은 포장되어 있고 건물 역시 시멘트덩이다. 심지어 공원길도 포장이 되어 있으며, 그나마 흙이 있는 공간은 화단과 잔디밭인데 여기에는 어김없이 출입금지 팻말이 붙어 있다. 도시는 인간만을 위한 공간이고, 인간과 인간이 키우는 화분 속 식물과 애완동물을 제외하면 거의 무생물의 공간이다. 이에 비해 산은 사방이 흙이고 천지가 식물과 미생물이다. 산은 우리가 가장 가깝게 도달할 수 있는 공생과 생명의 공간인 것이다.

이것은 비단 나의 감흥이 아니다. 많은 건강 관련 텔레비전 프로그램에서 암이라는 죽음의 병을 선고받은 후 산에서 생명을 되찾은 이들을 보여준다. 내가 좋아하는 텔레비전 프로그램인 〈나는 자연인이다〉에서는 꼭 신체의 질병이 아니더라도 산에서 몸과 마음의 자유를 얻은 사람들의 이야기가 소개된다. 이런 사례를 이론으로 연결시키려는 시도도 오래 전부터 있어 왔다. 대표적으로 앞에서 얘기한 위생가설이 그것이다. 위생가설은 한마디로, 현대 인류의 많은 병들이 자연으로부터, 흙으로부터 너무 멀리 떨어져서 생긴다는 것이다.

자연을 극복하고 인간의 편익을 위해 가공하기까지 인류는 많은 공을 들였다. 그렇게 이룩한 청결과 문명이 편하고 유익함은 부정할 수 없는 사실이다. 하지만 늘 과한 것은 문제를 불러온다. 자연을 과하게 가공하기보다는, 있는 그대로의 자연 속으로 들어가는 것이 자연에게도 인간에게도 유리할 것이다. 나의 유전자는 아직 가공된 자연에 적응하지 못하고 있다. 골프장이나 호수공원보다 북한산 정상의 덜 가공됨이 내게도 우리 모두에게도 더 좋다.

4 장 미생물 조절
쌀 것을 생각하며 먹기

나는 거의 매일 아침에 변을 본다. 30대까지만 해도 변비 증상이 있었는데, 운동과 더불어 먹는 것을 신경 쓰면서 점차 좋아지다가 최근에는 완전히 사라졌다. 변을 보고 난 후에는 늘 상태를 확인하는데, 변기 속 동아줄을 본 날은 날아갈 듯한 가벼움이 느껴진다. 예로부터 잘 먹고 잘 싸는 것이 건강의 척도라고 했는데, 참 지당한 선조들의 지혜다. 지금 우리 사회에서는 먹을 것이 모자라지는 않는다. 대신 너무 많이 먹어서, 또 먹은 것에 비해 배설량이 적어 고통받는다. 그래서 현대를 사는 우리는 잘 먹고 잘 싸는 것에 더해, 먹을 때 쌀 것을 의식해야 한다.

사람에 따라 다르고 먹는 양에 따라서도 다르지만, 대개 우리는 하루에 200~280g 정도의 변을 만든다. 변은 75%가량이 물인데, 물은 따로 존재하기도 하지만 함께 나오는 세균의 사체나 섬유질에 흡수되어 존재하기도 한다. 물을 빼고 나면 반 정도가 섬유질이고, 나머지는 세균의 사체, 몸에서 분비된 소화효소 등의 물질들이 차지한다. 변의 성분 중에서 우리가 영향을 미칠 수 있는 것은 하나밖에 없다. 바로 식이섬유다.

나는 항상 하루 동안 먹는 식이섬유의 양을 의식하며 식사를 한다. 밥과 고기 혹은 국수나 빵으로만 배를 채운 날은 눈에 띄게 변의 양이 준다. 이 음식들을 이루는 탄수화물과 지방, 단백질은 소장을 지나는 동안 대부분 소화되고 흡수되기 때문이다. 특히 밀가루나 쌀을 이루는 탄수화물은 입속에서부터 소화효소에 의해 분해되기 시작한다. 침 속의 소화효소인 아밀라아제부터 시작해 위와 소장을 거치는 동안 여러 소화효소에 의해 거의 남김없이 분해되어 포도당과 같은 단당류로 쪼개져 장세포로 흡수된다. 우리가 살아가려면 반드시 필요한 에너지가 대부분 여기에서 나오기 때문이다. 그래서 인간이나 세균을 포함한 지구상의 거의 모든 생명체는 탄수화물을 소화해 에너지를 만들 수 있는 유전자를 많이 가지고 있다. 단백질은 위에서 분비되는 펩신이나 트립신 같은 효소에 의해 아미노산으로 쪼개지고, 지방 역시 췌장(이자)에서 분비되는 췌장액의 리파아제라는 효소에 의해 지방산과 글리세롤로 쪼개져서 작은 분자가 되어야 소장에서 흡수된다.

이에 비해 채소나 과일에 포함되어 있는 식이섬유는 대부분 흡수되지 않고 대장까지 도달한다. 그리고 그 가운데 일부는 대장에 살고 있는 수많은 미생물들의 먹이가 된다. 식이섬유를 먹고 살아가는 미생물들은 그 대가로 우리 장세포의 면역기능을 훈련시키고 여러 면역물질과 비타민을 만들어 우리 몸에 선사한다. 그래도 남은 식이섬유들은 대변의 양을 증가시켜 대장이 잘 움직이도록 자극한다. 결과적으로 어제 먹은 과일과 야채가 오늘 아침 변기 속 동아줄이 되는 것이다.

식이섬유의 등장

식이섬유는 말 그대로 먹는 음식에 포함되어 있는 섬유질을 의미한다. 좀 더 구체적으로 말하면, 음식 중에 포함된 리그닌, 헤미셀룰로즈, 셀룰로스, 올리고당 등 소장을 거치는 동안 소화되지 않은 음식성분을 가리킨다. 1970년대 전까지만 해도 식이섬유는 단백질이나 탄수화물, 지방처럼 기능이 상대적으로 분명한 다른 영양소에 비해 별다른 주목을 받지 못했다. 그냥 버려지는 음식성분 정도로만 취급되었을 뿐이다. 그러다 지난 40~50년 사이에 학술적으로나 대중적으로나 큰 관심을 받게 된 데에는 몇 가지 계기가 있었다.

첫째, 미국식 식습관의 실패다.

1차 세계대전을 거치며 강대국으로 떠오른 미국은 1930년대 대공황을 거치면서 한번 주춤하기는 했지만, 2차 세계대전 후에는 누구도 부인할 수 없는 초강대국으로 자리 잡는다. 1945년 포츠담에서 찍었다는 저 유명한 사진은 세계의 힘이 어디로 모이고 있는지 잘 보여준다. 역사적으로 보면 신생국가에 불과한 미국의 대통령 루스벨트가 가운데 앉아 있고, 소련의 스탈린과 불과 얼마 전까지만 해도 해가 지지 않는 제국을 거느렸던 영국의 수상 처칠이 루스벨트의 양 옆에 앉아 있다(그림 1).

1945년 강대국 정상들
미국 루스벨트 대통령이 가운데 자리를 차지하고 양 옆에 영국의 처칠과 소련의 스탈린이 자리 잡았다.

이후 미국의 모든 가정은 냉장고와 텔레비전, 자동차를 가지게 되었고, 할리우드와 디즈니로 대표되는 미국 문화는 빠른 속도로 전세계로 뻗어 나갔다. 그 가운데에는 당연히 식품문화도 포함되어 있었다. 서부를 개척하는 동안 구하기 쉽고 요리하기도 쉬워 먹게 된 스테이크는 세계 모든 중산층들의 선망의 대상이 되었고, 맥도널드 햄버거는 세계인들이 섭취해야 할 동물성 영양소의 공급원이 되었다. 1970년대 우리나라에서도 햄버거를 국민 영양식으로 국가에서 나서 권장하기도 했으니 격세지감이 느껴진다(그림 2).

그런데 예상치 못한 일이 벌어졌다. 미국의 국민들이 뚱뚱해지기 시작한 것이다. 1930대 무렵부터 문제로 인식되기 시작한 비만이 1960년대 경제호황을 거치며 더욱 심각해졌다. 총 차고 말 타고 달리며 서부를 개척하던 미국인의 이미지는 이제 콜라와 햄버거를 손에 든 뚱뚱하고 출렁이는 아랫배를 가진 인물로 바뀌었다. 마침내 1980년 존슨 대통

1970년대 햄버거 광고

햄버거가 국민 영양식으로 권장되던 시절을 보여주는 신문광고 (경향신문 1975년 5월 20일자)

령은 비만과의 전쟁을 선포한다. 비만과 그와 연관된 당뇨 같은 대사성 질환들이 개인의 건강과 국민 전체의 의료비를 급증시키는 것을 감당할 수 없다고 판단했을 것이다. 이 과정에서 미국식 햄버거는 정크푸드가 된다.

둘째, 대장암과의 관련이다.

미국식 식습관이 한참 전세계로 뻗어 나갈 때, 다른 한쪽에서는 식이섬유가 변비나 대장암의 예방에 효과가 있다는 것이 알려지기 시작했다. 식이섬유에 대한 초기 연구 가운데 유명한 것은, 산업화된 나라와 아프리카 사람들의 대장암 발생율을 비교한 것이다. 정제된 곡물과 고지방으로 이루어진 식단을 주로 먹는 유럽인이나 미국인들에게서 대장암이 급증하는 데 반해, 자연 음식을 거의 그대로 먹는 아프리카인들에게서는 대장암이 희귀했다. 이 연구는 이런 차이가 식이섬유의 차이에서 비롯되었다고 추측한다. 식이섬유가 대장 통과시간을 줄이고 장미생물에 영향을 미치며 대장암을 줄였다는 것이다. 위와 소장을 거치는 동안에도 모두 소화되지 않고 대장까지 도달하는 식이섬유가 배변활동에 도움을 주고, 그로 인해 대변에 포함되어 있는 여러 독소나 발암물질의 농도를 묽게 하고 대장에 머무는 시간을 줄이는 효과가 있다는 것이다.[1] 이후 많은 연구들이 쏟아지며 식이섬유가 대장암에 예방효과가 있음이 굳어지게 된다.[2]

이런 유추는 일상생활에서도 쉽게 경험할 수 있다. 변비 때문에 고생해본 사람이라면, 변비가 피부 트러블을 일으킨다는 것을 경험했을 것이다. 대장의 문제가 멀리 떨어진 얼굴 피부에 영향을 미치는 것은 대장에 머무는 변의 어떤 성분이 직접 혈액순환을 타고 얼굴 피부에까지 도달했거나, 간접적으로 영향을 주었다는 것이다. 멀리 떨어진 얼굴에 문제를 만드는데 바로 옆에 있는 대장 표면에 영향을 주지 않는 것이 오히려 이상한 일이다. 대변 안에는 우리 몸과 장 미생물이 분해한 여러 대사산물이 많을 텐데, 그 가운데는 꼭 우리 몸에 유리한 것만 있다고 할 수 없는 것은 당연하다. 대변 속에 독소가 있다면, 그것이 바로 붙어 있는 장세포에 영향을 주어 염증반응이나 용종(Polyp)과 같은 것을 만들 수 있다는 것은 자연스러운 유추다. 그리고 염증성 장염이나 용종은 대장암의 전조증상이다.

셋째, 소위 현대병이라고 불리는 여러 증상이나 질환과의 관련이다.

이후 식이섬유에 대한 관심이 높아지면서 여러 효과에 대한 연구결과가 계속 발표되었는데, 그 내용을 보면 실로 방대하다. 우선 식이섬유는 허리둘레를 줄이고 비만을 막는다.[3] 또 당뇨를 포함한 대사성질환에 효과가 있으며,[4] 심혈관질환을 예방하는 데에도 도움이 된다.[5]

식이섬유가 이처럼 많은 일을 해내는 과정은 생각보다 단순하다. 식이섬유는 장에서 소화흡수 과정에 개입하여 지방이나 탄수화물이 소화효소에 덜 노출되도록 만든다. 같은 고기와 밥을 먹어도 채소와 함께 먹으면 고기와 밥이 위와 장을 거치는 동안 소화효소에 덜 노출되고, 그래서 덜 흡수되는 것이다. 또 같은 것이라도 오렌지를 먹는 것과 오렌지 주스를 마시는 것은 전혀 다른 일이다. 식이섬유가 없는 오렌지주스는 같은 양의 오렌지에 비해 훨씬 더 많은 양의 당을 훨씬 더 빠르게 흡수하게 한다. 반면 오렌지를 먹을 경우, 같은 양의 당을 섭취해도 식이섬유로 인해 흡수되는 양이 준다. 결과적으로 오렌지에 비해 오렌지주스는 더 많은 양의 당을 빠르게 흡수하게 하고, 혈당이 빠르게 증가하게 한다. 그러면 이를 제어하기 위해 우리 몸은 더 많은 인슐린을 분비해야 한다. 따라서 식이섬유가 많이 포함된 식품을 먹으면 혈액 속 당과 인슐린 레벨이 낮게 유지되고, 결과적으로 당뇨나 인슐린 저항성의 개선에 도움이 된다. 비만의 가능성을 낮추는 것, 그로 인한 여러 심혈관 질환의 가능성을 낮추는 것도 당연한 이치다. 미국 FDA에서도 식이섬유가 심혈관질환이나 암을 예방하는 데 효과가 있다는 것을 인정한다.[6]

넷째, 식이섬유의 섭취는 우리 몸의 전반적인 건강에 관여한다는 것이다.

식이섬유가 영양소의 소화 흡수에 직접적인 연관이 있는 질병의 예방을 넘어 전신 건강에 유익하다는 연구들이 계속 나오고 있다. 식이섬유의 섭취는 사망률을 낮출 뿐만 아니라 감기나 폐렴처럼 호흡기 질환을 낮추는 데에도 효과가 있다.[7] 또 임산부들이 식이섬유를 섭취하면 임신중독증을 낮추고,[8] 갱년기 여성들에게서 인지능력을 유지하고 우울증을 감소시키는 데에도 효과를 보인다.[9]

식이섬유가 이 같은 효과를 내는 정확한 메커니즘은 아직 완전히 규명되지 않았다. 하지만 식이섬유와 염증의 관계에 대한 연구가 힌트를 제공한다. 염증은 여러 사이토카인을 만들어내는데, 이것이 과다하게 생성되면 신경세포를 포함한 인체의 여러 생체기능에 독성을 보일 수 있다. 식이섬유는 이런 염증 관련 사이토카인들을 완화시키는 효과를 나타낸다.[10]

다섯째, 무엇보다 가장 중요한 것으로, 장 미생물과의 관계이다.

이것은 최근 식이섬유에 대한 관심이 다시 한번 급증하는 계기이기도 하다. 21세기 들어 미생물에 대한 관심이 확장되면서 식이섬유와 장 미생물의 관계에 대한 연구도 활발하게 진행되고 있다. 과학자들이 소화되지 않고 대장까지 내려가는 식이섬유가 대장에 사는 30조가 넘는 미생물에 어떤 영향을 미치는지 주목하는 것은 당연하다. 장에서 식이섬유는 유산균의 일종인 비피도박테리움과 같은 특정 장 미생물의 먹이가 된다. 결과적으로 식이섬유가 장에서 유익한 균의 생장을 촉진하고 그 양을 늘리게 된다. 우리는 유익한 미생물을 프로바이오틱스로 분류해 일부러 찾아 먹는데, 식이섬유를 통해 원래 장내에 서식하고 있는 유산균의 수를 늘릴 수 있다면 더없이 좋을 일이다.

이처럼 특정 유익균에게 선택적으로 먹이가 되는 것을 프로바이오틱스와 짝이 되는 개념으로 프리바이오틱스(prebiotics)라고 부른다. 프리바이오틱스의 역할을 하려면 3개의 조건을 충족시켜야 하는데, 1) 위의 강산과 소화효소에 의해 분해 흡수되지 말아야 하고, 2) 장 미생물에 의해 발효되어야 하며, 3) 비피도박테리움과 같이 숙주의 건강에 좋은 영향을 미치는 미생물에게만 선택적으로 먹이가 되어야 한다. 이런 조건을 충족시키는 식이섬유로는 프락토올리고당(FOS), 갈라토올리고당(GOS), 락툴로오스(lactulose) 등이 있다. 이들은 과일이나 채소에 많은 성분이고, 따로 정제해서 팔기도 한다. 따라서 프로바이오틱스와 프리바이오틱스를 함께 먹는다면 시너지 효과를 볼 수 있다. 그래서 이 둘을 함께 제공하려는 다양한 시도가 있고, 이것을 신바이오틱스(Synbiotics)라고 부른다.[11]

식이섬유가 우리 몸에 이처럼 중요하고 광범위한 영향을 미친다는 사실은, 지난 몇십 년 사이에 우리 식단에서 식이섬유가 사라진 이후 벌어진 많은 일들이 무엇을 의미하는지 짐작케 한다. 현대의 식품산업으로 인해 식이섬유가 사라졌고, 그동안 대사성질환과 심혈관질환, 또 대장암이 급증했다. 게다가 최근 장 미생물과의 관계 역시 주목받고 있다. 우리가 식이섬유의 섭취에 특히 주의를 기울여야 하는 이유는 이처럼 차고 넘친다. 먹을 때 식이섬유를 의식해 잘 먹고 잘 싸자.

구강 미생물 관리 5가지를 바꾸자

5

아침에 잠에서 깨면 입안이 텁텁하고 입냄새가 난다. 미생물 때문이다. 입안에 사는 세균들이 우리가 자는 동안 침 속에 섞여 있는 여러 물질들을 먹고 내뱉은 가스들이 입냄새의 주범이다. 구체적으로는 황화합물인데, 계란이 썩을 때 나는 가스와 비슷하다. 입냄새뿐만 아니라 충치나 잇몸병을 포함해 입안에서 벌어지는 거의 모든 문제는 미생물 때문에 생긴다. 사랑니 주위가 가끔 아픈 것도, 입안이 허옇게 들뜨는 것도, 신경치료를 해놓은 이에서 통증이 느껴지는 것도, 금으로 씌워 놓은 이 주위에 다시 충치가 진행되는 것도 모두 입속의 세균들 때문이다.

2장에서 알아보았듯, 입속 미생물은 입안에만 머물지 않는다. 잇몸 점막을 뚫고 들어가 턱뼈를 녹이기도 하고, 얼굴 근육이나 윗니 위의 위턱굴로 넘어가 얼굴 전체에 염증을 만들기도 하며 축농증을 만들기도 한다. 나아가 감기를 악화시키고, 폐렴을 만들며, 혈관에 염증을 만들기도 한다. 조산이나 저체중아 출산의 주요 원인이기도 한다.

그래서 입속 미생물은 특히 관리에 주의를 기울여야 한다. 칫솔질이나 스케일링, 혹은 치과에서 이루어지는 거의 모든 행위는 미생물을 향한 행위다. 칫솔질은 음식물 찌꺼기를 제거해서 입안을 청결히 하기 위함이지만, 궁극적으로는 음식물 찌꺼기를 양분 삼아 살아가는 세균을 향한 행위이다. 플라그나 치석을 제거하는 스케일링은 플라그나 치석 자체가 인체에서 가장 흔한 미생물 덩어리(바이오필름)라는 점에서 그 자체가 미생물 제거 행위다. 충치 역시 미생물로 인해 생기는 것이므로, 치아에서 검게 썩어 들어간 부분을 드릴로 갈아내는 것 역시 미생물을 향한 행위이다. 더 이상의 침투를 막아야 하기 때문이다.

매일 샤워를 하는 것이나 칫솔질하는 것, 똥을 잘 싸는 것은 미생물과 관련 지어 보면 모두 같은 일이다. 우리 몸에 붙어 있는 미생물 수를 줄이는 것이다. 줄이지 않고 그대로 두면 미생물의 수는 기하급수적으로 늘 것이다. 그렇다고 박멸해서는 안 된다. 그것은 가능하지도 않고 오히려 우리 몸에 해가 된다. 미생물 수를 적절히 유지하는 것은 우리 몸이 미생물과 조화를 이루어 살도록 돕는 것이고, 미생물과의 평화가 깨져 전쟁이 벌어질 가능성을 줄이는 것이다.

이 모든 것을 고려한다면, 구강 미생물 관리에도 변화가 필요하다. 나는 늘 직원들에게, 또 나를 찾는 환자들에게 다음 다섯 가지가 바뀌어야 한다고 강조한다.

첫째, 약에 의존하는 것을 바꾸어야 한다.

우리 몸 전체의 건강을 위해 약을 멀리 해야 한다는 것은 앞에서 이미 설명했다. 구강 미생물에 대해서도 마찬가지 원리로 약을 경계해야 한다. 충치나 잇몸이 부어 아플 때, 약으로만 해결하려 해서는 안 된다. 치과에서 가장 많이 쓰는 약은 항생제와 진통소염제인데, 이것에만 의존해 입속 미생물을 없애려는 것은 위험하다. 감염이 일어나면 항생제를 쓰기 전에, 먼저 고름과 플라그를 제거하고 해당 부위를 소독해서 위생 상태를 청결히 해야 한다. 물론 감염이 생기기 전에 평소 구강위생을 잘 관리하는 것이 무엇보다 중요하다. 통증이 있다고 해서 진통소염제에 의존하는 것도 마찬가지로 위험하다. 번지는 불은 그대로 두고 불이 꺼지기를 바라는 것과 다르지 않다. 그보다는 통증의 원인을 제거하는 것이 더 중요하다. 통증의 원인은 물론 미생물이다.

시중에서 많이 팔리는 잇몸약 역시 경계해야 한다. 최소한 내가 알기로, 인사돌이나 이가탄 같은 잇몸약은 세균과 아무런 관련이 없다. 국제적인 학술논문을 분석해주는 사이트인 구글스칼러(scholar.google.com)에 인사돌의 성분인 베타시토스테롤(beta sitosterol)과 치주질환(periodontitis)을 함께 입력해서 검색을 해보면, 놀랍게도 두 검색어를 담은 논문이 하나도 없다. 말하자면, 인사돌의 성분으로 치주질환을 연구한 믿을 만한 연구가 없다는 것이다. 이가탄의 성분 4가지 가운데 아스코르빅산은 비타민 C이고, 토코페롤은 비타민 E이다. 카르바조크롬(carbazochrome)은 출혈방지제(antihemorrhagic agent)로 쓰이는 것으로, 혈액 안에 있는 혈소판을 엉기게 해서 출혈을 막는 역할을 한다. 잇몸 출혈이 생겼을 때에는 유용할 수 있다. 또 라이소자임(Lysozyme)은 세균의 세포벽에 가수분해 효소를 활성화시켜 타격을 줌으로써 세균으로부터 생체를 보호하는 기능을 한다. 하지만 이것은 원래 우리 침 안에도 있는 항균물질이다. 전체적으로 이가탄은 비타민 제제에 출혈방지제를 섞은 것이다. 주요성분으로 추가된 출혈방지제가 잇몸출혈을 막아주니 더 좋아졌다고 느낄 수는 있지만, 구강 미생물과는 아무런 관련이 없다.

2016년에 식약처에서는 이들 잇몸약들이 치료제가 아님을 분명히 하고 보조제로 평가를 했다. 하지만 나로서는 이것마저도 동의하기 어렵다. 보조제로 인정받으려면 무작위 임상실험과 같은 검증과정을 거쳐야 하는데, 이런 약들이 그럴 만한 근거가 있을까 의심스럽다. 또 출혈과 같은 증상만 호전되게 하는 약에 의존하게 만듦으로써, 잇몸 상태는 더 안 좋아지게 만들 가능성이 크다. 실제로 나는 잇몸약으로 버티다 상황이 심각해진 후에야 병원을 찾아오는 환자를 지난 20년 동안 너무나 많이 보아왔다. 더구나 식약처 판정 이후에 치료약에서 보조제로 바뀐 사실마저도 소비자들이 분명히 인식하지 못하도록 광고를 바꿔 판매를 계속하는 것은 전문가로서 불쾌한 일이 아닐 수 없다.

둘째, 치약을 바꾸어야 한다.

우리가 매일 쓰는 치약에는 여러 성분이 들어 있다. 맛을 좋게 하는 향, 거품이 나게 하는 기포제, 감촉을 좋게 하는 결합제 같은 것도 들어 있다. 하지만 치약의 대표적인 성분은 3가지로 요약된다. 비누성분인 계면활성제, 작은 모래알인 연마제, 그리고 충치나 잇몸질환을 예방하기 위한 성분이다. 이 가운데 계면활성제는 시중에서 판매되는 대부분의 치약이나 치약 형태의 잇몸약들의 주요 성분이다. 계면활성제는 말 그대로, 경계면을 활성화시켜 두 성분을 떼어내는 화학성분이다. 한마디로 비누 성분이라 생각하면 된다. 비누, 샴푸, 린스, 식기세정제 등의 기본 성분 역시 계면활성제다. 우리 몸이나 옷이나 그릇에 묻은 때를 긁어내는 것만으로는 제거하기 어렵기 때문에 계면활성제를 통해 떼어내는 것이다. 이런 제품을 쓸 때 나오는 거품이 계면활성제의 특징이기도 하다.

계면활성제가 치약의 주요 성분이라는 것은, 치약을 사용하는 것이 비누나 식기세정제로 입안도 닦아내는 것과 다를 바 없다는 것을 의미한다. 그래서 치약이라는 말도 적절하지 않다. 약이 아니라 이를 닦는 비누라는 의미에서 '세치제'라고 하는 것이 더 타당하다. 물때를 제거하기 위해 세면대나 변기를 치약으로 닦으라는 살림정보가 더러 눈에 띄는데, 치약이 이렇게 쓰이는 이유도 치약 속의 계면활성제 때문이다. 계면활성제는 20세기 화학적 연구가 실생활에 쓰이는 제품으로 열매를 맺은 귀중한 사례다. 하지만 그것을 치약에까지 쓸 이유는 없다.

치약은 말 그대로 구강 미생물을 관리하는 약제로 거듭나야 한다. 현재 시판되는 많은 치약들 가운데 구강 미생물과는 관련이 없거나 과한 영향을 미치는 것은 경계해야 한다. 대신 잇몸병을 일으키는 세균에게 일정한 항균 효과가 있으면서도, 원래 우리 입속에서 살아가는 세균들에게는 영향이 없거나 덜한 제제를 찾아야 한다. 물론 이런 선택적 효과를 보이는 물질을 찾기는 쉽지 않을 것이다. 화학적 항균제보다 생약 중에 그런 물질이 있을 가능성이 크다. 생약은 생물체가 만들어낸 성분이다. 생태계 안에서 자신의 생명을 유지하면서 동시에 외부를 경계하는 진화의 시간을 통과한 생명체의 산물이다. 한 세기에 걸쳐 만들어진 화학제제와는 차원이 다르다. 따라서 치약을 선택할 때에는 가능한 화학적 계면활성제를 쓰지는 않았는지, 항균효과에 대한 자료는 있는지 확인해야 한다.

셋째, 칫솔질 방법을 바꾸어야 한다.

칫솔질은 궁극적으로 입속 세균의 양을 우리 몸이 방어할 수 있는 수준으로 낮춰 염증반응이 일어나지 않도록 하는 것이다. 그렇다면 칫솔질은 당연히 입안에서 세균이 가장 많이 사는 곳에 집중되어야 한다. 물론 음식물 찌꺼기를 제거하는 것도 동시에 이루어져야 한다.

그러면 입안에서 세균이 가장 많이 사는 곳은 어디인가? 바로 잇몸주머니(치주포켓)다. 치아 뿌리와 잇몸 사이에 있는 잇몸주머니, 거기에 쌓여가는 플라그, 플라그라는 바이오필름 안에 뭉쳐 사는 미생물이 잇몸병의 근본 원인이다. 여기 사는 진지발리스라는 세균이 구강 미생물 중 가장 경계해야 할 대상이기도 하다. 그렇다면 당연히 여기, 즉 잇몸주머니를 닦아내는 것이 칫솔질의 주요 목적이 되어야 한다.

하지만 현재 많은 사람들이 하는 칫솔질은 잇몸주머니 안을 닦아내는 칫솔질이 아니다. 좌우로 닦는 칫솔질(횡마법)이나 아래 위로 닦는 칫솔질(회전법)은 치아나 치아 사이를 닦는 것이지, 잇몸주머니와는 상관이 없다. 물론 아이들이나 청소년들에게는 이런 칫솔질이 의미가 있다. 아이들에게는 잇몸병보다는 충치가 더 잘 생기고, 충치는 치아에 붙은 무탄스 같은 세균이 만들기 때문이다. 하지만 대부분의 성인들, 특히 노인들에게는 이런 칫솔질만으로는 의미가 없다. 항아리 속에 가득 쌓인 먼지는 그대로 두고 겉만 반질거리게 닦아내는 격이다.

그럼 잇몸주머니 안은 어떻게 닦을까? 미국 의사 바스가 제안했다고 해서 '바스 법'이라고 불리는 칫솔질을 익히면 된다. 칫솔모가 치아 뿌리를 향하게 하여 치아에 바짝 붙인 다음 45도로 세우면, 칫솔모의 일부가 잇몸주머니 속으로 들어간다. 그 상태에서 칫솔모가 잇몸주머니 속으로 더 깊이 들어가도록 움직여주면 된다. 인터넷에 바스 법(Bass toothbrushing method)을 검색하면 동영상도 있으므로, 참고해서 익혀보길 바란다.

꼭 바스 법이 아니라도 성인의 칫솔질은 잇몸주머니를 향해야 한다는 점을 기억하고, 의식적으로 노력하자. 내가 어렸을 때 좌우로 닦던 횡마법 칫솔질을 아래 위로 닦는 회전법으로 바꾸기 위한 홍보가 대대적으

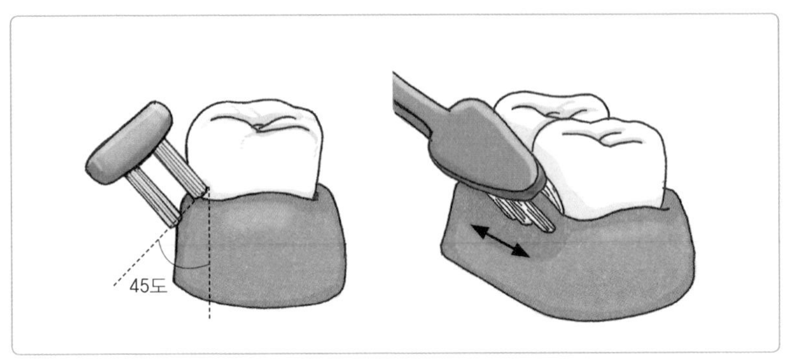

잇몸주머니를 닦아내는 칫솔법과 두줄모 칫솔

로 이루어진 적이 있었는데, 다시 한번 칫솔질 방법이 업데이트되는 계몽 운동이 벌어지면 좋겠다.

넷째, 칫솔을 바꾸어야 한다.

가능한 부드러운 칫솔을 선택해야 한다. 시중에서 판매되는 칫솔은 더 부드러워져야 한다. 잇몸주머니는 아주 좁다. 그 좁은 홈에 칫솔모가 들어가고 진동으로 플라그를 제거해야 하는데, 그러기 위해서는 시판되는 칫솔들처럼 칫솔모가 단단할 필요가 없다. 부드러울수록 잇몸주머니에 잘 들어갈 것이다.

또 칫솔의 머리 모양도 작고 좁은 것이 좋다. 칫솔 머리가 크면 위 어금니 바깥쪽은 잘 들어가지않는다. 입을 벌릴 때 턱뼈 앞쪽 부분이 그쪽으로 이동하며 칫솔이 들어갈 잇몸과 볼 사이의 공간을 줄이기 때문이다. 그래서 윗니 중에서 맨 뒤에 있는 어금니와 그 앞 어금니 사이의 잇몸에서 잇몸병이 가장 잘 생긴다. 뿌리 모양이 복잡해서이기도 하고 닦아내기가 어렵기도 해서다. 그만큼 그 부위는 더 신경을 써서 플라그 제거를 해야 하는데, 칫솔 머리가 크고 넓으면 쉽지 않다.

잇몸주머니를 닦는 데 가장 좋은 칫솔은 '두줄모'이다(왼쪽 그림). 인터넷으로 두줄모를 검색해보기 바란다. 머리가 작고 칫솔모가 두 줄인 칫솔이다. 전체적으로 칫솔은 그런 모양으로 바뀌어야 한다. 특히 잇몸병이 있는 사람들은 그런 칫솔로 구석구석 정성 들여 잇몸주머니를 닦아야 한다.

덧붙여 치실이나 치간칫솔, 또 물을 분사해 치아 사이를 닦아내는 기구들을 사용하는 습관을 들이는 것도 중요하다. 어렸을 적 시골에서 자란 나는 이를 잘 닦는 습관을 들이지 못했다. 그래서 내 입안에도 임플란트가 4개나 있다. 물론 성인이 된 이후에는 무엇보다 구강위생 관리에 신경을 쓴다. 휴대용 치실을 늘 휴대하면서 필요할 때마다 사용한다. 또 자기 전에는 칫솔질을 한 후 물로 쏘아 치간을 닦는 구강 세척기로 입안을 깨끗이 한다. 칫솔질이 미처 닿지 않은 잇몸주머니를 물을 이용해 한 번 더 관리해주는 것이다.

다섯째, 치과 이용을 바꾸어야 한다.

잇몸이 안 좋아 병원을 찾은 환자들에게 늘 강조하는 말이 있다. 머리를 다듬기 위해 미장원에 가거나 탈모를 막기 위해 피부과에서 두피관리를 받는 것처럼 치과를 이용하라는 것이다. 고혈압이나 당뇨가 있는 사람이 정기적으로 내과에 가서 검진을 받고 약을 타듯이 치과를 이용해야 한다는 것이다. 치과에서는 스스로 닦기 어려운 부분을 치과위생사라는 전문가가 대신 관리를 해준다.

잇몸이 안 좋다는 것은 달리 말하면, 잇몸주머니가 깊어졌다는 것이다. 잇몸주머니 안에 세균이 쌓여 있다는 의미이기도 하다. 치과에서 받는 스케일링을 포함한 여러 잇몸시술은, 쉽게 말하면 잇몸주머니를 닦아내는 것이다. 갈고리 같은 기구를 이용해 잇몸주머니 안의 플라그를 물리적으로 없애고, 필요한 경우 여러 화학제제를 써서 화학적으로도 세균을 줄인다.

문제는, 플라그는 닦아내도 계속 쌓인다는 것이다. 기본적으로 바이오필름은 완전히 없앨 수 없다. 세균이 있는 곳이라면 어디든지 만들어지고, 없애더라도 또 바로 생긴다. 게다가 입안은 늘 음식물이 오가는 곳이라 음식물 찌꺼기가 주머니 안에 쌓이는 것도 막을 수 없다. 그래서 정기적으로 닦아내는 것이 반드시 필요하다.

하지만 치과에서 잇몸주머니 안을 세척하는 행위도 근본적으로는 한계를 갖는다. 주머니 안을 보면서 닦지 않고 기구만을 넣어서 시술하기 때문이다. 물론, 아주 심한 경우에는 잇몸을 젖혀 주머니 안을 들여다

보면서 깨끗이 하는 잇몸수술을 하기도 하지만, 이 역시 기본 목적은 주머니 안을 닦는 것이고 수술 후에 다시 플라그가 쌓이는 것을 막을 수는 없다. 특히 잇몸주머니가 깊어지면 한계는 더욱 분명해진다. 깊을수록 보지 못하는 공간이 더 많아지니, 자칫 '장님 코끼리 만지기'식의 치료가 될 수 있다.

그래서 잇몸주머니가 깊어지지 않게 사전에 관리하는 것이 무엇보다 중요하다. 기본적으로 매일 하는 칫솔질이 가장 중요하다. 매일 3회, 3분씩 하는 행위의 작은 차이가 쌓이면 큰 차이를 만들 수밖에 없다. 그리고 치과를 자주 가볍게 이용해야 한다. 미장원 가서 머리를 손질하고, 내과 가서 약을 타듯이 가볍게 다녀야 한다. 다행히 얼마 전부터 스케일링도 건강보험에 적용되어 비용도 많이 들지 않는다. 스케일링을 포함해 거의 모든 잇몸관리 시술들은 건강보험으로 해결된다. 나이가 들수록 문제를 키우지 않는 것이 더욱 중요하다. 힘도 들고 비용도 많이 드는 임플란트를 해야 하는 상황에 이르기 전에, 가볍게 치과를 자주 이용하는 것이 건강을 지키는 길이다.

6 생명에 대한 기본 태도
위대한 우연에 감사

위대한 우연에 대한 감사

지구에 생명이 등장한 것은 물론 개개의 생명이 탄생하여 죽음을 맞기까지 모든 과정은 실은 우연의 연속이다. 우선 상상할 수 없이 광대한 우주에 지구가 탄생한 것도 우연이다. 지구에 생명이 존재할 수 있는 여러 조건이 갖춰진 것도 극히 우연이다. 아직도 어떻게 생겨났는지 몰라서 '위대한 탄생(Big Birth)'이라는 신화로 남아 있는 첫 생명체의 탄생도 위대한 우연이다. '위대한 역사(Big History)'를 거쳐 어머니와 아버지의 결합으로 '나'라는 생명체가 탄생한 것도 우연이고, 그 결합과정에서 잘못된 돌연변이가 생기지 않아 사지 멀쩡하게 태어난 것도 우연이다. 계속되는 생명활동에서도 이상한 돌연변이가 일어나 치명적인 암이 생기지 않은 것도 다행스러운 우연이다. 늘 미생물에 둘러싸여 있으면서도 내 몸의 방어기능이 미생물과 적절한 긴장관계를 이루고 있는 것 역시 다행일 따름이다.

생명의 최소단위인 세포 안을 들여다보면 거기에도 하나의 세계가 보인다. 셀 수 없이 많은 분자들이 어지럽게 만들어지고 움직이고 충돌한다. 세포 하나에 존재하는 단백질만 해도 2만 종이 넘고, 단백질은 활동성이 커서 계속 움직이는데, 그 많은 단백질이 한꺼번에 움직이다 보면 충돌은 피할 수 없다. 세포 안에서 일어나는 단백질의 충돌은 매초 수십억 번에 이른다. 세포 내 발전소라고 할 수 있는 미토콘드리아도 세포 하나에 1,000여 개 들어 있고, 미토콘드리아에서 만들어져 에너지원으로 쓰이는 ATP(아데노신삼인산)는 10억 개 정도에 이른다. 이들은 2분 정도면 모두 쓰이고 다시 10억 개가 만들어진다. DNA 분자는 갑자기 나타나 나선구조에 칼질을 하고 지나가는 화학물질 때문에 평균 8.4초마다 한번씩 손상된다.[1] 하지만 이런 문제는 곧 복구된다. 우리 몸에 있는 복구장치들 덕분이다.

분자의 세계에서는 이런 일이 믿을 수 없을 정도의 속도로 벌어진다. 우리로서는 도저히 상상하기 힘든 속도이다. 더 신기한 것은 이런 모든 움직임들이 아무 목적도 규칙도 없이 이루어진다는 것이다. 그러면서도 이 모든 것은 너무나 완벽하게 조화를 이룬다. 암세포와 암조직처럼 통제할 수 없는 지경에 이르는 경우는 매우 드물다. 그렇지 않으면 세포 하나하나는 물론 우리 역시 생명을 이어갈 수 없다.

우리가 존재하기까지 이 기막힌 우연의 연속이 있었고, 또 생명이 유지되는 데 가늠하기 힘들 만큼 많은 우연과 조화가 계속되고 있다. 우리가 알든 모르든 이런 일이 우리를 존재하게 하고, 지난한 진화의 역사가 우리를 '위대한 존재(Big Being)'로 구성했다. 우리 몸의 분자, 세포, 미생물을 위해 우리가 딱히 하는 일도 없는데, 또 뭔가를 한다고 해도 그 결과를 예측할 수도 없는데, 38억 년의 진화의 역사를 고스란히 담고 있는 이들은 완벽한 조화를 이루면서 우리의 생명을 유지하게 한다. 이런 생명과정을 생각하면, "매사에 감사하라"는 격언은 우리가 생명에 가져야 할 마땅한 태도이다.

우리 몸속 미생물과의 관계에서도 마찬가지다. 인간의 DNA에는 미생물의 유전자와 같은 부분이 37%나 된다(그림 1).[2] 우리 유전자 속에도

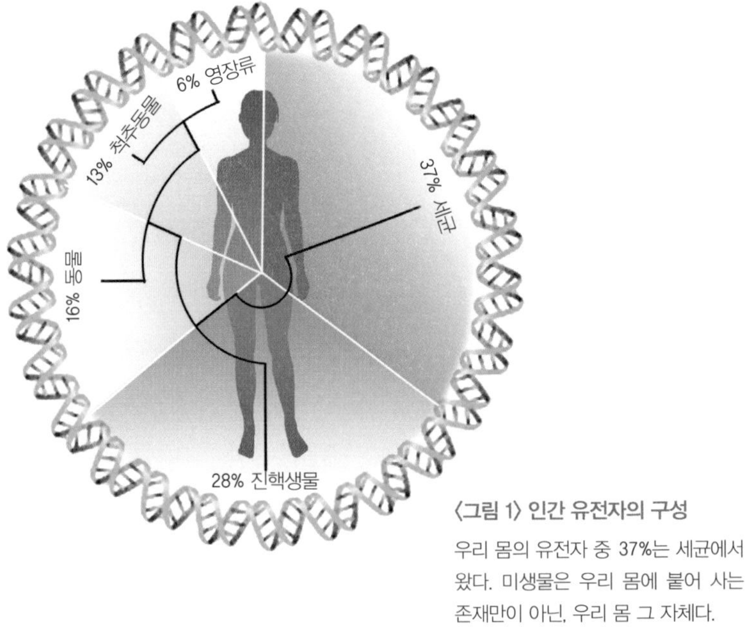

〈그림 1〉 인간 유전자의 구성

우리 몸의 유전자 중 37%는 세균에서 왔다. 미생물은 우리 몸에 붙어 사는 존재만이 아닌, 우리 몸 그 자체다.

38억 년의 지난한 생명 진화의 흔적이 고스란히 남아 있는 것이다. 그리고 그것들 대부분은 에너지 대사와 같은 생명활동의 핵심적인 부분에서 꿋꿋하게 자리를 지키며 우리를 자기네들처럼 생존하고 번식하게 한다.

우리 몸속 미생물은 과거의 흔적으로만 남아 있는 것은 아니다. 지금 우리 몸속에서 우리 몸과 더불어 통생명체(holobiont)를 형성하고 우리와 공생한다. 또 우리 몸속 미생물은 늘 자기들끼리 경쟁하고, 우리 몸 세포들과도 불협화음을 내며, 아주 가끔은 '나'라는 생명체의 존립 자체를 위협하기도 한다. 우리 몸은 거대 다세포 인간과 수많은 미생물들이 평화와 긴장이라는 양면의 상태로 공존하는 역설적 공간인 것이다. 우리는 그 조화와 부조화 사이의 경계를 알지 못한다. 부디 우리와 몸속의 여러 생명체들이 평화롭게 잘 살기를 바랄 뿐이고, 현재 평화가 유지되는 우연과 조화에 감사할 따름이다.

쉼과 잠, 내 안의 위대함을 위한 선물

우리는 모두 수십억 년 생명진화의 산물이다. 나라는 생명체가 탄생하기까지 어머니와 아버지, 할아버지와 할머니…… 계속 거슬러올라가면 태초의 인류 조상과 만난다. 그 태초의 인류는 또다른 포유류의 조상으로부터 왔고, 포유류 태초 조상은 이 세계 태초의 생명으로부터 유래했다. 결국 나는 38억 년 전 첫 생명이 탄생한 이후로, 진핵생물을 거쳐 동물, 척추동물, 그 이후 탄생한 포유류, 그 중에서도 약 20만 년 전 이 지구상에 나타난 호모 사피엔스의 후예다. 태초의 생명들 중 이 세계의 환경에서 살아남은 최적의 유전자들이 고르고 골라진 결과가 바로 '나'이다. 우리는 모두 이처럼 무한한 자연선택과 적자생존의 결과로 탄생했다. 그래서 우리는 존재 자체만으로 위대하다. 수많은 자연환경의 변화와 수많은 생존경쟁에서 살아남은 강인한 유전체의 소유자이다. 그래서 우리 안에는 육체적으로든 정신적으로든 스스로의 정체성을 지키는 힘, 건강을 지키는 강인함이 내재해 있다. 이 모든 것이 우리 생명이 갖는 위대함의 근간이다. 흔들릴 수 없는 근간을 바탕으로 굳건히 자리잡은 우리 생명의 위대함, 강인함, 생명력은 여러 사회 구조 안에서도 소외되거나 소멸되지 않아야 한다. 이적료로 2,000억을 버는 운동선수나 재벌, 권력의 정점에 있는 대통령, 노벨상을 탄 각 분야의 거두들, 그들과 나의 차이는 생명의 위대함에 비하면 티끌보다도 작다.

안타깝게도 우리는 이런 사실을 잊고 산다. 아무 일도 하지 않고 그저 생명을 얻고 건강을 유지하는 것이라고 여기며 우리 몸을 소홀히 대한다. 또 반대로 통생명체로서 우리 몸을 이해하지 못하고 해(害)가 될 일을 이(利)가 될 일이라고 믿고 행한다. 이제 우리는 우리 몸을 제대로 이해하고 그 힘이 제대로 쓰이도록 스스로를 잘 보살펴야 한다.

먼저, 과로하지 말아야 한다. 피곤하다고 느껴지면 우리 몸의 힘이 스스로를 보살필 수 있도록 충분히 쉬어야 한다. 과음과 과식 역시 피해야 한다. 우리 몸을 유지하기 위해 필요한 영양소는 충분히 섭취해야 하지만, 너무 과하면 그것을 소화시키기 위해 몸의 에너지가 또 소진된다. 또 우리 몸에 안 좋다고 분명히 판단된 담배 같은 것은 끊어야 한다. 흡연은 세포와 혈관을 위축시켜서 몸의 회복력을 감퇴시킨다. 적절한 운동도 당연히 중요하다. 오랜 기간 이어온 생명이 모두 그랬던 것처럼, 인류가 수십만 년 동안 그래 왔던 것처럼, 많이 움직이며 살아야 한다.

전날 과로한 상태에서 산에 오르면 힘이 든다. 내 몸의 생명활동이 현저히 떨어진 탓이다. 산에 오르려면 근육을 써야 하고, 그 근육을 쓸 에너지가 내 몸의 여러 세포에서 만들어지고 전달되어야 한다. 그 모든 과정은 우리 생명활동의 재료들인 단백질과 효소가 진행한다. 효소들이 없다면 우리 인간의 신체활동은 한 걸음도 나갈 수가 없다. 그런데 과로는 효소의 생산을 느리게 한다. 당연히 같은 근육을 쓰는데도 힘이 들 수밖에 없다.

감기에 걸린 후에도 산에 오르기 힘들다. 질병에 걸리면, 우리 몸의 생명활동은 질병의 방어에 집중되고 많은 에너지를 소비한다. 먼저 백혈구가 몰려오고 여러 신호물질들을 만들어 주위로 뿌린다. 그러면 신호물질들을 인식하는 수용체(receptor)들이 활성화되어 또 다른 면역세포들이 몰려온다. 이 모든 과정들 역시 막대한 에너지와 각각의 생명활동 과정을 필요로 한다. 그만큼 육체적 근육활동에 쓸 에너지가 줄어들 수밖에 없다. 움직이는 게 힘들지 않을 수 없다.

밥을 먹은 후에는 우리 몸이 소화하기 바쁘다. 입 주위의 씹는 근육은 물론, 식도부터 장까지 연동운동으로 옮겨가는 것도 많은 에너지를 필요로 한다. 바깥에서 들어온 물질에 혹시나 병적 미생물이 없는지 면역세포들이 촘촘하게 검사하러 몰려온다. 이런 모든 움직임들 역시 많은 에너지와 생명활동을 요구한다. 무엇보다 입안과 위와 소장에 쏟아져

들어올 소화효소들이 가장 활발하게 생명활동을 벌인다. 특히 하루에 1리터가 넘게 소장으로 분비되는 췌장의 소화효소 자체가 생명활동의 재료이자 매개체이자 결과인 단백질이다. 우리 눈에 보이지 않지만, 우리 몸속에서 이루어지는 이런 활동으로 인해, 근육을 움직이기 위해 쓰여야 할 에너지는 상대적으로 줄어들 수밖에 없다. 이것이 식사 직후 산에 오르기 힘들고 졸린 이유이다.

따라서 과로한 상태나 질병에 걸렸을 때, 또 밥 먹은 직후에 우리 몸속에서 요구하는 생명활동은 기본적으로 같다. 쉬어야 한다는 것이다. 충분한 휴식으로 우리 몸속에서 벌어지는 생명활동이 피로의 회복과 병적 미생물의 퇴치, 외부 물질의 소화에 쓰일 수 있도록 허락해야 한다.

최고의 휴식은 평정함과 잠이다. 육체적이든 정신적이든 평안하고 고요한 상태는 우리 몸이 스스로 회복되게 돕는다. 우리 몸은 충분히 그럴 수 있고, 그럴 수 있도록 진화해 왔다. 그럴 능력이 없다면, 지금 이 순간 여기 있을 수도 없을 것이다. 자기 전 따뜻한 물로 깨끗이 씻고 칫솔질을 하면 더욱 좋다. 몸의 온도를 올려 생명활동을 촉진하고, 우리 몸에 붙은 미생물을 상대하기 위해 에너지가 불필요하게 소모되는 것을 막기 위함이다. 나 역시 피곤하면 무조건 잔다. 10시간이고 12시간이고 자고 난 다음의 기분 좋은 노곤함, 일어나 마시는 커피 한 잔 후의 명정(明淨)함은 무엇과도 바꿀 수 없을 만큼 기분 좋은 느낌이다.

우리 몸 미생물, 박멸에서 공존으로

우리에게 너무나 익숙한 탄수화물의 의미를 음미해 보면, 탄소(炭素)가 수화(水化)되었다는 뜻이다. 영어로 탄수화물을 의미하는 carbohydrate 역시 탄소(carbon)가 수화(hydrate)되었다는 말이고, 화학식으로도 대표적 탄수화물인 포도당이 $C_6H_{12}O_6$이니 탄소(C) 6개와 물(H_2O) 6개가 붙어 있다. 한마디로 말해, 물과 결합한 탄소, 물먹은 탄소라는 뜻이다.

탄수화물을 이렇게 보면 새로운 의미가 드러난다. 우리가 사는 지구의 물질순환에서 가장 중요한 원소인 탄소가 순환되는 과정에서 잠시 만든 물질이 탄수화물이라는 것이다. 식물이 공기중의 탄소(이산화탄소)를 뿌리에서 길어 올린 물과 결합해서 만든 것이 탄수화물이다. 이 과정에서 햇빛을 이용하기 때문에 '광합성'이라고 한다는 것은 학교 생물 시간에 가장 많이 들은 얘기이다. 식물은 광합성을 통해 자기의 몸 전체를 구성해 주위의 생명체들에게 헌사한다. 그래서 식물은 잎도 탄수화물이고, 꽃도 탄수화물이며, 열매도 탄수화물이며, 나무껍질도 탄수화물이다. 그 모든 곳에 생명이 공유하는 에너지가 담겨 있다. 그것으로 우리는 밥을 해먹었고 나물을 무쳐먹고, 과일로도 먹어왔다.

그런데 현대의 식품산업은 이 과정을 바꾸어 놓았다. 거친 껍질을 모두 제거하고 부드러운 속만 정제해 우리에게 제공한다. 보리와 벼에서 껍질을 없애고 먹기 좋은 하얀 보리와 하얀 쌀만을 남긴다. 통밀은 껍질을 모두 깎아내고 입자 고운 밀가루로 갈아 놓는다. 심지어 사탕수수에서는 달달한 탄수화물만 쏙 뽑아내 설탕으로 정제한다. 그리고 이것으로 디저트 까페에서 커피와 음료를 만들고 제과점에서 빵을 만들고 포장된 냉동밥을 만든다.

이런 정제된 탄수화물은 맛있기도 하거니와 먹기도 편하고, 소화효소에 의해 금방 분해되어 각 세포에 빨리 에너지원으로 쓰일 수는 있다. 하지만 그만큼 빨리 흡수되어 혈관으로 들어가기 때문에 늘 과해질 여지가 있다. 게다가 우리와 함께 진화해 오며 대장에 자신의 우주를 건설한 장미생물들에게는 먹을 것이 돌아가지 않는다. 대장까지 오기 전에 정제된 탄수화물들이 우리 몸에 거의 모두 흡수되어 버리기 때문이다. 그래서 빵과 국수와 디저트를 즐기는 사람들의 장에는 우리 몸에 필요한 세균의 수도 적고 다양성도 떨어진다. 결과적으로 현대화된 정제 탄수화물은 우리에게는 에너지 과잉을, 우리 안에 살며 함께 삶을 이어가고 있는 미생물들에게는 에너지결핍을 가져오는 불균등한 생태를 만든다.

이런 식생활은 현대인들을 비만하게 하고 아랫배가 늘 묵직한 변비나, 당뇨와 고혈압에 시달리게 한다. 피부가 가렵고, 감기 · 배탈 · 잇몸병 같은 잔병치레가 많고 암에 더 많이 노출되는 이유가 되기도 한다. 이런 문제를 해결하기 위해 현대인들은 다이어트를 위해 시리얼을 먹고, 헬스클럽에서 운동을 하고, 건강관리를 위해 혈압약을 챙기고, 감기에 걸리면 항생제를 바로 투여한다. 또 이런 생활을 유지하는 데 필요한 돈을 벌기 위해 막히는 차선을 뚫고 도심으로 향한다. 밀집된 고층빌딩 숲에서 일을 하고 점심식사 후에는 또 디저트를 즐기고 아프면 병원을 찾는다.

이것은 마치 산업보국을 위해 국토 곳곳을 개발하고는 공기와 물이 오염되었다고 다시 환경산업을 육성하는 것과 같다. 한쪽에서는 문제를 만들고, 한쪽에서는 문제를 해결하는 것을 반복한다. 결과적으로 국민총생산, 흔히 말하는 GDP는 증가한다. 돈이 더 많이 돌고, 그 돈으로 도시는 더 세련되어지고, 사람은 더 화려해지고, 물가는 올라간다. 사람들은 더 바삐 움직이고 국토는 더 개발되어야 한다. 이 순환이 좋은 흐름이 아니라는 것을 모두 알고, 많은 개인과 집단과 정부에서도 이 문제의 방향을 수정하기 위해 노력하고 있지만, 그 순환의 고리를 끊기는 쉽지 않다. 이미 너무나 많은 사람들의 욕망과 습관과 문화가 개입되어 있기 때문이다. 무엇보다 자본주의라는 체제 자체가 끊임없는 돈의 확장과 그를 위한 재료들을 게걸스럽게 탐식하고 있기 때문이다.

하지만 내 몸의 순환은 끊을 수 있다. 내 몸 역시 하나의 우주다. 미생물로 가득 찬 우주. 그리고, 그 우주의 관장자는 바로 나다. 그러고 보면 의식을 가진 모든 인간은 자신의 우주의 운명을 결정하는 신이요, 왕이요, 리더다. 생명의 신비를 고스란히 간직하고 있는 위대한 우연의 구현자이다.

이 책 전체에서 살폈듯이, 우리 몸의 많은 문제들은 나라는 우주를 발판삼아 살아가는 무수한 생명들, 내 몸 가득한 미생물들과 공존이 파괴되고 관계가 훼손된 데서 온다. 또 20만 년 된 호모 사피엔스의 DNA와 300년도 안 된 현대 자본주의와 50년도 안 된 오늘날 생활습관과 식습관의 괴리에서 온다. 문제가 그렇다면 해결책도 그래야 한다. 비만이나 대사증후군의 여러 원인으로 유전자를 포함한 '미시적' '과학적' 이유를 찾더라도, 이런 것들은 긴 진화적 상식을 대체하지 못한다. 생활습관과 식이습관을 바꿔야 한다. 덜 가공된 음식, 자연에 가까운 음식을 먹고 더 많이 움직여야 한다. 약에 의지하는 것은 급할 때 최소한으로 제한해야 한다. 최소한 주말이라도 인간들의 닭장인 아파트에서 벗어나고 군집 서식처인 도시에서 벗어나야 한다. 멋있는 세프와 제과점의 빵과 편의점의 간식거리들은 분명 현대 문명의 산물이지만, 우리의 진짜 먹을거리는 거기 있지 않다. 인터넷의 수많은 정보와 텔레비전의 스토리가 우리의 눈과 머리를 붙잡지만, 실상 우리 삶의 진짜 모습과 세상의 이치는 그 뒤편에 있는지도 모른다.

3장에서 생명나무에 대해 이야기할 때 언급한 20세기 생물학의 거두 칼 워즈(Karl Woese)는 21세기를 맞으며 다음과 같은 말을 했다.

"이제는 눈을 들어 보다 포괄적인 시선으로 생명체를 보아야 한다. 생명체 간의 복잡한 관계, 창발성(emergence), 그리고 진화에 집중해야 한다. 이런 인식 위에서만 우리는 우리의 행성과 조화를 이루며 살 수 있을 것이다. 이것이 우리 사회가 요구하는 21세기 생명과학이다."[1]

77세 원숙한 이 노학자의 조언은 나와 내 몸 가득한 미생물에 대한 태도로도 전적으로 옳다. 내 몸과 건강, 생활습관에 대해 좀 더 긴 시선으로 보아야 한다. 나라는 통생명체(holobiont) 안에 살고 있는 내 몸 미생물에 대해서도 이제는 좀 더 포괄적인 시선으로 대해야 한다. 셀 수 없는 미생물 가운데 나를 괴롭힐 수 있는 녀석은 기껏해야 100종 정도이다.[2] 이 100종을 소독하기 위해 모든 미생물을 박멸의 대상으로 삼는 것은, 빈대를 잡으려고 초가삼간 태우는 격이다. 무엇보다 소중한 것이 바로 내 몸, 내 건강이 아닌가.

참고문헌

서장. 우리 몸속 미생물, 어떻게 접근할까?

2. 우리 몸속 미생물, 어떻게 파악할까?

1. Project, H. M. "http://ihmpdcc.org/overview/."
2. Rossi–Tamisier, M., et al. (2015). "Cautionary tale of using 16S rRNA gene sequence similarity values in identification of human–associated bacterial species." International journal of systematic and evolutionary microbiology 65(6): 1929–1934.
3. 인간구강미생물데이터베이스. "www.homd.org."
4. Proctor, L. M. (2016). "The National Institutes of Health Human Microbiome Project." Seminars in Fetal and Neonatal Medicine 21(6): 368–372.

3.21세기 미생물학의 변화와 인간 미생물 프로젝트

1. Service, R. F. (1997). "Microbiologists explore life's rich, hidden kingdoms." Science (New York, NY) 275(5307): 1740.
2. Proctor, L. M. (2016). "The National Institutes of Health Human Microbiome Project." Seminars in Fetal and Neonatal Medicine 21(6): 368–372.
3. Consortium, H. M. P. (2012). "Structure, function and diversity of the healthy human microbiome." Nature 486(7402): 207–214.
4. Moya, A. and M. Ferrer (2016). "Functional Redundancy–Induced Stability of Gut Microbiota Subjected to Disturbance." Trends in Microbiology 24(5): 402–413.
5. Walker, B. (1995). "Conserving biological diversity through ecosystem resilience." Conservation biology 9(4): 747–752.

■ 한눈에 보는 우리 몸속 세균, 우리 몸속 미생물은 어떤 일을 할까?

1. Schnorr, S. L., et al. (2016). "Insights into human evolution from ancient and contemporary microbiome studies." Current Opinion in Genetics & Development 41: 14–26.

1장. 우리 몸에 사는 미생물

1. 우리 몸의 가장 바깥, 피부 미생물

1. Nakatsuji, T., et al. (2013). "The microbiome extends to subepidermal compartments of normal skin." Nature communications 4: 1431-1431.
2. Kong, H. H. and J. A. Segre (2017). "The Molecular Revolution in Cutaneous Biology: Investigating the Skin Microbiome." Journal of Investigative Dermatology 137(5): e119-e122.
3. Grice, E. A. and J. A. Segre (2011). "The skin microbiome." Nat Rev Microbiol 9(4): 244-253.
4. Grice, E. A., et al. (2009). "Topographical and temporal diversity of the human skin microbiome." science 324(5931): 1190-1192.
5. Büttner, H., et al. (2015). "Structural basis of Staphylococcus epidermidis biofilm formation: mechanisms and molecular interactions." Frontiers in Cellular and Infection Microbiology 5: 14.
6. Findley, K. and E. A. Grice (2014). "The skin microbiome: a focus on pathogens and their association with skin disease." PLoS pathogens 10(11): e1004436.

2. 취약한 환경, 다양한 종류, 입속 미생물

1. Abusleme, L., et al. (2013). "The subgingival microbiome in health and periodontitis and its relationship with community biomass and inflammation." The ISME journal 7(5): 1016-1025.
2. Xu, X., et al. (2015). "Oral cavity contains distinct niches with dynamic microbial communities." Environmental microbiology 17(3): 699-710.
3. 인간 구강미생물 데이터베이스. "www.homd.org."
4. Takeshita, T., et al. (2014). "Distinct composition of the oral indigenous microbiota in South Korean and Japanese adults." Scientific Reports 4.
5. Moon, J. H., et al. (2015). "Subgingival microbiome in smokers and non-smokers in Korean chronic periodontitis patients." Molecular oral microbiology 30(3): 227-241.
6. Park, O.-J., et al. (2015). "Pyrosequencing analysis of subgingival microbiota in distinct periodontal conditions." Journal of dental research 94(7): 921-927.
7. Pozhitkov, A. E., et al. (2015). "Towards microbiome transplant as a therapy for periodontitis: an exploratory study of periodontitis microbial signature contrasted by

oral health, caries and edentulism." BMC oral health 15(1): 1.
8. Costalonga, M. and M. C. Herzberg (2014). "The oral microbiome and the immunobiology of periodontal disease and caries." Immunology Letters 162(2): 22–38.
9. Darveau, R. P. (2010). "Periodontitis: a polymicrobial disruption of host homeostasis." Nature Reviews Microbiology 8(7): 481–490.
10. Hajishengallis, G. and R. J. Lamont (2016). "Dancing with the stars: how choreographed bacterial interactions dictate nososymbiocity and give rise to keystone pathogens, accessory pathogens, and pathobionts." Trends in Microbiology 24(6): 477–489.
11. Bosshardt, D. and N. Lang (2005). "The junctional epithelium: from health to disease." Journal of dental research 84(1): 9–20.
12. Eick, S., et al. (2016). "Microbiota at teeth and implants in partially edentulous patients. A 10–year retrospective study." Clinical oral implants research 27(2): 218–225.
13. Tenenbaum, H., et al. (2016). "Long–term prospective cohort study on dental implants: clinical and microbiological parameters." Clinical oral implants research.

3. 가장 넓은 미생물의 공간, 장 미생물

1. O'Hara, A. M. and F. Shanahan (2006). "The gut flora as a forgotten organ." EMBO Reports 7(7): 688–693.
2. Consortium, H. M. P. (2012). "Structure, function and diversity of the healthy human microbiome." Nature 486(7402): 207–214.
3. Arumugam, M., et al. (2011). "Enterotypes of the human gut microbiome." nature 473(7346): 174–180.
4. Falony, G., et al. (2016). "Population–level analysis of gut microbiome variation." science 352(6285): 560–564.
5. Nam, Y.–D., et al. (2011). "Comparative analysis of Korean human gut microbiota by barcoded pyrosequencing." PloS one 6(7): e22109.
6. Romano–Keeler, J. and J.–H. Weitkamp (2015). "Maternal influences on fetal microbial colonization and immune development." Pediatric research 77(0): 189–195.
7. Thavagnanam, S., et al. (2008). "A meta-analysis of the association between Caesarean section and childhood asthma." Clinical & Experimental Allergy 38(4): 629–633.
8. Odijk, J. v., et al. (2003). "Breastfeeding and allergic disease: a multidisciplinary review of the literature (1966 – 2001) on the mode of early feeding in infancy and its impact

on later atopic manifestations." Allergy 58(9): 833–843.

9. Victora, C. G., et al. (2016). "Breastfeeding in the 21st century: epidemiology, mechanisms, and lifelong effect." The lancet 387(10017): 475–490.

10. Ottman, N., et al. (2012). "The function of our microbiota: who is out there and what do they do?" Frontiers in Cellular and Infection Microbiology 2.

11. Mueller, S., et al. (2006). "Differences in fecal microbiota in different European study populations in relation to age, gender, and country: a cross–sectional study." Applied and environmental microbiology 72(2): 1027–1033.

12. Lagier, J.–C., et al. (2012). "Human gut microbiota: repertoire and variations." Frontiers in Cellular and Infection Microbiology 2.

13. Vangay, P., et al. (2015). "Antibiotics, pediatric dysbiosis, and disease." Cell host & microbe 17(5): 553–564.

14. De Filippo, C., et al. (2010). "Impact of diet in shaping gut microbiota revealed by a comparative study in children from Europe and rural Africa." Proceedings of the National Academy of Sciences 107(33): 14691–14696.

15. Chen, H.–M., et al. (2013). "Decreased dietary fiber intake and structural alteration of gut microbiota in patients with advanced colorectal adenoma." The American journal of clinical nutrition 97(5): 1044–1052.

16. Zeng, H., et al. (2014). "Mechanisms linking dietary fiber, gut microbiota and colon cancer prevention." World J Gastrointest Oncol 6(2): 41–51.

17. Round, J. L. and S. K. Mazmanian (2009). "The gut microbiome shapes intestinal immune responses during health and disease." Nature reviews. Immunology 9(5): 313.

18. Turnbaugh, P. J., et al. (2006). "An obesity–associated gut microbiome with increased capacity for energy harvest." nature 444(7122): 1027–1131.

19. Komaroff, A. L. (2017). "The microbiome and risk for obesity and diabetes." Jama 317(4): 355–356.

4. 피부와 비슷한 코와 코 주위 미생물

1. Gwaltney Jr, J. (1999). "Acute community acquired bacterial sinusitis: to treat or not to treat." Canadian respiratory journal 6: 46A–50A.

2. Ramakrishnan, V. R., et al. (2016). "The sinonasal bacterial microbiome in health and disease." Current opinion in otolaryngology & head and neck surgery 24(1): 20.

3. Wilson, M. T. and D. L. Hamilos (2014). "The nasal and sinus microbiome in health

and disease." Current allergy and asthma reports 14(12): 1–10.

4. Ramakrishnan, V. R., et al. (2013). "The microbiome of the middle meatus in healthy adults." PLoS One 8(12): e85507.

5. 입에서 폐로, 폐 미생물

1. 대한미생물학회 (2009). "의학미생물학", 엘스비어코리아.
2. Marsland, B. J. and E. S. Gollwitzer (2014). "Host–microorganism interactions in lung diseases." Nat Rev Immunol14(12): 827–835.
3. Beck, J. M., et al. (2012). "The microbiome of the lung." Translational Research 160(4): 258–266.
4. Dickson, R. P. and G. B. Huffnagle (2015). "The lung microbiome: new principles for respiratory bacteriology in health and disease." PLoS Pathog11(7): e1004923.
5. Gleeson, K., et al. (1997). "Quantitative aspiration during sleep in normal subjects." Chest 111(5): 1266–1272.
6. Segal, L. N., et al. (2016). "Enrichment of the lung microbiome with oral taxa is associated with lung inflammation of a Th17 phenotype." Nature Microbiology 1: 16031.
7. Segal, L. N., et al. (2013). "Enrichment of lung microbiome with supraglottic taxa is associated with increased pulmonary inflammation." Microbiome 1(1): 1.
8. Yoneyama, T., et al. (2002). "Oral care reduces pneumonia in older patients in nursing homes." Journal of the American Geriatrics Society 50(3): 430–433.
9. El–Rabbany, M., et al. (2015). "Prophylactic oral health procedures to prevent hospital–acquired and ventilator–associated pneumonia: A systematic review." International journal of nursing studies 52(1): 452–464.
10. Kaneoka, A., et al. (2015). "Prevention of healthcare–associated pneumonia with oral care in individuals without mechanical ventilation: A systematic review and meta–analysis of randomized controlled trials." Infection Control & Hospital Epidemiology 36(08): 899–906.
11. Cai, Q., et al. (2016). "Association of oral microbiome with lung cancer risk: Results from the Southern Community Cohort Study." Cancer Research 76(14 Supplement): 3455–3455.

6. 입속 미생물로 의심되는 태반 미생물

1. Consortium, H. M. P. (2012). "Structure, function and diversity of the healthy human

microbiome." Nature 486(7402): 207–214.

2. Ravel, J., et al. 0(2011). "Vaginal microbiome of reproductive–age women." Proc Natl Acad Sci U S A 108(Suppl 1): 4680–4687.

3. Martino, J. L. and S. H. Vermund (2002). "Vaginal douching: evidence for risks or benefits to women's health." Epidemiologic reviews 24(2): 109–124.

4. Vorherr, H., et al. (1984). "Antimicrobial effect of chlorhexidine and povidone–iodine on vaginal bacteria." Journal of Infection 8(3): 195–199.

5. Aagaard, K., et al. (2014). "The placenta harbors a unique microbiome." Science translational medicine 6(237): 237ra265–237ra265.

6. Kovalovszki, L., et al. (1981). "Isolation of aerobic bacteria from the placenta." Acta paediatrica Academiae Scientiarum Hungaricae 23(3): 357–360.

7. Gomez-Arango, L. F., et al. (2017). "Contributions of the maternal oral and gut microbiome to placental microbial colonization in overweight and obese pregnant women." Scientific Reports 7.

8. Pelzer, E., et al. (2016). "Maternal health and the placental microbiome." Placenta.

9. Jiménez, E., et al. (2008). "Is meconium from healthy newborns actually sterile?" Research in microbiology 159(3): 187–193.

10. Fardini, Y., et al. (2010). "Transmission of diverse oral bacteria to murine placenta: evidence for the oral microbiome as a potential source of intrauterine infection." Infection and immunity 78(4): 1789–1796.

11. Han, Y. W., et al. (2004). "Fusobacterium nucleatum induces premature and term stillbirths in pregnant mice: implication of oral bacteria in preterm birth." Infection and immunity 72(4): 2272–2279.

12. Han, Y. W., et al. (2006). "Transmission of an uncultivated Bergeyella strain from the oral cavity to amniotic fluid in a case of preterm birth." Journal of clinical microbiology 44(4): 1475–1483.

13. Han, Y. W., et al. (2010). "Term stillbirth caused by oral Fusobacterium nucleatum." Obstetrics and gynecology 115(2 Pt 2): 442.

14. López, N. J., et al. (2002). "Higher risk of preterm birth and low birth weight in women with periodontal disease." Journal of dental research 81(1): 58–63.

Goldenberg, R. L., et al. (2008). "Epidemiology and causes of preterm birth." The lancet 371(9606): 75–84.

7. 우리 몸 안과 밖의 경계, 심혈관 미생물

1. Forner, L., et al. (2006). "Incidence of bacteremia after chewing, tooth brushing and scaling in individuals with periodontal inflammation." Journal of clinical periodontology 33(6): 401–407.
2. Lockhart, P. B., et al. (2009). "Poor oral hygiene as a risk factor for infective endocarditis–related bacteremia." The Journal of the American Dental Association 140(10): 1238–1244.
3. Païssé, S., et al. (2016). "Comprehensive description of blood microbiome from healthy donors assessed by 16S targeted metagenomic sequencing." Transfusion 56(5): 1138–1147.
4. Jones, T., et al. (1955). "Committee on Prevention of Rheumatic Fever and Bacterial Endocarditis, American Heart Association. Prevention of rheumatic fever and bacterial endocarditis through control of streptococcal infections." Circulation 11: 317–320.
5. Wilson, W., et al. (2007). "Prevention of Infective Endocarditis Guidelines From the American Heart Association: A Guideline From the American Heart Association Rheumatic Fever, Endocarditis, and Kawasaki Disease Committee, Council on Cardiovascular Disease in the Young, and the Council on Clinical Cardiology, Council on Cardiovascular Surgery and Anesthesia, and the Quality of Care and Outcomes Research Interdisciplinary Working Group." Circulation 116(15): 1736–1754.
6. Richey, R., et al. (2008). "Prophylaxis against infective endocarditis: summary of NICE guidance." BMJ: British Medical Journal 336(7647): 770.
7. Thornhill, M. H., et al. (2011). "Impact of the NICE guideline recommending cessation of antibiotic prophylaxis for prevention of infective endocarditis: before and after study." Bmj 342: d2392.

8. 우리 몸의 가장 안쪽, 뇌 미생물

1. Ribatti, D., et al. (2006). "Development of the blood–brain barrier: A historical point of view." The Anatomical Record 289(1): 3–8.
2. Montagne, A., et al. (2015). "Blood–Brain Barrier Breakdown in the Aging Human Hippocampus." Neuron 85(2): 296–302.
3. 앤더스, 기. (2014). "매력적인 장여행", 와이즈 베리.
4. Mayer, E. A., et al. (2014). "Gut Microbes and the Brain: Paradigm Shift in Neuroscience." The Journal of Neuroscience 34(46): 15490–15496.

5. Miklossy, J. (1994). Alzheimer Disease–A Spirochetosis? Alzheimer Disease, Springer: 41–45.

6. Riviere, G. R., et al. (2002). "Molecular and immunological evidence of oral Treponema in the human brain and their association with Alzheimer's disease." Oral microbiology and immunology 17(2): 113–118.

7. Miklossy, J. (2011). "Alzheimer's disease–a neurospirochetosis. Analysis of the evidence following Koch's and Hill's criteria." Journal of neuroinflammation 8(1): 1.

8. Branton, W. G., et al. (2013). "Brain microbial populations in HIV/AIDS: α–proteobacteria predominate independent of host immune status." PloS one 8(1): e54673.

9. Poole, S., et al. (2013). "Determining the presence of periodontopathic virulence factors in short–term postmortem Alzheimer's disease brain tissue." Journal of Alzheimer's Disease 36(4): 665–677.

10. Lichtenstein, P., et al. (2002). "The Swedish Twin Registry: a unique resource for clinical, epidemiological and genetic studies." Journal of internal medicine 252(3): 184–205.

11. Gatz, M., et al. (2006). "Potentially modifiable risk factors for dementia in identical twins." Alzheimer's & Dementia 2(2): 110–117.

12. Stein, P. S., et al. (2007). "Tooth loss, dementia and neuropathology in the Nun study." J Am Dent Assoc 138(10): 1314–1322; quiz 1381–1312.

13. Paganini–Hill, A., et al. (2012). "Dentition, dental health habits, and dementia: the Leisure World Cohort Study." J Am Geriatr Soc 60(8): 1556–1563.

9. 너와 나를 잇는 생물학적 끈, 우리 몸속 바이러스

1. Rascovan, N., et al. (2016). "Metagenomics and the human virome in asymptomatic individuals." Annual review of microbiology 70: 125–141.

2. Tugnet, N., et al. (2013). "Human Endogenous Retroviruses (HERVs) and Autoimmune Rheumatic Disease: Is There a Link?" The Open Rheumatology Journal 7: 13–21.

3. Handley, S. A. (2016). "The virome: a missing component of biological interaction networks in health and disease." Genome medicine 8(1): 1.

4. Piacente, F., et al. (2012). "Giant DNA virus mimivirus encodes pathway for biosynthesis of unusual sugar 4–amino–4, 6–dideoxy–D–glucose (Viosamine)."

Journal of Biological Chemistry 287(5): 3009–3018.

5. Minot, S., et al. (2011). "The human gut virome: Inter–individual variation and dynamic response to diet." Genome Research 21(10): 1616–1625.

10. 오래된 순환자, 우리 몸속 진균

1. Peay, K. G., et al. (2016). "Dimensions of biodiversity in the Earth mycobiome." Nature Reviews Microbiology 14(7): 434–447.
2. Suhr, M. J. and H. E. Hallen–Adams (2015). "The human gut mycobiome: pitfalls and potentials—a mycologist's perspective." Mycologia 107(6): 1057–1073.
3. Nguyen, L. D., et al. (2015). "The lung mycobiome: an emerging field of the human respiratory microbiome." Frontiers in microbiology 6.
4. Cui, L., et al. (2013). "The human mycobiome in health and disease." Genome medicine 5(7): 63.
5. Marsit, S. and S. Dequin (2015). "Diversity and adaptive evolution of Saccharomyces wine yeast: a review." FEMS yeast research 15(7): fov067.
6. Pothoulakis, C. (2009). "Review article: anti-inflammatory mechanisms of action of Saccharomyces boulardii." Aliment Pharmacol Ther 30(8): 826–833.
7. Baker, J. L., et al. (2017). "Ecology of the Oral Microbiome: Beyond Bacteria." Trends in Microbiology.
8. Seed, P. C. (2015). "The human mycobiome." Cold Spring Harbor perspectives in medicine 5(5): a019810.
9. Oever, J. t. and M. G. Netea (2014). "The bacteriome–mycobiome interaction and antifungal host defense." European journal of immunology 44(11): 3182–3191.
10. Cui, L., et al. (2015). "Topographic diversity of the respiratory tract mycobiome and alteration in HIV and lung disease." American Journal of Respiratory and Critical Care Medicine 191(8): 932–942.
10. Tipton, L., et al. (2017). "The lung mycobiome in the next–generation sequencing era." Virulence 8(3): 334–341.
11. Ott, S. J., et al. (2008). "Fungi and inflammatory bowel diseases: alterations of composition and diversity." Scandinavian journal of gastroenterology 43(7): 831–841.
12. Charlson, E. S., et al. (2012). "Lung-enriched Organisms and Aberrant Bacterial and Fungal Respiratory Microbiota after Lung Transplant." American Journal of Respiratory and Critical Care Medicine 186(6): 536–545.

2장. 미생물이 사는 모습

1. 공동체 이루기, 바이오필름

1. Bjarnsholt, T. (2013). "The role of bacterial biofilms in chronic infections." Apmis 121(s136): 1–58.
2. Seth, E. C. and M. E. Taga (2014). "Nutrient cross–feeding in the microbial world." Frontiers in microbiology 5.
3. Pande, S., et al. (2015). "Metabolic cross–feeding via intercellular nanotubes among bacteria." Nature communications 6: 6238.
4. Römling, U. and C. Balsalobre (2012). "Biofilm infections, their resilience to therapy and innovative treatment strategies." Journal of internal medicine 272(6): 541–561.
5. Kumar, P. S., et al. (2012). "Pyrosequencing reveals unique microbial signatures associated with healthy and failing dental implants." Journal of clinical periodontology 39(5): 425–433.
6. Ceri, H., et al. (1999). "The Calgary Biofilm Device: new technology for rapid determination of antibiotic susceptibilities of bacterial biofilms." Journal of clinical microbiology 37(6): 1771–1776.

2. 서로 챙겨주기, 수평적 유전자 교환

1. Cai, H., et al. (2009). "Genome sequence and comparative genome analysis of Lactobacillus casei: insights into their niche–associated evolution." Genome biology and evolution 1: 239–257.
2. Furuya, E. Y. and F. D. Lowy (2006). "Antimicrobial–resistant bacteria in the community setting." Nature Reviews Microbiology 4(1): 36–45.
3. Soucy, S. M., et al. (2015). "Horizontal gene transfer: building the web of life." Nature Reviews Genetics 16(8): 472–482.
4. Welch, R. A., et al. (2002). "Extensive mosaic structure revealed by the complete genome sequence of uropathogenic Escherichia coli." Proc Natl Acad Sci U S A 99(26): 17020–17024.
5. Lukjancenko, O., et al. (2010). "Comparison of 61 Sequenced Escherichia coli Genomes." Microbial Ecology 60(4): 708–720.
6. Lowy, F. D. (2003). "Antimicrobial resistance: the example of Staphylococcus aureus." Journal of Clinical Investigation 111(9): 1265–1273.

3. 신호 주고받기, 쿼럼센싱

1. Nealson, K. H., et al. (1970). "Cellular control of the synthesis and activity of the bacterial luminescent system." Journal of bacteriology 104(1): 313–322.
2. Bassler, B. L. (1999). "How bacteria talk to each other: regulation of gene expression by quorum sensing." Current opinion in microbiology 2(6): 582–587.
3. Lowery, C. A., et al. (2008). "Interspecies and interkingdom communication mediated by bacterial quorum sensing." Chemical Society Reviews 37(7): 1337–1346.
4. Thompson, J. A., et al. (2016). "Chemical conversations in the gut microbiota." Gut microbes 7(2): 163–170.
5. Szafrański, S. P., et al. (2017). "Quorum sensing of Streptococcus mutans is activated by Aggregatibacter actinomycetemcomitans and by the periodontal microbiome." BMC genomics 18(1): 238.
6. Wynendaele, E., et al. (2015). "Crosstalk between the microbiome and cancer cells by quorum sensing peptides." Peptides 64: 40–48.

4. 멀리 이주하기, 위치이동

1. Cirera, I., et al. (2001). "Bacterial translocation of enteric organisms in patients with cirrhosis." J Hepatol 34(1): 32–37.
2. Cuenca, S., et al. (2014). "Microbiome composition by pyrosequencing in mesenteric lymph nodes of rats with CCl4–induced cirrhosis." J Innate Immun 6(3): 263–271.
3. Balzan, S., et al. (2007). "Bacterial translocation: overview of mechanisms and clinical impact." Journal of gastroenterology and hepatology 22(4): 464–471.
4. Giannelli, V., et al. (2014). "Microbiota and the gut–liver axis: Bacterial translocation, inflammation and infection in cirrhosis." World Journal of Gastroenterology : WJG 20(45): 16795–16810.
5. Qin, N., et al. (2014). "Alterations of the human gut microbiome in liver cirrhosis." Nature 513(7516): 59.
6. Wollina, U. (2017). "Microbiome in atopic dermatitis." Clinical, Cosmetic and Investigational Dermatology 10: 51–56.
7. Hahn, B. L. and P. G. Sohnle (2013). "Direct translocation of staphylococci from the skin surface to deep organs." Microbial pathogenesis 63: 24–29.
8. Corre, J.–P., et al. (2012). "In vivo germination of Bacillus anthracis spores during murine cutaneous infection." The Journal of infectious diseases 207(3): 450–457.

9. Earley, Z. M., et al. (2015). "Burn injury alters the intestinal microbiome and increases gut permeability and bacterial translocation." PloS one 10(7): e0129996.

10. Ishikawa, M., et al. (2013). "Oral Porphyromonas gingivalis translocates to the liver and regulates hepatic glycogen synthesis through the Akt/GSK-3beta signaling pathway." Biochim Biophys Acta 1832(12): 2035-2043.

11. Ladegaard Grønkjær, L., et al. (2017). "Severe periodontitis and higher cirrhosis mortality." United European Gastroenterology Journal: 2050640617715846.

5. 경쟁자 죽이기, 박테리오신, 마이코신, 박테리오파지

1. Stern, A. and R. Sorek (2011). "The phage-host arms race: shaping the evolution of microbes." Bioessays 33(1): 43-51.

2. Zheng, J., et al. (2015). "Diversity and dynamics of bacteriocins from human microbiome." Environmental microbiology 17(6): 2133-2143.

3. Kelly, M. C., et al. (2003). "Inhibition of vaginal lactobacilli by a bacteriocin-like inhibitor produced by Enterococcus faecium 62-6: potential significance for bacterial vaginosis." Infectious diseases in obstetrics and gynecology 11(3): 147-156.

4. Ghosh, S., et al. (2004). "Probiotics in inflammatory bowel disease: is it all gut flora modulation?" Gut 53(5): 620-622.

5. Howell, T., et al. (1993). "The effect of a mouthrinse based on nisin, a bacteriocin, on developing plaque and gingivitis in beagle dogs." Journal of clinical periodontology 20(5): 335-339.

6. Venema, F. T., et al. (1997). Mouth-care products, Google Patents.

7. Pepperney, A. and M. L. Chikindas (2011). "Antibacterial Peptides: Opportunities for the Prevention and Treatment of Dental Caries." Probiotics and Antimicrobial Proteins 3(2): 68-96.

8. Zacharof, M. P. and R. W. Lovitt (2012). "Bacteriocins Produced by Lactic Acid Bacteria a Review Article." APCBEE Procedia 2: 50-56.

9. Chen, Y., et al. (2015). "Screening and extracting mycocin secreted by yeast isolated from koumiss and their antibacterial effect." Journal of Food and Nutrition Research 3(1): 52-56.

10. Asadi, M., et al. (2016). "Comparison of the effects of Mycocin vaginal cream and Metronidazole vaginal gel on treatment of bacterial vaginosis: A randomized clinical trial." INTERNATIONAL JOURNAL OF MEDICAL RESEARCH & HEALTH

SCIENCES 5(8): 250–256.

11. Souza, E. L. d., et al. (2005). "Bacteriocins: molecules of fundamental impact on the microbial ecology and potential food biopreservatives." Brazilian Archives of Biology and Technology 48(4): 559–566.

3장. 우리 몸과 미생물의 전쟁과 평화

1. 생명나무에서 역전된 인간과 미생물의 위치

1. Hug, L. A., et al. (2016). "A new view of the tree of life." Nature Microbiology 1: 16048.
2. La Scola, B., et al. (2003). "A giant virus in amoebae." science 299(5615): 2033–2033.
3. Brüssow, H. (2009). "The not so universal tree of life or the place of viruses in the living world." Philosophical Transactions of the Royal Society of London B: Biological Sciences 364(1527): 2263–2274.

2. 우리 몸과 미생물의 평화, 통생명체

1. Gomez, A., et al. (2016). "Gut microbiome of coexisting BaAka Pygmies and Bantu reflects gradients of traditional subsistence patterns." Cell reports 14(9): 2142–2153.
2. Sun, Z., et al. (2015). "Expanding the biotechnology potential of lactobacilli through comparative genomics of 213 strains and associated genera." Nature communications 6: 8322.
3. Bordenstein, S. R. and K. R. Theis (2015). "Host biology in light of the microbiome: ten principles of holobionts and hologenomes." PLoS Biology 13(8): e1002226.
4. O'Hara, A. M. and F. Shanahan (2006). "The gut flora as a forgotten organ." EMBO Reports 7(7): 688–693.
5. Goodacre, R. (2007). "Metabolomics of a superorganism." The Journal of nutrition 137(1): 259S–266S.
6. Salvucci, E. (2016). "Microbiome, holobiont and the net of life." Critical reviews in microbiology 42(3): 485–494.

3. 우리 몸과 미생물의 전쟁, 감염과 염증

1. 도루, 아. (2012). "면역학 강의", 물고기숲.

2. 브라이슨, 빌. (2003). "거의 모든 것의 역사", 까치.

3. Eloe-Fadrosh, E. A., et al. (2016). "Global metagenomic survey reveals a new bacterial candidate phylum in geothermal springs." Nature communications 7: 10476.

4. Sears, C. L. and W. S. Garrett (2014). "Microbes, microbiota, and colon cancer." Cell host & microbe 15(3): 317-328.

5. Walker, A. W., et al. (2011). "High-throughput clone library analysis of the mucosa-associated microbiota reveals dysbiosis and differences between inflamed and non-inflamed regions of the intestine in inflammatory bowel disease." BMC microbiology 11(1): 7.

Hajishengallis, G., et al. (2012). "The keystone-pathogen hypothesis." Nature Reviews Microbiology 10(10): 717-725.

6. de Steenhuijsen Piters, W., et al. (2016). "Dysbiosis of upper respiratory tract microbiota in elderly pneumonia patients." Isme j 10(1): 97-108.

7. Zhang, X., et al. (2015). "The oral and gut microbiomes are perturbed in rheumatoid arthritis and partly normalized after treatment." Nature medicine 21(8): 895-905.

Scher, J. U., et al. (2016). "Microbiome in inflammatory arthritis and human rheumatic diseases." Arthritis & rheumatology (Hoboken, NJ) 68(1): 35.

8. Zucman-Rossi, J., et al. (2015). "Genetic Landscape and Biomarkers of Hepatocellular Carcinoma." Gastroenterology 149(5): 1226-1239.e1224.

9. Shah, S., et al. (2015). Mutational landscape of PIK3CA gene and its association with oral squamous cell carcinoma in Indian population, AACR.

10. Chen, W. H., et al. (2013). "Human monogenic disease genes have frequently functionally redundant paralogs." PLoS Comput Biol 9(5): e1003073.

11. Kanherkar, R. R., et al. (2014). "Epigenetics across the human lifespan." Frontiers in Cell and Developmental Biology 2: 49.

12. Tjalsma, H., et al. (2012). "A bacterial driver-passenger model for colorectal cancer: beyond the usual suspects." Nat Rev Microbiol 10(8): 575.

13. Francescone, R., et al. (2014). "Microbiome, Inflammation and Cancer." Cancer journal (Sudbury, Mass.) 20(3): 181-189.

14. Pesic, M. and F. R. Greten (2016). "Inflammation and cancer: tissue regeneration gone awry." Current opinion in cell biology 43: 55-61.

15. Smith, J. A. (1994). "Neutrophils, host defense, and inflammation: a double-edged sword." Journal of leukocyte biology 56(6): 672-686.

16. Buchmann, K. (2014). "Evolution of innate immunity: clues from invertebrates via fish to mammals." Frontiers in immunology 5.

4. 염증을 부르는 선동가 세균, 진지발리스

1. Tjalsma, H., et al. (2012). "A bacterial driver-passenger model for colorectal cancer: beyond the usual suspects." Nat Rev Microbiol 10(8): 575.
2. Sears, C. L. and W. S. Garrett (2014). "Microbes, microbiota, and colon cancer." Cell host & microbe 15(3): 317–328.
3. Hajishengallis, G. and R. J. Lamont (2016). "Dancing with the stars: how choreographed bacterial interactions dictate nososymbiocity and give rise to keystone pathogens, accessory pathogens, and pathobionts." Trends in Microbiology 24(6): 477–489.
4. Bashir, A., et al. (2016). "Fusobacterium nucleatum, inflammation, and immunity: the fire within human gut." Tumor Biology 37(3): 2805–2810.
5. Aagaard, K., et al. (2014). "The placenta harbors a unique microbiome." Sci Transl Med 6(237): 237ra265.
6. Han, Y. W., et al. (2004). "Fusobacterium nucleatum induces premature and term stillbirths in pregnant mice: implication of oral bacteria in preterm birth." Infection and immunity 72(4): 2272–2279.
   Han, Y. W., et al. (2010). "Term stillbirth caused by oral Fusobacterium nucleatum." Obstetrics and gynecology 115(2 Pt 2): 442.
7. Diaz, P., et al. (2016). "Subgingival Microbiome Shifts and Community Dynamics in Periodontal Diseases." Journal of the California Dental Association 44(7): 421.
8. Vincents, B., et al. (2011). "Cleavage of IgG1 and IgG3 by gingipain K from Porphyromonas gingivalis may compromise host defense in progressive periodontitis." Faseb j 25(10): 3741–3750.
9. Hajishengallis, G., et al. (2011). "Low-abundance biofilm species orchestrates inflammatory periodontal disease through the commensal microbiota and complement." Cell Host Microbe 10(5): 497–506.
10. Darveau, R., et al. (2012). "Porphyromonas gingivalis as a potential community activist for disease." Journal of dental research: 0022034512453589.
    Verma, R. K., et al. (2010). "Porphyromonas gingivalis and Treponema denticola Mixed Microbial Infection in a Rat Model of Periodontal Disease." Interdiscip Perspect

Infect Dis 2010: 605125.

11. Park, Y., et al. (2005). "Short fimbriae of Porphyromonas gingivalis and their role in coadhesion with Streptococcus gordonii." Infect Immun 73(7): 3983–3989.

12. Inagaki, S., et al. (2006). "Porphyromonas gingivalis vesicles enhance attachment, and the leucine-rich repeat BspA protein is required for invasion of epithelial cells by "Tannerella forsythia"." Infect Immun 74(9): 5023–5028.

13. Mao, S., et al. (2007). "Intrinsic apoptotic pathways of gingival epithelial cells modulated by Porphyromonas gingivalis." Cell Microbiol 9(8): 1997–2007.

14. Diaz, P. I., et al. (2016). "Subgingival Microbiome Shifts and Community Dynamics in Periodontal Diseases." J Calif Dent Assoc 44(7): 421–435.

15. Slocum, C., et al. (2016). "Immune dysregulation mediated by the oral microbiome: potential link to chronic inflammation and atherosclerosis." Journal of internal medicine.

16. De Toledo, A., et al. (2012). "Streptococcus oralis coaggregation receptor polysaccharides induce inflammatory responses in human aortic endothelial cells." Molecular oral microbiology 27(4): 295–307.

17. Wiedermann, C. J., et al. (1999). "Association of endotoxemia with carotid atherosclerosis and cardiovascular disease: prospective results from the Bruneck Study." Journal of the American College of Cardiology 34(7): 1975–1981.

18. Brodala, N., et al. (2005). "Porphyromonas gingivalis bacteremia induces coronary and aortic atherosclerosis in normocholesterolemic and hypercholesterolemic pigs." Arteriosclerosis, thrombosis, and vascular biology 25(7): 1446–1451.

19. Chiu, B. (1999). "Multiple infections in carotid atherosclerotic plaques." American heart journal 138(5): S534–S536.

20. Haynes, W. G. and C. Stanford (2003). "Periodontal disease and atherosclerosis from dental to arterial plaque." Arteriosclerosis, thrombosis, and vascular biology 23(8): 1309–1311.

21. Haraszthy, V., et al. (2000). "Identification of periodontal pathogens in atheromatous plaques." Journal of periodontology 71(10): 1554–1560.

Hajishengallis, G., et al. (2012). "The keystone-pathogen hypothesis." Nature Reviews Microbiology 10(10): 717–725.

Hajishengallis, G. (2014). "Immunomicrobial pathogenesis of periodontitis: keystones, pathobionts, and host response." Trends in immunology 35(1): 3–11.

Hajishengallis, G. (2015). "Periodontitis: from microbial immune subversion to systemic inflammation." Nature Reviews Immunology 15(1): 30-44.

4장. 미생물과의 공존을 위하여

1. 세균과의 전쟁, 170년의 교훈

1. 바너드, 브. (2006). "세계사를 바꾼 전염병들", 다른 출판사.
2. Plotkin, S. A. (2005). "Vaccines: past, present and future." Nature medicine 10(4s): S5.
3. 대한감염학회 (2012), "대한감염학회 권장 성인예방접종표."
4. Miller, W. D. (1891). "The human mouth as a focus of infection." The lancet 138(3546): 340-342.
5. Jacobson, L. and J. Theilade (1998). The Scandinavian contribution to modern periodontology, Scandinavian Society of Periodontology.
6. Bach, J.-F. (2002). "The effect of infections on susceptibility to autoimmune and allergic diseases." New England journal of medicine 347(12): 911-920.
7. 국민건강보험공단, 건. (2007). "통계로 본 건강보험 30년."
8. 박용민. (2011). "아토피피부염 역학조사와 위험인자." 소아알레르기 및 호흡기학회지 21(2): 74-77.
9. Rook, G. A. (2012). "Hygiene hypothesis and autoimmune diseases." Clinical reviews in allergy & immunology 42(1): 5-15.
10. 이소연 (2010). "우리나라 시골, 소도시, 대도시에서의 알레르기질환 유병률의 차이와 요인 분석." 울산, 울산대학교. 국내박사학위논문.
11. Round, J. L. and S. K. Mazmanian (2009). "The gut microbiome shapes intestinal immune responses during health and disease." Nature reviews. Immunology 9(5): 313.
12. Stensballe, L. G., et al. (2013). "Use of antibiotics during pregnancy increases the risk of asthma in early childhood." The Journal of pediatrics 162(4): 832-838. e833.
13. Abeles, S. R., et al. (2015). "Effects of long term antibiotic therapy on human oral and fecal viromes." PloS one 10(8): e0134941.
14. Cao, Y., et al. (2017). "Long-term use of antibiotics and risk of colorectal adenoma." Gut: gutjnl-2016-313413.
15. Wilhelm, K.-P., et al. (1994). "Surfactant-induced skin irritation and skin repair:

evaluation of a cumulative human irritation model by noninvasive techniques." Journal of the American Academy of Dermatology 31(6): 981–987.

16. Herlofson, B. B. and P. Barkvoll (1994). "Sodium lauryl sulfate and recurrent aphthous ulcers: a preliminary study." Acta Odontologica Scandinavica 52(5): 257–259.

2. 가능한 약은 멀리, 항생제는 더 멀리

1. 한국보건산업진흥원. (2016.12). "2016년 제약산업 분석 보고서". 한국보건산업진흥원.
2. 대한고혈압학회. (2014) "일차의료용 고혈압 임상진료지침."
3. James, P. A., et al. (2014). "2014 evidence-based guideline for the management of high blood pressure in adults: report from the panel members appointed to the Eighth Joint National Committee (JNC 8)." Jama 311(5): 507–520.
4. Jeffreys, D. (2008). Aspirin the remarkable story of a wonder drug. USA, Bloomsbury Publishing.
5. 모알렘, 샤. (2011). "질병의 종말", 청림 life.
6. 공미진. (2016). "급성 상기도 감염 질환의 진료과별 의약품 처방특성", 부산카톨릭대학교 대학원.
7. 질병관리본부. (2016). "소아 급성 상기도 감염의 항생제 사용지침"
8. 대한감염학회. (2016). "항생제의 길잡이" 제4판, 지성출판사.
9. Fluent, M. T., et al. (2016). "Considerations for responsible antibiotic use in dentistry." The Journal of the American Dental Association 147(8): 683–686.
10. Koyuncuoglu, C. Z., et al. (2017). "Rational use of medicine in dentistry: do dentists prescribe antibiotics in appropriate indications?" European Journal of Clinical Pharmacology: 1–6.
11. Cohen, M. L. (2000). "Changing patterns of infectious disease." Nature 406(6797): 762–767.
12. Davies, J. and D. Davies (2010). "Origins and evolution of antibiotic resistance." Microbiology and Molecular Biology Reviews 74(3): 417–433.
13. House, W. (2014). "National strategy for combating antibiotic–resistant bacteria." The White House, Washington, DC. https://www. whitehouse. gov/sites/default/files/docs/carb_national_strategy. pdf.
14. Chatterjee, A., et al. (2011). "Probiotics in periodontal health and disease." Journal of Indian Society of Periodontology 15(1): 23.

15. Tartari, E., et al. (2017). "World Health Organization "SAVE LIVES: Clean Your Hands" global campaign-'Fight antibiotic resistance—it's in your hands'." Clinical Microbiology and Infection.
16. 김동숙, et al. (2008). "수정 델파이 기법을 이용한 의약품의 DDD (일일상용량) 결정과항생제 사용량 분석: WHO 일일상용량이 없는 항생제를 중심으로." 한국임상약학회지 17(1): 19–32.
17. So–sun, et al. (2009). "Adolescents' Knowledge and Attitudes towards Antibiotic Use [Korean]." The Korean journal of fundamentals of nursing 16(4).
18. Jang, S.–N. and N.–S. Kim (2004). "Understanding the Culture of Antibiotics Prescribing of Primary Physicians for Acute Upper Respiratory Infection [Korean]." Journal of Korean Academy of Family Medicine 25(12): 901–907.
Yoon, Y. K., et al. (2008). "Surveillance of Antimicrobial Use and Antimicrobial Resistance [Korean]." Infection and Chemotherapy 40(2).
Kim, S. S., et al. (2011). "Public knowledge and attitudes regarding antibiotic use in South Korea." Journal of Korean Academy of Nursing 41(6): 742–749.
Song, Y.–K., et al. (2011). "Patterns of Antibiotic Usage in Clinics and Pharmacy after Separation of Dispensary from Medical Practice [Korean]." Korean Journal of Clinical Pharmacy 21(4): 332–338.
19. Kim, S., et al. (2010). "The Effect of Public Report on Antibiotics Prescribing Rate [Korean]." Korean Journal of Clinical Pharmacy 20(3): 242–247.
20. 김철중 (2016). "최강 항생제 안듣는 '수퍼 박테리아' 한국도 3명 감염." 조선일보.

3. 오래된 것과의 조화, 잘 먹고 많이 움직이기

1. Konner, M. and S. B. Eaton (2010). "Paleolithic nutrition twenty–five years later." Nutrition in Clinical Practice 25(6): 594–602.
2. Turner, B. L. and A. L. Thompson (2013). "Beyond the Paleolithic prescription: incorporating diversity and flexibility in the study of human diet evolution." Nutrition reviews 71(8): 501–510.
3. O'dea, K. (1984). "Marked improvement in carbohydrate and lipid metabolism in diabetic Australian Aborigines after temporary reversion to traditional lifestyle." Diabetes 33(6): 596–603.
4. Eaton, S. B. and M. Konner (1985). "A consideration of its nature and current implications." N Engl j Med 312(5): 283–289.

5. Freese, J., et al. (2016). "To Restore Health,"Do we Have to Go Back to the Future?" The Impact of a 4-Day Paleolithic Lifestyle Change on Human Metabolism – a Pilot Study." Journal of Evolution and Health 1(1): 12.
Pitt, C. E. (2016). "Cutting through the Paleo hype: The evidence for the Palaeolithic diet." Australian family physician 45(1): 35.
6. Manheimer, E. W., et al. (2016). "Point-of-care application of:'Paleolithic nutrition for metabolic syndrome: Systematic review and meta-analysis'." European Journal of Integrative Medicine.
7. Topping, D. L. and P. M. Clifton (2001). "Short-chain fatty acids and human colonic function: roles of resistant starch and nonstarch polysaccharides." Physiological reviews 81(3): 1031-1064.
8. Guzman, J. R., et al. (2013). "Diet, microbiome, and the intestinal epithelium: an essential triumvirate?" BioMed research international 2013.
9. 브라이슨, 빌. (2003). "거의 모든 것의 역사", 까치.

4. 장 미생물 조절, 쌀 것을 생각하며 먹자

1. Burkitt, D. P. (1971). "Epidemiology of cancer of the colon and rectum." Cancer 28(1): 3-13.
2. Greenwald, P., et al. (1987). "Dietary fiber in the reduction of colon cancer risk." Journal of the American Dietetic Association 87(9): 1178-1188.
Trock, B., et al. (1990). "Dietary fiber, vegetables, and colon cancer: critical review and meta-analyses of the epidemiologic evidence." Journal of the National Cancer Institute 82(8): 650-661.
3. Liu, S., et al. (2003). "Relation between changes in intakes of dietary fiber and grain products and changes in weight and development of obesity among middle-aged women." Am J Clin Nutr 78(5): 920-927.
Du, H., et al. (2010). "Dietary fiber and subsequent changes in body weight and waist circumference in European men and women." Am J Clin Nutr 91(2): 329-336.
4. Kiehm, T. G., et al. (1976). "Beneficial effects of a high carbohydrate, high fiber diet on hyperglycemic diabetic men." Am J Clin Nutr 29(8): 895-899.
Chandalia, M., et al. (2000). "Beneficial effects of high dietary fiber intake in patients with type 2 diabetes mellitus." New England Journal of Medicine 342(19): 1392-1398.
5. Ludwig, D. S., et al. (1999). "Dietary fiber, weight gain, and cardiovascular disease

risk factors in young adults." Jama 282(16): 1539–1546.
6. Kaczmarczyk, M. M., et al. (2012). "The health benefits of dietary fiber: beyond the usual suspects of type 2 diabetes mellitus, cardiovascular disease and colon cancer." Metabolism 61(8): 1058–1066.
7. Park, Y., et al. (2011). "Dietary fiber intake and mortality in the NIH–AARP diet and health study." Arch Intern Med 171(12): 1061–1068.
8. Qiu, C., et al. (2008). "Dietary fiber intake in early pregnancy and risk of subsequent preeclampsia." Am J Hypertens 21(8): 903–909.
9. Franco, O. H., et al. (2005). "Higher dietary intake of lignans is associated with better cognitive performance in postmenopausal women." J Nutr 135(5): 1190–1195.
10. Giugliano, D., et al. (2006). "The effects of diet on inflammation." Journal of the American College of Cardiology 48(4): 677–685.
11. Glenn, G. and M. Roberfroid (1995). "Dietary modulation of the human colonic microbiota: introducing the concept of prebiotics." J. nutr 125: 1401–1412.
Gibson, G. R., et al. (2004). "Dietary modulation of the human colonic microbiota: updating the concept of prebiotics." Nutrition research reviews 17(02): 259–275.

6. 생명에 대한 기본 태도, 위대한 우연에 감사

1. 브라이슨, 빌. (2003). "거의 모든 것의 역사", 까치.
2. McFall–Ngai, M., et al. (2013). "Animals in a bacterial world, a new imperative for the life sciences." Proceedings of the National Academy of Sciences 110(9): 3229–3236.

결론을 대신하여– 우리 몸 미생물, 박멸에서 공존으로

1. Woese, C. R. (2004). "A new biology for a new century." Microbiology and molecular biology reviews 68(2): 173–186.
2. McFall–Ngai, M. (2007). "Adaptive immunity: care for the community." Nature 445(7124): 153–153.